常见绿叶类蔬菜病虫害

彩图 1 芹菜早疫病

彩图 2 芹菜斑枯病

彩图 3 芹菜软腐病

彩图 4 芹菜菌核病

彩图 5 芹菜叶柄开裂

彩图 6 芹菜根结线虫

彩图 7 莴苣霜霉病

彩图 8 莴苣轮斑病

彩图 9 莴苣丝核菌基腐病

彩图 10 莴苣细菌性软腐病

彩图 11 莴苣细菌性黑腐病

彩图 12 莴苣花叶病

彩图 13 菠菜霜霉病

彩图 14 菠菜根腐病

彩图 15 菠菜黑斑病

彩图 16 菠菜病毒病

彩图 17 蕹菜褐斑病

彩图 18 蕹菜白绣病

彩图 19 蕹菜花叶病

彩图 20 落葵鱼眼病

彩图 21 茼蒿霜霉病

彩图 22 菠菜潜叶蝇

彩图 23 莴苣蚜

彩图 24 大蟋蟀

白菜类蔬菜病虫害

彩图 25 白菜霜霉病

彩图 26 白菜软腐病

彩图 27 白菜病毒病

彩图 28 白菜炭疽病

彩图 29 菜螟

彩图 30 甘蓝夜蛾

彩图 31 黄条跳甲

彩图 32 菜粉蝶幼虫

茄果类蔬菜病虫害

彩图 33 番茄灰霉病

彩图 34 辣椒灰霉病

彩图 35 茄子灰霉病

彩图 36 条斑症状

彩图 37 花叶症状

彩图 38 蕨叶症状

彩图 39 辣椒病毒病

彩图 40 番茄早疫病

彩图 41 番茄晚疫病

彩图 42 番茄叶霉病

彩图 43 番茄枯萎病

彩图 44 番茄枯萎病

彩图 45 番茄脐腐病

彩图 46 番茄畸形果

彩图 47 番茄裂果病

彩图 48 番茄果实筋腐病

彩图 49 辣椒疫病

彩图 50 辣椒炭疽病

彩图 51 辣椒叶枯病

彩图 52 辣椒软腐病

彩图 53 辣椒疮痂病

彩图 54 辣椒日灼病

彩图 55 茄子黄萎病

彩图 56 茄子绵疫病

彩图 57 茄子褐纹病

彩图 58 辣椒烟青虫

彩图 59 棉铃虫

彩图 60 蚜虫

彩图 61 温室白粉虱

彩图 62 茶黄螨

彩图 63 红蜘蛛

彩图 64 斑潜蝇

瓜类蔬菜病虫害

彩图 65 黄瓜霜霉病

彩图 66 黄瓜白粉病

彩图 67 黄瓜炭疽病

彩图 68 黄瓜疫病

彩图 69 黄瓜细菌性角斑病

彩图 70 黄瓜枯萎病

彩图 71 蚜虫

彩图 72 美洲斑潜蝇

彩图 73 白粉虱

彩图 74 黑守瓜

彩图 75 黄守瓜

中等职业学校教育创新规划教材
新型职业农民中职教育规划教材

蔬菜病虫害防治技术

智利红　何树海　主编

中国农业大学出版社
·北京·

内 容 简 介

本教材共分两大模块内含10个项目，其中模块一认识蔬菜病虫害包括蔬菜病害、蔬菜虫害两个项目，模块二蔬菜常见病虫害种类及防治技术包括蔬菜病虫害综合防治方法和茄果类蔬菜病虫害、瓜类蔬菜病虫害、豆类蔬菜病虫害、白菜类蔬菜病虫害、葱蒜类蔬菜病虫害、绿叶类蔬菜病虫害、根菜类蔬菜病虫害7个项目。每个项目先确定学习目标，对本项目的学习任务概述，图示本项目的结构，后分解为数个学习性工作任务，共29个，每个工作任务由任务准备、任务设计与实施、任务巩固构成，每个项目后都有相应的任务拓展。本教材内容新颖，构思独特，重在实践，形式活泼。

本教材以学习性工作任务实施为教学核心，以简练的系统知识为后盾，以学生个体与活动小组自主学习为切入点，以改革考核方式为手段，从而形成一套适合于蔬菜病虫害防治的任务驱动教学模式。通过学习，使新型职业农民或中职学生能够正确识别蔬菜病虫害的种类，能够根据病虫害种类和发生规律设计综合防治的方案并组织实施。

图书在版编目(CIP)数据

蔬菜病虫害防治技术 / 智利红，何树海主编. —北京：中国农业大学出版社，2015.7

ISBN 978-7-5655-1350-3

Ⅰ.①蔬… Ⅱ.①智…②何… Ⅲ.①蔬菜-病虫害-防治 Ⅳ.①S436.3

中国版本图书馆CIP数据核字(2015)第175129号

书　名	蔬菜病虫害防治技术		
作　者	智利红　何树海　主编		
策划编辑	张　蕊　张　玉	**责任编辑**	张　蕊
封面设计	郑　川		
出版发行	中国农业大学出版社		
社　址	北京市海淀区圆明园西路2号	**邮政编码**	100193
电　话	发行部 010-62818525，8625	**读者服务部**	010-62732336
	编辑部 010-62732617，2618	**出 版 部**	010-62733440
网　址	http://www.cau.edu.cn/caup	**E-mail**	cbsszs @ cau.edu.cn
经　销	新华书店		
印　刷	北京市平谷县早立印刷厂		
版　次	2015年9月第1版　2015年9月第1次印刷		
规　格	787×1 092　16开本　17.75印张　323千字　彩插2		
定　价	48.00元		

中等农业职业教育及新型职业农民中职教育教材编审委员会名单

编审人员

主　编　智利红　河南省农业经济学校高级讲师

　　　　何树海　邯郸农业学校高级讲师

副主编　李建波　南阳农业职业学院讲师

　　　　祝海燕　潍坊科技学院副教授

　　　　许文营　河南省农业经济学校讲师

参　编　唐柳青　南阳农业职业学院讲师

　　　　乔小慧　河南省嵩县农广校农艺师

　　　　李雅杰　南阳农业职业学院农艺师

　　　　李增强　河北省永年县蔬菜局园艺师

主　审　赵晨霞　王青立　陈肖安

编写说明

积极开展与创新中等职业学校教育与新型职业农民中职教育，提高现代农业与社会主义新农村建设一线中等应用型职业人才及新型职业农民的综合素质、专业能力，是发展现代农业和建设社会主义新农村的重要举措。为贯彻落实中央的战略部署及全国职业教育工作会议精神，特根据《教育部关于"十二五"职业教育教材建设的若干意见》《中等职业学校新型职业农民培养方案（试行）》和《中等职业学校专业教学标准（试行）》等文件精神，紧紧围绕培养生产、服务、管理第一线需要的中等应用型职业人才及新型职业农民，并遵循中等职业学校教育创新与新型职业农民中职教育的基本特点和规律，编写了《蔬菜病虫害防治技术》教材。

《蔬菜病虫害防治技术》是种植类专业核心课教材之一。本教材构思新颖，内容丰富，结构合理，定位于中等职业教育，紧扣岗位要求，以行动导向的教学模式为依据，以学习性工作任务实施为主线，以学生为主体，通过学习性工作任务中教、学、做、说（写）合一来组织教学，物化了本门课程历年来相关职业院校教育教学改革中所取得的成果，并统筹兼顾中等农业职业教育及新型职业农民中职教育的学习特点。

该教材重点介绍蔬菜害虫识别与防治、蔬菜病害诊断与蔬菜病虫害综合防治等内容。本教材根据项目驱动式教学的需要，以引导学生主动学习为目的，进行体例架构设计，以适应中等职业学校教育创新和新型职业农民中职教育创新和改革的需要。全书注重了对学生专业技能与综合素质的培养，在专业技能方面，紧紧围绕培养学生具备蔬菜病虫害识别技能，蔬菜病虫害综合防治方法的技能，安全、合理使用农药的技能，能够根据蔬菜病虫害种类和发生规律设计综合防治的方案并组织实施等专业综合技能来编写；同时，教材中积极融进新知识、新观念、新方法，也融入国家最新的相关专业政策，呈现课程的职业性、实用性和开放性。

本教材内容深入浅出、通俗易懂，具有很强的针对性和实用性，是中等职业学校教育及新型职业农民中职教育的专用教材，也可作为现代青年农场主的培育教材与农作物植保员、农艺工岗位培训教材，还可作为相关专业人员作为参考用书使用。

本教材由全国部分高、中职院校从事多年植保教学的教师与经验丰富的基层农技人员共同编写。唐柳青编写模块一的项目一，乔小慧编写模块一项目二中的工作任务 1 和模块二项目十中的工作任务 3，李雅杰编写模块一项目二中的工作任务 2，祝海燕编写模块一项目三中的工作任务 1～3 和模块二项目十中的工作任务 1～2，李建波编写模块一项目三中的工作任务 4 和模块二项目九，智利红编写模块二项目四和项目七中的工作任务 1，许文营编写模块二项目五和项目七中的工作任务 2～3，何树海编写模块二项目六，李增强编写模块二项目八，全书最后由智利红高级讲师统稿。北京农业职业学院赵晨霞教授、农业部科技教育司王青立和原农业部农民科技教育培训中心陈肖安等同志对教材内容进行了最终审定，在此一并表示感谢。

由于编者水平有限，加之时间仓促，教材中存在着不同程度和不同形式的错误和不妥之处，衷心希望广大读者及时发现并提出，更希望广大读者对教材编写质量提出宝贵意见，以便修订和完善，进一步提高教材质量。

编　者

2015 年 5 月

目 录

模块一 认识蔬菜病虫害

模块二 蔬菜常见病虫害种类及防治技术

模块一

认识蔬菜病虫害

项目一　蔬菜病害

项目二　蔬菜虫害

项目一　蔬菜病害

【学习目标】

1. 了解蔬菜病原物及所致病害特点
2. 熟悉蔬菜常见病害症状特点
3. 掌握蔬菜病害诊断的方法及注意事项

【项目任务描述】

本项目分为蔬菜病害的识别和蔬菜病害的诊断 2 个任务。通过本项目任务的操作与学习，能让学员认识蔬菜生产中常见的病害，学会现场诊断方法；对田间未观察到的典型病害，通过实训室里的病害标本观察、病原观察等，以增强对本项目的学习兴趣，培养查阅资料、观察分析、调查研究、勤于总结和沟通协作等能胜任岗位工作的职业素质。

【项目结构】

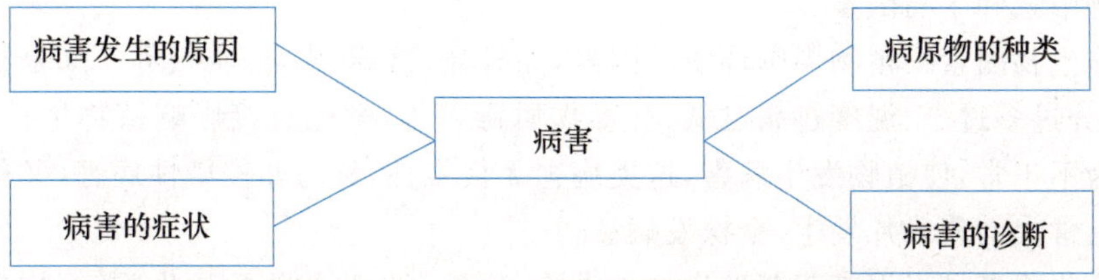

工作任务1 蔬菜病害的识别

【任务准备】

一、知识准备

(一)什么是蔬菜病害

蔬菜在生长发育和储存运输过程中受到不良的环境条件所影响,或者遭受寄生物的侵染,使蔬菜正常的生理活动受到干扰和破坏,从生理机能到组织结构上发生一系列的变化,以至在外部形态上发生反常的表现,导致产量降低、品质变劣甚至死亡,失去经济利用价值的现象称之为蔬菜病害。

蔬菜发生病害后,由于病原的影响,在生理上、组织上、形态上发生不断变化,并持续发展的过程称为病理程序。伤害是由于外界的机械力量所引起,而且往往是突然发生的。嚼口器的害虫所造成的为害状,本质上仍然是一种伤害;一些刺吸口器的害虫为害蔬菜后,也能引起蔬菜不正常的表现,如蚜虫能使叶片局部肥肿变形或使叶片被害部产生虫瘿。伤害和虫伤都没有病理程序,故不称为病害。

(二)蔬菜病害发生的原因是什么

蔬菜病害发生的原因称为病原。蔬菜病害的病原按其不同性质分为两大类:非生物因素和生物因素。

非生物因素指植物周围环境的因素,如日光、营养、水分、空气等。如果营养失调、水分过多过少、温度过高过低、有毒物质毒害等,都能直接影响植物生长发育,表现为不正常,使植物发生病害,这类病害无侵染性,称为非侵染性病害,又称生理病害。常大面积成片发生,全株发病。

生物因素是指引起蔬菜发病的寄生物,这类寄生物称为病原生物,简称为病原物,主要有:真菌、细菌、类菌原体、病毒、类病毒、线虫和寄生性种子植物等。其中真菌和细菌又称为病原菌。由寄生物引起的病害具有侵染性,故称为侵染性病害。发病时常先出现中心病株,有从点到面扩展危害的过程。

非侵染性病害决定于寄主植物和环境的关系。侵染性病害的病原除了寄主植物和病原物外,还包括一个适宜发病的环境条件。例如,黄瓜霜霉病,这个病害在田间发生与流行必须具备3个条件:有感病的寄主植物(黄瓜)、菜地里积累有一定数量的病原菌和发病的适宜温、湿度。当前两个条件已经具备,田间的温、湿度的高低,对病的轻重就起决定性作用,高湿和气温稍低,霜霉病发生重;干燥和高温,霜霉病不发生。

由此可知,侵染性病害的病原应该是寄主植物、病原物和环境条件三个方面的统一体(图1-1-1)。

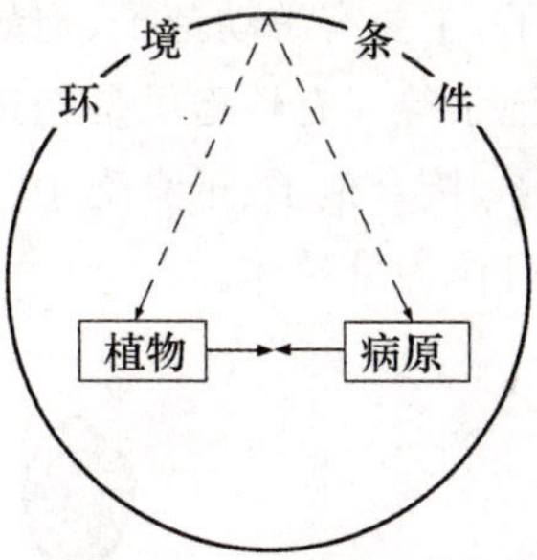

图1-1-1 侵染性病害因素构成图解

(三)侵染性病害病原物有哪些

1. 真菌

目前已有记载的真菌,估计在10万种以上。大多数真菌是腐生性的,只有一部分寄生在植物上引起病害。真菌病害在植物病害种类中约占80%以上,蔬菜作物上的真菌病害相当严重,如霜霉病、白粉病、枯萎病等。

(1)真菌的一般性状

①真菌的营养体 真菌的营养体一般称为菌丝,孢子萌发后产生芽管,芽管在基质上继续生长,最后形成管状的丝状体,每一根丝状体称为菌丝(图1-1-2)。许多菌丝集聚在一起称为菌丝体。菌丝分隔或不分隔(图1-1-3),多为无色透明或暗色。

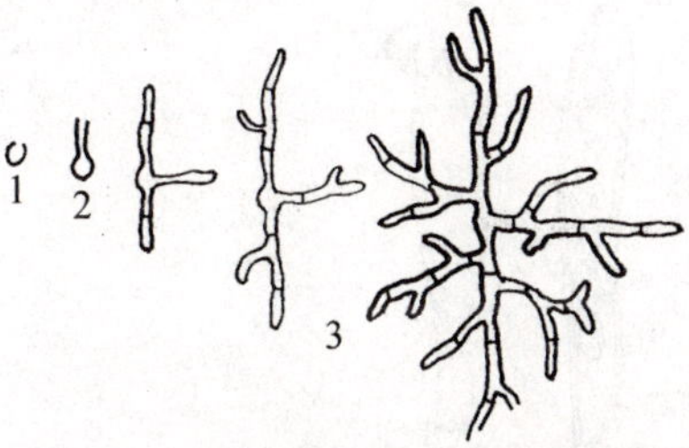

图1-1-2 真菌孢子萌发和菌丝形成过程

1.孢子 2.孢子萌发产生芽管

3.芽管延伸形成菌丝体

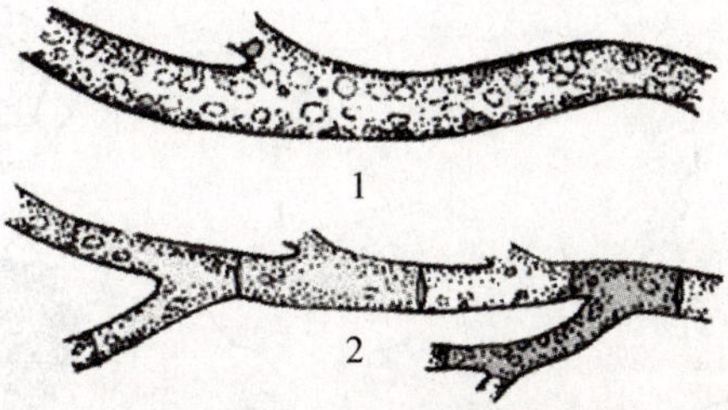

图1-1-3 真菌的菌丝

1.无隔菌丝 2.有隔菌丝

②真菌的繁殖体 绝大部分真菌是通过孢子进行繁殖的,真菌产生孢子的结构称为子实体。孢子是真菌繁殖器官的基本单位。孢子有两类:一类称无性孢子,另一类称有性孢子。凡是不经过任何性行为从菌丝细胞分化生出的孢子称为无性

孢子，主要有游动孢子、孢囊孢子、分生孢子(图 1-1-4)、厚垣孢子、节孢子、粉孢子、芽孢子等。有性孢子是经过 2 个不同性的细胞核结合后产生的，主要有接合子、卵孢子、接合孢子、子囊孢子、担孢子 5 种(图 1-1-5)。有些不产生孢子的真菌，菌丝也可作为繁殖体。

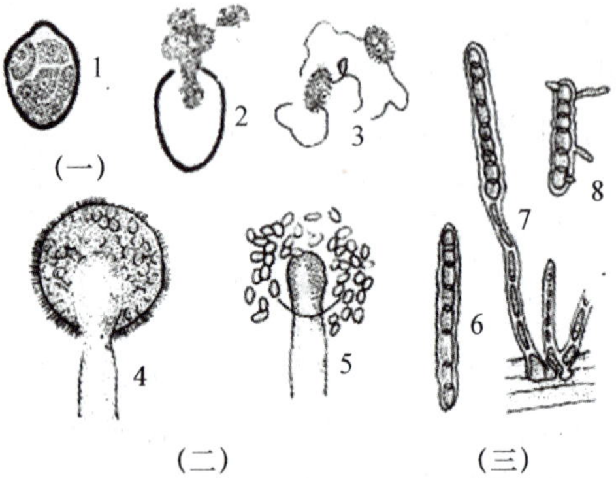

图 1-1-4 真菌的无性孢子

(一)游动孢子:1.孢子囊 2.孢子囊萌发 3.游动孢子
(二)孢囊孢子:4.孢囊梗及孢子囊 5.孢子囊破裂释放游动孢子
(三)分生孢子:6.分生孢子 7.分生孢子梗 8.分生孢子萌发

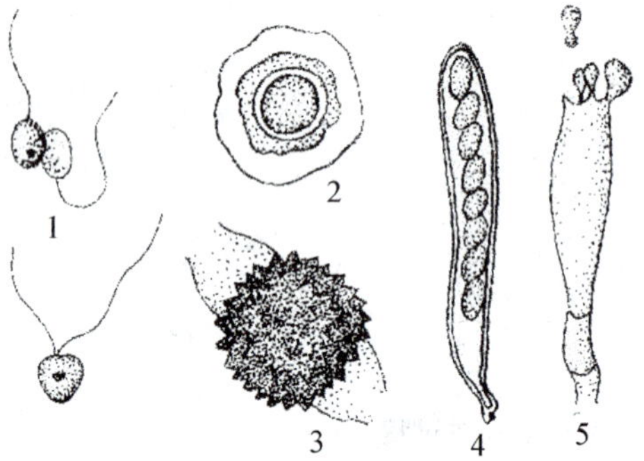

图 1-1-5 真菌的有性孢子

1.接合子 2.卵孢子 3.接合孢子 4.子囊孢子 5.担孢子

(2)真菌的生活史 真菌的生活史是指从一种孢子开始，经过萌发、生长和发育，最后又产生同一种孢子的过程。真菌生活史一般包括无性阶段和有性阶段。真菌菌丝体生长一段时间后，产生无性孢子，无性孢子在适宜的环境下萌发，产生芽管，形成菌丝体，再产生无性孢子，繁殖快，产孢量多，一般在生长季节起再侵染作用。有性阶段多产生在寄主生长后期，从菌丝体上产生性细胞或性器官，经过结合产生有性孢子。有性孢子主要起越冬和初侵染作用。

（3）真菌的主要类群及所致病害（表 1-1-1）

表 1-1-1 真菌的主要类群及所致病害

真菌主要类群	重要属	主要症状	代表病害
鞭毛菌亚门	腐霉属、疫霉属、霜霉属、白锈属	通常引起蔬菜根部和茎基部的腐烂或苗期猝倒病；在病斑表面形成霜状霉层等；在病部形成白色疱状突起等	多种蔬菜猝倒病、马铃薯晚疫病、十字花科蔬菜霜霉病、十字花科蔬菜白锈病
子囊菌亚门	白粉菌属、核盘菌属、球腔菌属	一般都在茎、叶、果上形成明显的病斑，在病斑上产生各种颜色的霉状物或黑色颗粒物	豆类蔬菜白粉病、白菜菌核病、黄瓜蔓枯病
半知菌亚门	丝核菌属、轮枝孢属、链格孢属、褐孢霉属、炭疽菌属	一般都在茎、叶、果上形成明显的病斑，在病斑上产生各种颜色的霉状物粉状物、小黑点，引起霉烂、苗枯、腐烂、萎蔫等	多种植物立枯病、白菜黑斑病、茄子叶霉病、各种植物炭疽病
担子菌亚门	黑粉菌属、条黑粉菌属、柄锈菌属、多孢锈菌属	可在病部形成黑色或锈色的粉状物	茭白黑粉病、葱黑粉病、葱锈病、菜豆锈病
接合菌亚门	根霉属	引起的病害较少，一般引起薯、果软腐，或花腐，没有臭味	果蔬软腐病

2. 细菌

（1）细菌的一般性状 细菌属原核生物，细胞核区没有核膜，只有一个环状 DNA 分子，常被称作拟核。细菌细胞壁外有一层黏液层，比较厚而固定的称荚膜（图 1-1-6）。在菌体上长有鞭毛（图 1-1-7），细菌就是依靠鞭毛的上下运动前进的。细菌的形状有球状、杆状和螺旋状三种，植物病原细菌都是杆状的。绝大多数细菌是异养的，病原细菌都是非专性寄生物。在植物病原细菌中，除棒状

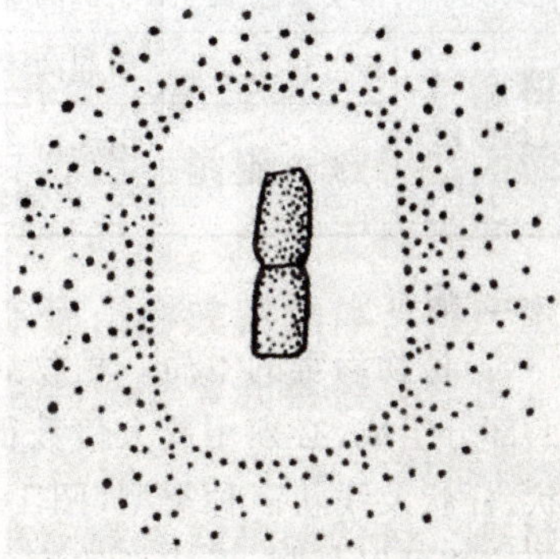

图 1-1-6 细菌荚膜

杆菌属外，其他各属都是革兰氏阴性细菌。细菌以裂殖方式繁殖，每个母细胞分裂生成两个遗传上相同的子细胞。在适宜环境条件下，生长旺盛的细菌平均 20～30 min分裂一次。

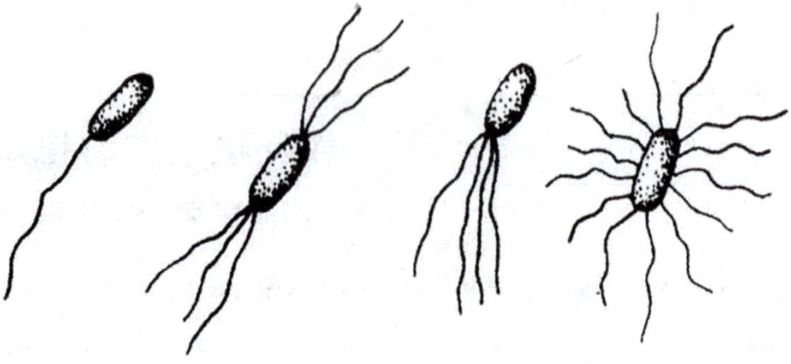

图 1-1-7 细菌鞭毛着生的形式

1. 单鞭毛 2、3. 极鞭毛 4. 周鞭毛

(2)蔬菜病原细菌的主要类群及所致病害(表 1-1-2)

表 1-1-2 蔬菜病原细菌的主要类群及所致病害

主要类群	重要属	主要病害症状	代表病害
普罗特斯门	假单胞杆菌属	引起的主要症状有斑点、腐烂、坏死、青枯、萎蔫和褪绿	瓜类细菌性角斑病、芹菜细菌叶斑病、叶枯病
	黄单胞菌属	引起的主要症状是叶枯	黄瓜细菌性叶枯病、圆枯病
	欧文杆菌属	引起的主要症状是软腐	瓜类软腐病、大葱洋葱软腐病
放线菌门	棒形杆菌属	引起的主要症状是溃疡	马铃薯环腐病
	链霉菌属	引起的主要症状是外部褐色病斑，内部软腐	马铃薯疮痂病

3. 病毒

(1)植物病毒的本质　植物病毒是一类非细胞形态的细小生物，由核酸和蛋白质两部分组成，必须用放大倍数很高的电子显微镜进行观察。病毒的形状可分为球状、杆状及线状三种类型(图 1-1-8)。在条件适宜时，由细胞提供物质和能量，病毒的核酸可以复制，形成新的病毒粒体。

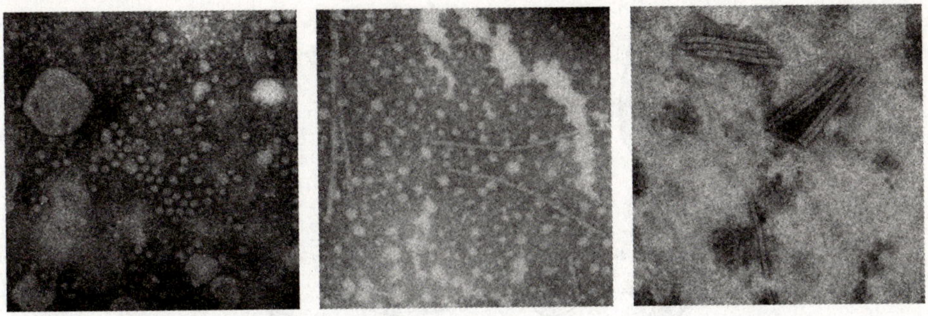

1　　2　　3

图 1-1-8　病毒粒子

1. 球状病毒　2. 线状病毒　3. 杆状病毒

(2)蔬菜病毒主要类群及所致病害(表 1-1-3)

表 1-1-3　病毒主要类群及所致病害

主要类群	形状	传播方式及寄主	代表病害
烟草花叶病毒属	直杆状	依靠植株间接触、花粉或种苗传播；寄主范围广	番茄、马铃薯、辣椒等花叶病
黄瓜花叶病毒属	球状	依赖蚜虫非持久性传播，也可由汁液传播；寄主范围广	十字花科、茄科、豆科及葫芦科蔬菜花叶病
马铃薯 X 病毒属	线状	通过接触传播，寄主范围窄，主要侵染马铃薯等茄科蔬菜	马铃薯花叶病
马铃薯 Y 病毒属	线状	通过接触、种子和蚜虫传播，寄主范围窄，主要侵染马铃薯等茄科蔬菜	辣椒脉斑驳病

4. 植物寄生线虫

线虫是一类低等动物，属于线形动物门线虫纲，植物受植物病原线虫为害后表现的症状与一般病害的症状相似，习惯上把植物线虫作为病原物来研究。

(1)植物寄生线虫的一般形态　多为乳白色的透明线状体，除少数是雌雄异型外，一般都是细长而两端稍尖、中间稍粗的小蠕虫，一般长不超过 1～2 mm，宽30～50 μm，具有两侧对称的体形，无附肢(图 1-1-9)。线虫体通常分唇区、体部和尾部三部分。最前端的部分为唇区。从口腔到肛门统称为体部。肛门以后至身体末端的部分称为尾部。

(2)植物寄生线虫的生活史　线虫的生活史分为卵、幼虫和成虫 3 个阶段。经过雌雄成虫交尾后，雌虫才能排出成熟的卵，卵产在土壤里、卵囊中和植物体内，少

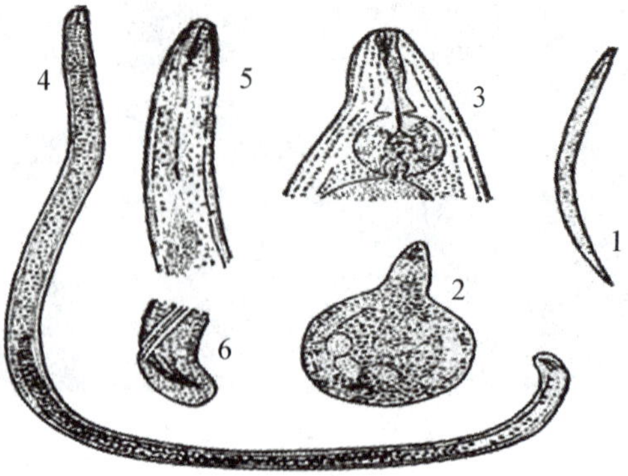

图 1-1-9 根结线虫形态图

1. 2. 龄幼虫　2. 雌虫　3. 雌虫前端
4. 雄虫　5. 雄虫前端　6. 雄虫尾端

数则留在雌虫母体中(如孢囊线虫)。幼虫在卵内即可发育,孵化后在土中活动,如遇适当寄主即进行侵染。幼虫经过几次蜕皮后,即长大为成虫。雌雄成虫交配后,雄虫不久即死去,一个雌虫可产卵 1 500～3 000 粒,由卵孵化到再产卵为止称为一代生活史。

(3)蔬菜寄生线虫的主要类群及所致病害(表 1-1-4)

表 1-1-4 蔬菜寄生线虫的主要类群

主要类群	主要病害症状	代表病害
茎线虫属	为害地上茎、叶和地下根、鳞茎和块根。引起组织坏死,可在根上形成肿瘤	马铃薯茎线虫
异皮线虫属	为害根部。病部不形成根瘤,可形成紊乱根系	瓜类根线虫
根结线虫属	为害根部。受害部位肿大,形成瘤状根结,根结线虫喜较高温度	白菜根结线虫

5. 寄生性种子植物

(1)寄生性种子植物　主要是指缺乏叶绿素或因部分器官退化,必须依附其他植物生存,逐渐失去其独立性而成为寄生性的植物。

(2)寄生性种子植物的主要类别

寄生性种子植物大多数是双子叶植物,与蔬菜作物有关的主要是菟丝子科和列当科中一部分植物。

菟丝子属 菟丝子种子在土中萌发，种胚形成一根淡黄色丝状体，其顶端能向四周旋转，如遇寄主植物，即紧密地与其茎缠绕，在其相接触处生出吸盘，穿入寄主的茎内吸取养料，建立寄生关系(图1-1-10)，菟丝子下部的茎逐渐凋萎死亡。为害豆类和茄科蔬菜上的菟丝子一般是中国菟丝子。

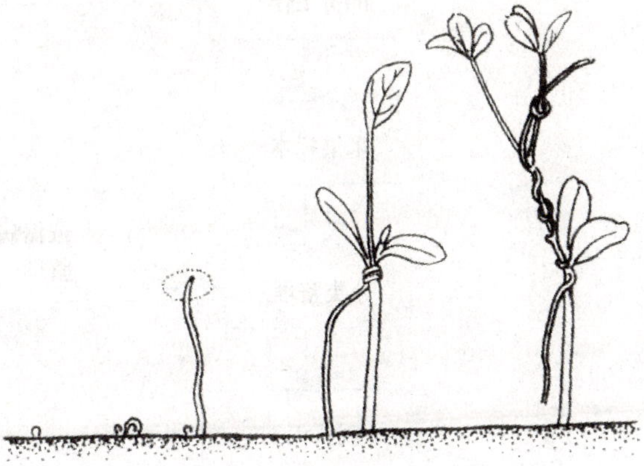

图1-1-10 菟丝子缠绕寄主过程

二、工作准备

(一)资料准备

①利用现有的图书馆、资料室、报刊、网络，查找有关蔬菜病害信息资料。

②教师准备资料单、课件、教材、相关图书等。

(二)实施场所

多媒体实训室、蔬菜生产基地或附近菜地等。

(三)仪器、标本及采集工具准备

体视镜、放大镜、镊子、挑针等，常见蔬菜病害标本、病原物永久玻片标本、挂图，标本采集工具等。

【任务设计与实施】

一、任务设计

见下页。

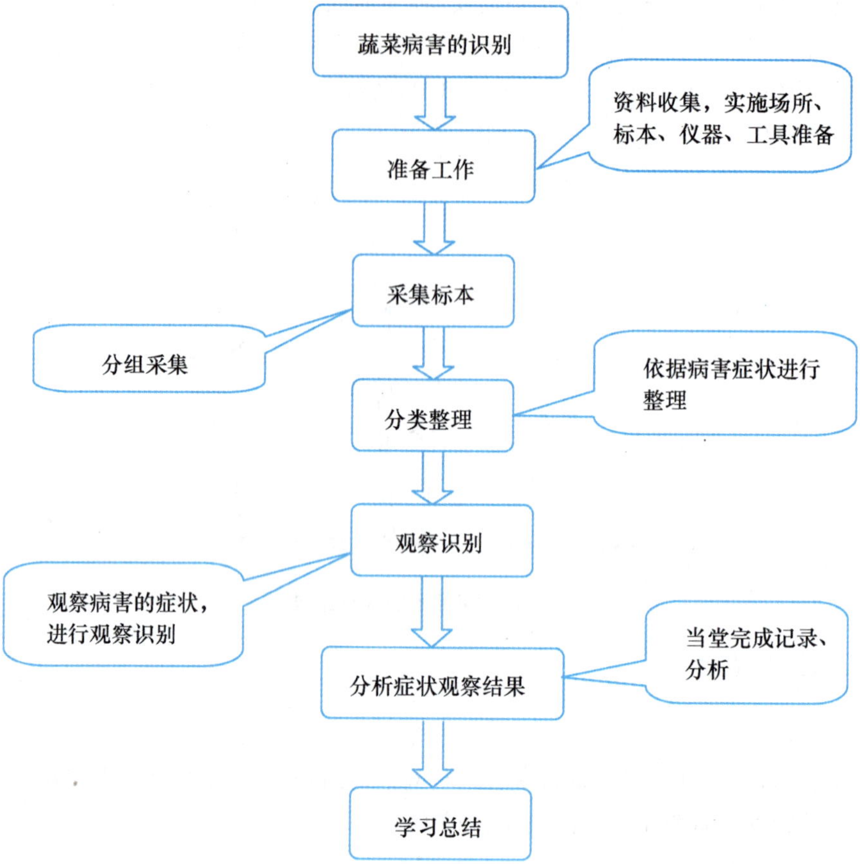

二、任务实施

(一)分组采集标本

课前组织学生以小组为单位到蔬菜种植基地采集蔬菜病害标本，并进行仔细观察，哪些是害虫为害的？哪些是组织老化造成的？哪些是人为机械损伤造成的？哪些是真正的病害？

(二)观察病害的症状

1. 蔬菜病害症状

症状是寄主感病后，在生理上、组织上、形态上发生的一系列外部的和内部的病变表现。症状可为两部分：寄主发病后本身发生的外部和内部形态上的病变，称为病状；发病后病原生物在寄主上的特征性表现称为病征。

(1)病状(表 1-1-5)

表 1-1-5 蔬菜常见病害病状

病状类型	表现形式			发生特点	代表病害
变色	叶片等器官均匀变色	褪色		叶片呈现均匀褪绿，变为浅绿色；叶脉褪绿后变为半透明状，形成明脉	白菜病毒病
		黄化		植物器官失去原有色泽。呈现黄化、白化、红化或紫化等	豌豆黄顶病
	叶片等器官不均匀变色	花叶		叶片的叶肉部分呈现浓淡绿色不均匀的斑驳，形状不规则，边缘不明显	辣椒病毒病（图 1-1-11）
坏死和腐烂	植物组织受害后引起局部细胞和组织死亡	斑点或病斑		根据斑点特点分别称为黑斑、褐斑、轮纹、角斑、条斑、黑斑、紫斑等	大葱紫斑病（图 1-1-12）
		穿孔		病斑部分组织脱落，形成穿孔	莴苣穿孔病
		枯焦		早期发生斑点或病斑，随后迅速扩大和相互愈合成块或片，最后使局部或全部组织或器官死亡	马铃薯晚疫病
		猝倒		幼苗茎基部坏死腐烂，常缢缩呈线状，地上部迅速倒伏，子叶常保持绿色	茄科蔬菜幼苗猝倒病
		立枯		幼苗的根或茎基部与地面接触处腐烂，全株枯死，病苗多不倒伏	茄立枯病
	植物组织较大面积的分解和破坏	湿腐		组织腐烂时分解很快，并伴随汁液流出	大白菜软腐病（图 1-1-12）
		干腐		组织腐烂时分解较慢，水分迅速丧失使病部组织干缩变硬	马铃薯干腐病
萎蔫	植物根茎的维管束组织受到破坏而发生的凋萎现象	生理性萎蔫		蔬菜因干旱失水，使枝条、叶萎垂	
		青枯		病株全株或局部迅速萎蔫，叶片仍呈绿色，不发黄，根茎横切面维管束部分呈褐色，有乳白色的溢出液	番茄青枯病（图 1-1-13）
		枯萎与黄萎		叶片多先从距地面较近处开始色泽变黄，不迅速枯死。病茎基部维管束也变褐色，但没有乳白色的溢出液	茄黄萎病
畸形	植株受病原物分泌激素物质或干扰寄主代谢的刺激而表现异常生长，增生或抑制	增生	丛生	植物主、侧枝顶芽被抑制，侧芽受刺激大萌发形成成簇枝条	豇豆丛枝病
			瘤、瘿	受病植物组织局部细胞增生，形成不定形的畸形肿大	丝瓜根瘤线虫病
		抑制	矮化	枝叶等器官的生长发育均受阻，生长成比也受到抑制	十字花科病毒病
		变态	卷叶	叶片两侧沿叶脉平行向上或向下卷曲，病叶比健叶较厚、较硬和较脆，严重时呈卷筒状	番茄病毒病（图 1-1-14）
			蕨叶	叶片叶肉发育不良，甚至完全不发育，叶片变成线状或藏叶状	

图 1-1-11 变色(辣椒病毒病)

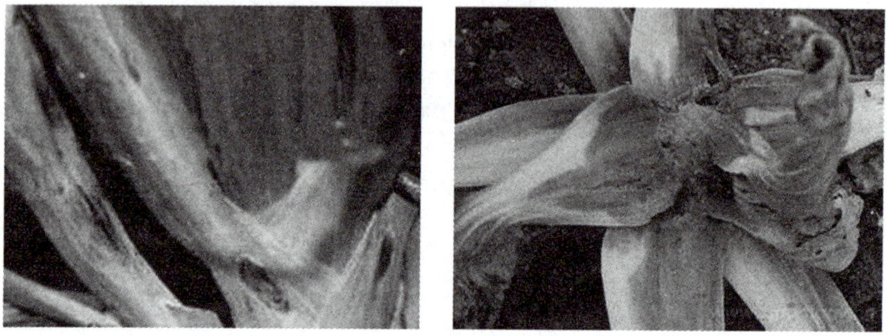

1 2

图 1-1-12 1. 坏死(大葱紫斑病) 2. 腐烂(大白菜软腐病)

图 1-1-13 萎蔫(番茄青枯病)

图 1-1-14　畸形(番茄病毒病)

(2)病征(表 1-1-6)

表 1-1-6　蔬菜常见病害病征

病症类型	表现形式	主要特点	代表病害
霉状物	霉层	病部产生各种颜色的绒毛状物。如霜霉、青霉、黑霉、绵霉、灰霉	菠菜霜霉病(图 1-1-15)、葱紫斑病
粉状物	粉层	病部产生各种颜色的粉末状物。如白粉、黑粉、锈粉	黄瓜白粉病(图 1-1-16)、菜豆锈病、洋葱黑粉病
粒状物	小黑点或不规则形颗粒	粒状物呈针头大小的黑点,包括真菌的分生孢子器、分生孢子盘、子囊壳、子座等;粒状物较大,长在寄主表面,包括闭囊壳和菌核	蚕豆褐斑病、豌豆白粉病(图 1-1-17)
绵(丝)状物	白色绵(丝)状物	病部表面产生白色绵(丝)状物,是真菌的菌丝体,或菌丝体和繁殖体的混合物	茄绵疫病(图 1-1-18)
脓状物	溢脓	细菌性病害所特有的脓状黏液,干燥时形成菌胶粒	黄瓜细菌性角斑病(图 1-1-19)、番茄青枯病

图 1-1-15　霉状物(菠菜霜霉病)

图 1-1-16　粉状物(黄瓜白粉病)

图1-1-17 粒状物(豌豆白粉病)

图 1-1-18 棉(丝)状物(茄绵疫病)

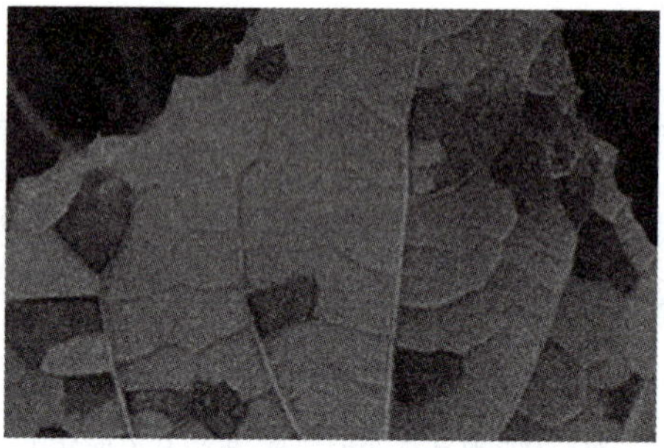
图 1-1-19 脓状物(黄瓜细菌性角斑病)

2. 观察蔬菜病害的盒装标本、瓶装浸渍标本及新采集的病害标本的病状类型和病征类型，完成表 1-1-7

表 1-1-7 病状、病征类型观察记录

寄主名称	病害名称	发病部位	病状类型	病征类型	备注

(三)观察侵染性病害病原物

以小组为单位先在显微镜下观察备好的病原玻片示范标本，观察病原菌的形态特征。

工作任务2　蔬菜病害的诊断

【任务准备】

一、知识准备

（一）怎样诊断蔬菜侵染性病害

1. 真菌病害的诊断

症状识别是鉴定真菌病害的有效方法。蔬菜真菌病害几乎包括了所有的病害症状类型。真菌侵染蔬菜除了具有变色、坏死、腐烂、萎蔫和畸形五大病状（其中以坏死和腐烂居多）外，其主要的标志是在被害部或迟或早都会出现病征，如各种色泽的霉状物、粉状物、点状物、菌核、菌索及伞状物等。对于常见的病害，一般根据这些子实体的形态特征，可以直接鉴定出病菌的种类。如病部尚未长出真菌的繁殖体，可用湿纱布或保湿器保湿 24 h，病征就会出现，再做进一步检查和鉴定。必要时需做人工接种试验。

2. 细菌病害的诊断

蔬菜细菌性病害的病状有溃疡、腐烂、枯萎、穿孔和癌肿等。其共同的特点是症状多表现急性坏死型；病斑呈水渍状或油渍状，边缘常有褪绿的黄晕圈；气候潮湿时，从病部有黄褐或乳白色、黏稠、似水珠状菌脓；湿腐型病害病部往往有恶臭味。

除了根据症状、侵染和传播特点观察外，还可以用显微镜观察。一般蔬菜细菌病害的病部，无论是维管束系统，还是薄壁组织，都有大量的细菌存在，故可以切取小块病组织在显微镜下观察有无大量细菌从组织中溢出，这一现象称为喷菌现象，细菌病害所特有，这是诊断蔬菜细菌病害的简易方法。对于新病害或疑难病害，必须进行分离培养接种才能确定。

在细菌病害的诊断和鉴定中，血清学检验、噬菌体反应和 PCR 技术等也是常用的快速诊断方法。

3. 病毒病害诊断

蔬菜病毒病害的病状主要表现为花叶、黄化、矮缩、丛枝等，少数为在发病部位形成坏死斑点。在田间，一般心叶首先出现症状，然后扩展至植株的其他部分。绝大多数病毒都是系统侵染，引起的坏死斑点通常较均匀地分布于植株上，而不像真菌和细菌引起的局部斑点在植株上分布不均匀。此外，随着气温的变化，蔬菜病毒病时常会发生隐症现象，如十字花科蔬菜病毒病，田间气温低于 15℃以下时，病状不明显，呈现隐症现象。

病毒病害的诊断及鉴定要比真菌和细菌引起的病害复杂得多，通常要根据症状类型、寄主范围（特别是鉴别寄主上的反应）、传播方式、对环境条件的稳定性测定、病毒粒体的电镜观察、血清反应、核酸序列及同源性分析等进行诊断。

4. 线虫病害诊断

蔬菜线虫病害的症状表现为全株性症状和局部性症状。全株性症状主要是植株生长衰弱，表现为黄化、矮化，严重时甚至枯死。局部性症状具体表现为地上部有顶芽和花芽的坏死、茎叶的卷曲和组织的坏死，形成种瘿和叶瘿，根部组织的畸形、坏死和腐烂等。对于一些雌雄异型的线虫，往往可以在寄主的根部直接（或通过解剖根结）观察到膨大的雌虫，而对于大多数蔬菜寄生线虫，需要通过对病组织和根围土壤采用适当的方法分离才能获得病原线虫。

在进行蔬菜线虫病害的诊断时，要对寄主蔬菜进行全株检查，同时不要把腐生线虫混同为蔬菜病原线虫。因此某些蔬菜根的外寄生线虫需要从根围土壤中采样、分离，并进行人工接种试验，才能确定其致病性。

5. 寄生性种子植物诊断

受寄生性种子植物侵染的病害往往可以在寄主蔬菜上或根际看到寄生植物，如菟丝子、列当等。

（二）如何进行蔬菜非侵染性病害的诊断

非侵染性病害的病株在群体间发生比较集中，发病面积大而且均匀，没有由点及面的扩展过程，发病时间比较一致，发病部位大致相同，除日灼、药害是局部病害外，通常植株表现全株性发病，如缺素症、涝害等。

1. 症状观察

对病株发病部位、病斑形状、大小、颜色、气味，病部有无病征等症状用肉眼和放大镜观察。非侵染性病害只有病状而无病征，可切取病组织表面消毒培养后仍无病征发生，可初步确定该病属于非侵染性病害。

2. 环境分析

非侵染性病害由不适宜的环境引起，因此应注意病害发生与地势、土质、肥料及与当年气象条件的关系，栽培管理措施、排灌以及喷药是否适当，城市工厂“三废”是否引起蔬菜中毒等，这样才能在复杂的环境因素中找出主要的致病因素。

3. 病原鉴定

确定非侵染性病害后，应进一步对非侵染性病害的病原进行鉴定。

（1）化学诊断　主要用于缺素症与盐碱害等。通常是对病株组织或土壤进行化学分析，测定其化学成分及含量，并与正常值相比，查明过多或过少的成分，确定病原。

(2)人工诱发　根据初步分析的可疑原因，人为提供类似发病条件、诱发病害，观察表现的症状是否相同。此法适用于温度与湿度不适宜、营养元素过多或过少、药物中毒等病害。

(3)指示植物鉴定　这种方法适用于鉴定缺素症病原。当提出可疑因子后，可选择最容易缺乏该种元素、症状表现明显、稳定的植物，种植在疑为缺乏该种元素蔬菜附近，观察其症状反应，借以鉴定蔬菜是否患有该元素缺乏症。

(4)施肥试验　治疗试验一般用于土壤缺素症。可在土壤中增施所缺元素或用营养元素对病株喷洒、注射、灌根治疗，看其是否恢复正常。

(三)植物病害常规诊断要注意哪些事项

多数病害的症状具有相对稳定性和特异性，在根据典型症状的特点区分植物病害种类及其发生的原因时，要注意以下几个方面。

1. 症状的复杂性

①不同的病原可导致相似的症状，如由真菌、细菌、线虫等病原引起的病害均可表现萎蔫性症状。

②同种病原在同一寄主植物的不同生育期，不同的发病部位，表现不同的症状。如丝核菌为害菜豆幼苗发生猝倒和根腐，而为害豆荚则形成褐色凹斑。

③相同的病原在不同的寄主植物上，表现不相同的症状。如十字花科植物病毒病在白菜上表现花叶，萝卜上叶片畸形。

④正确区别并发病和继发病，分清主次。如白菜软腐病与菌核病常互为并发病；甘薯在受冻害后，在贮藏期极易发生软腐病。

⑤环境条件可影响病害的症状。如腐烂病在气候潮湿条件下表现湿腐症状，气候干燥时表现干腐症状。

⑥缺素症、黄化症等生理性病害与病毒病引起的症状类似。

⑦在病部的坏死组织上，可能同时出现寄生菌和腐生菌，容易混淆和误诊。

虽然植物病害的症状对于病害诊断有着重要意义，但由于植物病害症状表现的复杂性，对新的病害或不常见的病害不能单凭症状进行诊断，需对该病害的发生过程进行全面的了解，进一步鉴定病原物或分析发病原物或分析发病原因，才能诊断植物病害。

2. 正确区分虫害、螨害和病害

刺吸式口器害虫，如蚜虫、粉虱和螨类等危害后，使植物呈现斑点(块)、萎缩、皱叶、卷叶、枯斑等现象，容易与病毒病害混淆，诊断时注意观察，在被害部位是否有害虫、害螨的皮、排泄物、隧道、特殊缺刻等特征。

二、工作准备

(一)资料准备

①利用现有的图书馆、资料室、报刊、网络,查找有关蔬菜病害诊断的信息资料。

②教师准备资料单、课件、影像资料、相关文章等。

(二)实施场所

多媒体实训室、蔬菜生产基地或病害发生严重农田等。

(三)仪器、标本及采集工具准备

放大镜、显微镜、镊子、各种标本、采集工具等。

【任务设计与实施】

一、任务设计

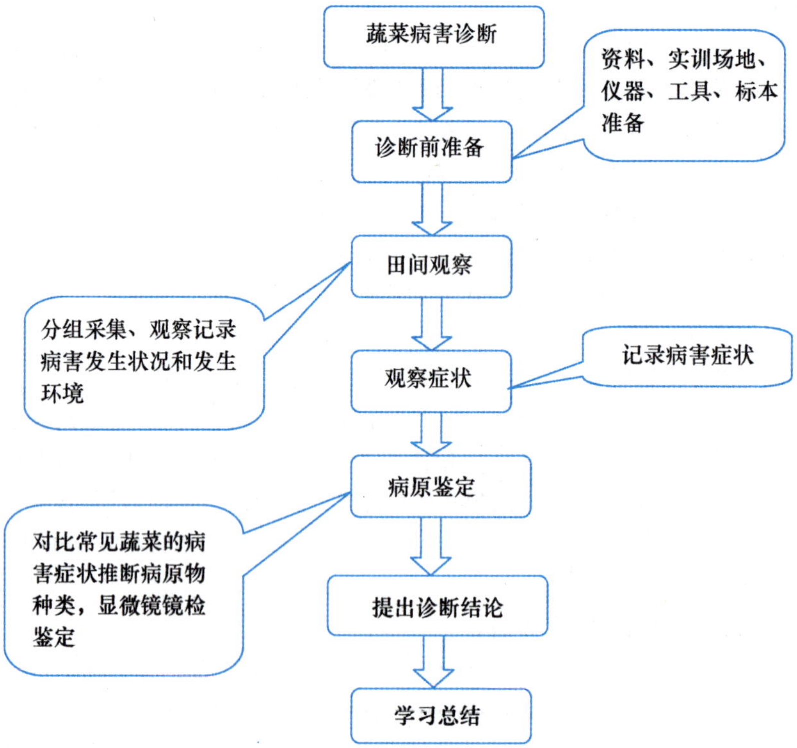

二、任务实施

(一)蔬菜病害诊断

1.田间观察

了解病株的分布状况、发生面积、分布规律,发病期间的气候条件、地形地势、土壤性质及栽培管理措施,以及往年的病害发生情况,作为病害诊断的参考。

2.症状观察

根据提供的病害植物样本,应从症状、发生部位等表型特征来判断其病因,先确定是病害还是伤害,再确定是侵染性病害还是非侵染性病害,最后通过肉眼或放大镜对其症状加以识别,确定病害种类。对无法直接判断的病害,可进行适当的保湿培养后作进一步诊断。

3.病原鉴定

绝大多数病原生物都是微生物,对于一些病害必要时可以对病害标本进行解剖和镜检,借助于显微镜及电镜检查对病原种类做出初步鉴定,为确诊病害提供可靠依据。

4.人工诱发试验

对某些新的或少见的真菌和细菌性病害,还需按柯赫氏法则进行诱发试验找到真正的病菌。即在某种植物病害的病部发现病原菌后,进行分离纯化获得纯培养的接种材料,再将病原菌接种到相同的健康植物上,在被接种的植物上又产生了与原来病株相同的症状,同时从被接种的发病植物上重新分离获得该病原菌,最后再度分离并得到纯培养,此纯培养性状与接种所用的纯培养完全相同(史密斯补充制定),即可确定接种的病原菌就是该种病害的致病菌。

5.提出诊断结论

根据上述诊断结果进行综合分析,提出诊断结论,并确定防控对策。对于某些新发生的或不熟悉的病害,严格按照上述程序进行是很有必要的。

(二)在蔬菜生产基地教学现场

以小组为单位,按照病害诊断步骤,对病害做出初步诊断,同时采集病害标本用于实训室内病状观察和病原鉴定。每个小组提交一份某菜地的蔬菜病害名录(表1-1-8)。

表 1-1-8 ____________菜地蔬菜病害名录

时间：____________地点：____________

蔬菜种类	病害症状	病原物种类	病害种类

【任务拓展】

侵染性病害的发生发展

蔬菜侵染性病害的发生是在一定的环境条件下寄主与病原物相互作用的结果，病害的发展是在适宜环境条件下病原物大量侵染和繁殖，造成蔬菜减产或品质下降的过程。要认识病害的发生发展规律，就必须了解病害发生发展的各个环节，深入分析病原物、寄主蔬菜和环境条件在各个环节中的作用。

1. 病原物的寄生性与致病性

病原物的寄生性：寄生性是指病原物从寄主活的细胞和组织中获得营养的能力。根据病原物寄生性的强弱分为：专性寄生物、兼性腐生物、兼性寄生物、腐生物。

病原物的致病性：致病性是病原物对寄主植物诱发病害的能力，即对寄主组织破坏和毒害的能力。

病原物对寄主的影响和致病作用表现在：

①掠夺寄主的营养物质和水分。

②病原物在其代谢过程中可以分泌各种酶、毒素和植物生长素等物质，直接或间接地破坏植物细胞和组织，致使植物表现出各种病害症状。

寄生性与致病性的关系及变异 病原物的寄生性与致病性的关系十分密切。一般地说，病原物的寄生性是它发挥致病作用的前提。同时，绝大多数寄生物通过寄生活动或多或少地对寄主产生不良影响或毒害作用，具有某种致病性，但也并非所有的寄生物都有致病性。

一般兼性寄生物多具有较强的致病性，对寄主组织的破坏性较大，通常在侵入以前或以后不久便使寄主细胞和组织发生急剧的坏死，然后从死组织中吸取营养物质。相反，专性寄生物对寄主的破坏和毒害作用要缓和得多，它们需要从寄主活细胞中吸取养料，若将寄主细胞、组织迅速杀死，也就意味着自己生命的结束，只有寄主长期保持正常的生活能力，对自身才有利。

2.植物的抗病性

抗病性是指寄主植物抵御病原物的侵染以及侵染后所造成损害的能力。不同的植物对病原物的抵抗能力有差别，一种植物对某一种病原物的侵染完全不发病或者无症状表现称为免疫；表现为轻微发病的称抗病，发病极轻称高抗，植物忍耐病原物侵染，虽然表现发病较重，但对植物的生长、发育、产量和品质无明显影响称耐病；寄主植物发病严重，对产量和品质影响显著称感病，寄主植物本身是感病的，但由于形态、物候或其他方面的特性而避免发病的称避病。

3.侵染性病害的侵染过程

病原物的侵染过程是指从病原物侵入寄主植物到引起病害的发生的过程。它包括接触、侵入、潜育和发病四个阶段，但是每一个阶段都是相互联系的，前一个阶段是为后一个阶段做准备，后一个阶段是前一个阶段的继续。

(1)接触期　从病原物同寄主接触到开始萌发入侵称接触期。在这一阶段时间内，环境条件起着重要的作用，例如黄瓜霜霉病菌的孢子囊与黄瓜叶片接触后，必须要求叶面有水滴或水膜的存在，孢子囊才能萌发，如果叶面干燥，即使病原物的孢子囊与叶片接触，因为孢子囊不萌发，霜霉病也不会发生。

(2)侵入期　侵入期是指病原物从侵入到与寄主建立寄生关系的阶段。侵入期的病原物已经从休眠状态转入生长状态，又暴露在寄主体外，是其生活史中最薄弱的环节，是采取防控措施的关键时期。

(3)病原物的侵入途径　病原物通过一定的途径进入植物体内才能进一步发展引起病害。病原物的侵入途径主要有伤口(如机械伤、虫伤、冻伤、自然裂缝、人为创伤)侵入，自然孔口(气孔、水孔、皮孔、腺体、花柱)侵入和直接侵入。

病原物的侵入途径与其寄生性有关，一般寄生性较弱的病原物从伤口侵入，寄生性较强的病原物可以从自然孔口，甚至可以从表皮直接侵入。大多数真菌以孢子萌发后形成的芽管或菌丝通过一定的侵入途径侵入寄主。

(4)影响病原物侵入的环境条件　环境条件中对病原物影响最大的是温度和湿度，其次是光照和酸碱度。

湿度对真菌和细菌等病原物的影响最大。湿度影响孢子能否萌发和入侵，除白粉菌外，气传真菌病害的孢子萌发率随湿度的增加而增大，水滴(膜)中萌发率最高；此外，植物在雨后或重雾之后，细胞间隙和气孔腔中，常呈充满水分状态，有利于真菌和细菌的侵染。

温度对病原物侵入的影响也很大，主要影响病菌孢子萌发和侵入，如真菌孢子在适宜的温度下萌发只需几小时。

光照和酸碱度对病原物的影响不如温度显著。菌核病菌的子囊孢子，在黑暗的条件下萌发有利，光照对其萌发有阻碍作用。酸碱度直接影响真菌孢子萌发。

温度和湿度也直接影响植物的伤愈能力和速度，高温和高湿易促使植物的保护组织柔软，降低对病原菌的抗病力，特别是早春冷床育苗期更为明显，容易发生猝倒病。

(5)潜育期　潜育期是指病原物侵入寄主后建立寄生关系开始，直到表现明显症状为止这一段时期。潜育期长短，直接与病害为害程度有关。特别对于一些病原真菌侵染引起的病害更为明显，因为潜育期终了，在其被害部分上能产生更多的无性繁殖器官，进行传播，再侵染和再为害。潜育期的长短与病原物的生物特性、寄主生长条件、抗病性和环境条件都有关系。

(6)发病期　寄主植物被病原物侵染，经过一定的潜育期后表现症状而进入发病期，整个发病期从寄主表现症状以后到症状停止发展为止。发病期由于病原物种类不同，症状表现差异很大，由真菌和细菌侵染引起的病害，不仅在被害部分发生各种类型的病状，还产生各种类型的病征。

但是，在一些真菌病害中，如煤烟病菌，是体外寄生菌，它主要是利用昆虫（蚜虫）的分泌物质作为营养。因此，煤烟病菌没有一个完整的侵染过程。

4. 病害的侵染循环

病害从前一个生长季节始发病到下一个生长季节再度发病的过程称为侵染循环，又称病害的年份循环。病程是组成侵染循环的基本环节。侵染循环主要包括以下 3 个方面：病原物的越冬或越夏、初侵染和再侵染、病原物的传播。

(1)病原物的越冬或越夏　越冬和越夏是指病原物怎样度过寄主的休眠期，成为下一个生长季节的病原物的来源问题，病原物的越冬和越夏与寄主植物生长季节有密切关系。如果这一阶段是冬季称为越冬；如果是夏季称为越夏。病原物越冬是最常见的。

病原物越冬和越夏的场所，一般就是下一个生长季节病害的病原物的初次侵染来源，所以及时消灭越冬或越夏的病原物，在病害防治上具有重大意义。病原物有各种方式越冬和越夏，如真菌以休眠菌丝体在病株残体内，或产生休眠孢子或其他休眠结构物留在土中。病原物越冬或越夏场所有：田间病株、种子、土壤、病株残体、粪肥。

(2)初次侵染和再次侵染　越冬或越夏后的病原物，在寄主植物生长期间，第一次侵染的称为初次侵染。病原物在初次侵染的病株上，产生繁殖器官，再传到健康植株上为害的称为再次侵染。再次侵染的次数多少，除寄主植物本身的具体情况外，环境条件（温度和湿度）起决定作用。

(3)病原物的传播 在越冬或越夏场所的病原物，必须传播到寄主植物上并与之接触，才有可能发生初次侵染，在寄主植物上，初次侵染形成后，在受害部位产生病原物的繁殖体，必须通过各种方法，在寄主植物之间，或田块之间，或区与区之间进行传播，才能发生再次侵染。一般传播方法主要有以下数种：气流传播、水流传播、生物传播和人为传播。

5.病害的流行

(1)植物病害流行的概念 植物病害在一个时期，一个地区内，发生普遍而且严重，使某种植物受到巨大损失，这种现象称为病害的流行。

(2)植物病害流行的条件 有大量易于感病的寄主；有大量致病力强的病原物；有适合病害大量发生的环境条件。这三个条件，缺一不可，必须同时存在。

【评价反馈】

(一)自我评价

1.__________菌和__________菌统称病原菌。

2.引起非侵染性病害的主要原因有__________、__________、__________、__________。

3.蔬菜病害的病状类型主要有__________、__________、__________和__________。

4.病毒粒子由__________和__________组成。

5.病原物的侵染过程分为__________、__________、__________和__________。

6.病原物的侵入途径包括__________、__________和__________等。

7.影响病害发生的气候条件主要是__________和__________。

8.引起非侵染性病害的因素有(　　)。

A.真菌　　B.营养不良

C.线虫　　D.类病毒

9.真菌的侵入途径一般是(　　)。

A.直接侵入　　B.自然孔口侵入

C.虫媒传播　　D.伤口侵入

10.植物病原菌包括(　　)。

A.所有的植物病原微生物　　B.病毒

C.真菌、细菌　　D.细菌

11. 真菌繁殖体的基本单位是（　　）。

A. 菌丝　　B. 孢子

C. 芽管　　D. 菌丝体

12. 植物病原细菌侵染寄主最主要的条件是（　　）。

A. 高湿　　B. 高温

C. 低温　　D. 高温、高湿

13. 蔬菜病害与损伤有何本质区别？

14. 侵染性病害与非侵染性病害在发生特点上有什么不同？

15. 结合现场教学或实习，说明所观察蔬菜病害的典型症状。

16. 简述各类蔬菜植物病害的诊断方法。

17. 结合实践，简述如何诊断某一菜地发生的病害。

（二）小组评价

从学习态度、学习方法、团队合作和学习能力的提升等方面评价。

序号	评价项目	评价情况
1	与其他同学口头交流学习内容是否流畅	
2	是否尊重他人	
3	学习态度是否积极主动	
4	是否服从教师的教学安排	
5	着装是否符合标准	
6	能否按照安全和规范的规程操作	
7	能否辨别工作环境中哪些是危险的因素	
8	是否合理规范的使用工具和仪器	
9	是否能保持学习环境的干净整洁	
10	是否遵守学习场所的规章制度	
11	是否有工作岗位的责任心	
12	是否达到全勤	
13	团队学习中主动与合作的情况如何	
14	能否主动参与教学场所的清洁和整理工作	

参与评价的同学签名＿＿＿＿＿＿＿＿＿＿＿＿＿＿＿＿

(三)综合评价

1. 教师评价

(1)对整个学习内容的小结归纳

(2)对学习过程的总体评价

教师签名________________

2. 学生评价

(1)对教师授课效果的评价

(2)对学习效果的评价

学生签名________________

项目二　蔬菜虫害

【学习目标】

1. 知道昆虫的形态特征和生活习性
2. 掌握昆虫的分类知识
3. 掌握虫害的发生与环境的关系

【项目任务描述】

本项目分为认知昆虫和认知昆虫发生与环境的关系 2 个任务。通过本项目任务的操作与学习，能让学员认识蔬菜生产中常见的害虫，学会现场诊断方法；对田间未观察到的典型病害，通过实训室里的病害标本观察、病原观察等方法，增强对本项目的学习兴趣，培养查阅资料、观察分析、调查研究、勤于总结和沟通协作等能胜任岗位工作的职业素质。

【项目结构】

工作任务1 认知昆虫

【任务准备】

一、知识准备

(一)昆虫的种类有哪些

昆虫种类繁多、形态各异,是地球上数量最多的动物群体,到21世纪初,人类已知的昆虫约有100万种,但仍有许多种类尚待发现。昆虫是节肢动物中最多的一类动物,最常见的有蝗虫、蝴蝶、蜜蜂、蜻蜓、苍蝇、草蜢等。

(二)昆虫的形态特征和生活习性是怎样的

昆虫不但种类多,而且同种的个体数量也十分惊人。昆虫的分布面之广,没有其他纲的动物可以与之相比,几乎遍及整个地球。昆虫在生物圈中扮演着很重要的角色。虫媒花需要得到昆虫的帮助,才能传播花粉。而蜜蜂采集的蜂蜜,也是人们喜欢的食品之一。

但昆虫也可能对我们产生威胁,在蔬菜生产上就存在多种虫害。

1. 昆虫的基本形态特征

昆虫的身体分为头部,胸部和腹部(图1-2-1)。

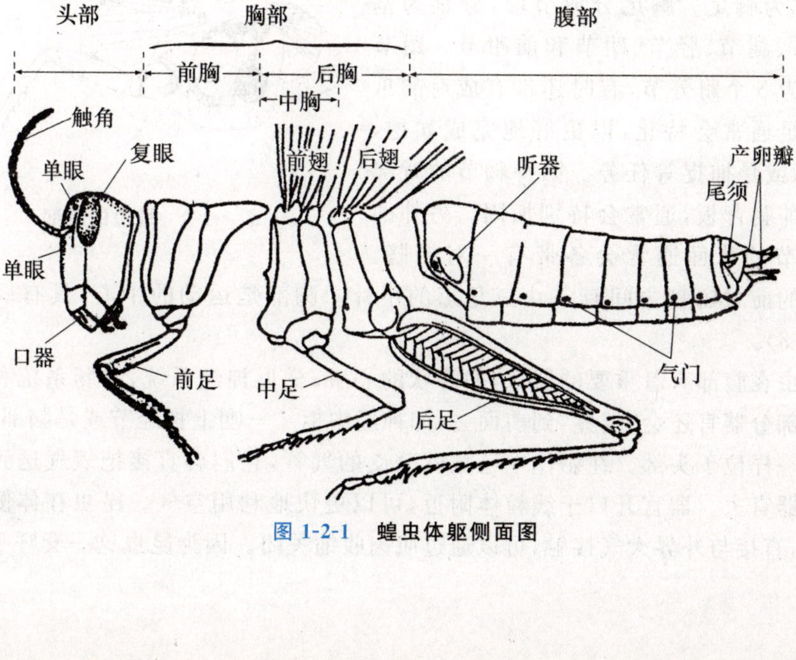

图1-2-1 蝗虫体躯侧面图

成虫体躯分头、胸、腹三部分；胸部具有3对分节的足，通常还有2对翅。这些特点构成了昆虫纲的鉴别特征。

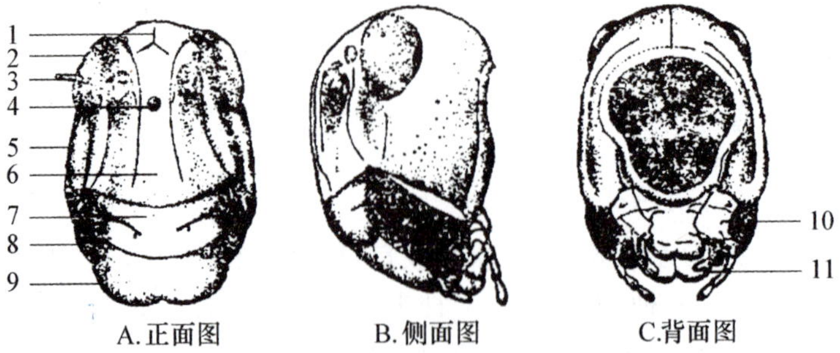

图 1-2-2 **蝗虫的头部**

1.脱裂线 2.复眼 3.触角 4.单眼 5.围眼片 6.额
7.唇基 8.上颚 9.上唇 10.下颚 11.下唇

头部是昆虫身体最前面的一个体段，由几个体节组合而成，外壁坚硬，形成头壳。头部为感觉和取食的中心，头部的上前方有一对触角，下方是口器，具有3对口器附肢和1对触角，两侧通常有一对大的复眼，头顶常常有1～3个小的单眼（图1-2-2）。

胸部由三个体节组成，由前向后依次称为前胸、中胸和后胸。每个体节都带有一对附肢，称为胸足。胸足分成节段，分别为基节、转节、腿节、胫节、跗节和前跗节。跗节通常分为5个跗分节，有时还带有成对的爪子。胸足通常会特化，以更好地完成如挖，跳，游泳或是捕捉等任务。第一胸节的背部被称为前胸背板，通常会特别加固。另外的两个胸节的背面通常会各带有一对翅膀。在甲虫的前对翅膀之间有一块三角形的甲片。胸部是运动的中心，具有3对足（图1-2-3）。

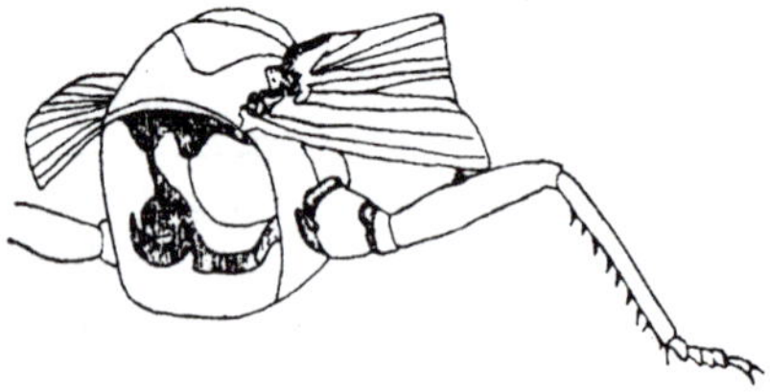

图 1-2-3 **蝗虫的胸部**

昆虫在腹部有着重要的器官，如管状的心脏，梯形神经系统，胃肠系统和生殖器官。部分器官还会“越界”到前面去，如神经中枢——咽上神经节或是脑部，和其他动物一样位于头部。在躯体中还藏着分支的气管，它们会直接把氧气送到身体的各个器官去。器官开口于线粒体附近，可以更快地利用空气。昆虫在体侧壁还有气孔，直接与外界大气接触，可以通过肌肉收缩关闭。因为昆虫这一套呼吸系统非常有效,所以昆虫要担心的并不是缺氧,而是过度氧化。气孔的可关闭性使得昆虫具有暂时停止呼吸的能力。腹部是生殖中心,其中包含着生殖系统和大部分内脏,无行动用的附肢,但多数有转化成外生殖器的附肢。

2.昆虫的繁殖方式

昆虫的繁殖方式有两性生殖、孤雌生殖或单性生殖、多胚生殖、卵胎生四种。

(1)两性生殖 需经过雌雄交配,精子与卵结合,雌虫产出受精卵,每粒卵发育成为一个子代,这种繁殖方式又称两性卵生,是昆虫繁殖后代最普遍的方式。

(2)孤雌生殖或单性生殖 卵不经过受精就能发育成新个体的生殖方式。大致可分为偶发性的、经常性的、季节性的三种类型。

(3)多胚生殖 由一个卵产生两个或更多胚胎的生殖方式,即由一个卵发育成两个到几百个甚至上千个个体,称为多胚生殖。

(4)卵胎生 卵在母体内成熟后,留在母体内进行胚胎发育,直到孵化后,直接产下幼虫或若虫的生殖方式。

除两性生殖外,孤雌生殖、卵胎生、多胚生殖均属于特异生殖。

3.昆虫的习性

(1)食性

植食性:以植物为食料,包括绝大多数农、林害虫和少部分益虫,如家蚕。

肉食性:主要以动物为食料,绝大多数是益虫。按其取食的方式又可分为捕食,如瓢虫。

粪食性:专门以动物的粪便为食,如蜣螂。

腐食性:以死亡的动植物组织及其腐败物质为食,如埋葬甲。

杂食性:既吃植物性食物,又吃动物性食物,如胡蜂。

(2)趋性 是昆虫接受外界环境的刺激的一种反应。其中趋向刺激称为正趋性,避开刺激称为负趋性。按照外界刺激的性质,趋性可分为趋光性、趋化性。很多昆虫对光波的长短、强弱的反应不同,一般趋向短波光,这就是黑光灯诱集昆虫的依据。根据害虫对于化学物质的趋或避的反应,而有诱杀剂、诱集剂及拒避剂的应用。

(3)假死性 有些昆虫受到突然的接触或震动时,全身表现一种反射性的抑制状态,身体蜷曲,或从植株上坠落地面,一动不动,片刻才爬行或飞起,这种现象称为假死性。对于具有假死性的害虫,可以用骤然振落的方法加以捕杀,如金龟子。

(4)群集性 是同种昆虫的个体高密度地聚集在一起的习性。群集有临时群集和永久群集之分。

(5)迁飞性　不少农业害虫，在成虫羽化到翅骨变硬的羽化初期，有成群从一个发生地长距离迁飞到另一个发生地的特性称迁飞性。

4.昆虫的分类

昆虫在生物分类上为一个纲，昆虫纲下分为目、科、属、种 4 个主要等级，种是分类的基本单位。昆虫纲分为 34 个目，与农业生产关系密切的有 9 个目，分别是：直翅目、半翅目、同翅目、缨翅目、鞘翅目、鳞翅目、膜翅目、双翅目、脉翅目，其中前 4 个目为不全变态。

(1)直翅目　体大型或中型，咀嚼式口器，前胸大而明显，前翅革质，后翅膜质纵折，后足跳跃足或前足开掘足，产卵器发达，呈剑状、刀状或凿状，具听器，渐变态，多为植食性。

(2)半翅目　体小至中型，个别大型，多扁平坚硬，刺吸式口器，触角丝状或棒状，前胸大型，中胸小盾片发达，呈三角形，前翅基部革质，端部膜质，称半鞘翅，腹面中后足间多有臭腺。植食性或捕食性。

(3)同翅目　体小型至中型，刺吸式口器，复眼发达，触角刚毛状或丝，前翅膜质或革质，后翅膜质，少数种类无翅，植食性，并能传播植物的多种病害。

(4)缨翅目　体小型，细长略扁，褐色，锉吸式口器，足短小而末端有泡，翅狭，翅脉退化，翅缘具缨状缘毛。过渐变态，多为植食性。如稻蓟马、棉蓟马、稻管蓟马。

(5)鞘翅目　体小至大型，体壁坚硬，前翅为鞘翅，后翅膜质，咀嚼式口器，触角 10 ～ 11 节，形状多样，无单眼，复眼发达，跗节 5 节，全变态，食性有植食性、肉食性、腐食性和杂食性等类型。分为肉食亚目和多食亚目。

(6)鳞翅目　身体、翅及附器均被有鳞片，组成不同颜色的斑纹，触角丝状、羽毛状、棒状，虹吸式口器，全变态。包括所有的蝶类和蛾类。

蝶类　触角球杆状，翅肩型，无翅缰，休息时竖立背上。白天活动，蛹无茧。

蛾类　触角丝状、羽状等，末端不膨大，后翅基部有翅缰，休息时平放背上，夜间活动。

(7)膜翅目　体微小至大型，咀嚼式或虹吸式口器，触角丝状或膝状，两对翅均为膜质，前后翅以翅钩相连。幼虫多足型或无足型。依据其胸腹节明显与否，分广腰与细腰两亚目。

(8)双翅目　体小到中型，成虫多为刺吸式或舐吸式口器，触角丝状、具芒状或其他形。前翅膜质，翅脉简单，后翅退化为平衡棒。全变态，幼虫蛆式，无足型。按触角长短和形状分长角亚目、短角亚目和芒角亚目。

(9)脉翅目 体小至大型,柔软。翅膜质,脉多如网,咀嚼式口器。触角细长,丝状或念珠状。成虫、幼虫都是捕食性的,以蚜虫、介壳虫、木虱 叶蝉及蚁类等昆虫为食。

(10)蜱螨目 蜱螨类属蛛形纲,蜱螨目,通常为圆形或卵圆形。螨类身体分区不明显,仅能分为腭体和躯体两部分,躯体有时由一缢缝分为足体段、后足体段,后半部体第四对足之后的部分称为末体。螨类的口器有咀嚼式和刺吸式两种。

螨类多系两性卵生繁殖,雌性经卵、幼虫、第一若虫、第二若虫至成虫,雄性则无第二若虫期。幼虫有足 3 对,若虫以后有足 4 对。

叶螨科 体长约 1 mm 以下,圆形或卵圆形。雄虫腹部尖削。刺吸式口器,植食性。如柑橘红蜘蛛(红叶螨)等。

瘿螨科 极微小,长约 0.1 mm,体蠕虫形,狭长,足两对,位于体躯前部。前肢体段背板大,呈盾形,后肢体段和末体段延长,具许多环纹。如柑橘锈螨(锈壁虱)。

植绥螨 体小,椭圆形,白色或淡黄色。捕食性。

二、工作准备

(一)资料准备

①利用现有的图书馆、资料室、报刊、网络,查找有关蔬菜虫害信息资料。

②教师准备资料单、课件、教材、相关图书等。

(二)实施场所

多媒体实训室、蔬菜生产基地或附近菜地等。

(三)仪器、标本及采集工具准备

体视镜、放大镜、镊子、挑针等,常见蔬菜害虫标本、挂图,捕虫网、采集箱等。

【任务设计与实施】

一、任务设计

见下页。

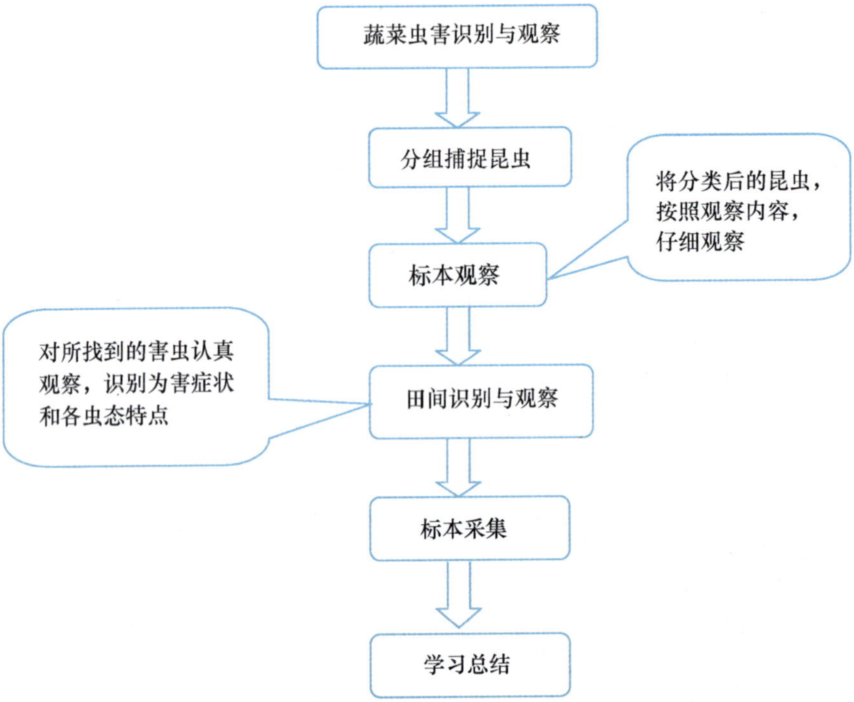

二、任务实施

(一)分组捕捉昆虫

课前组织学生以小组为单位到蔬菜种植基地捕捉昆虫，并根据知识准备的内容，将其进行分类。

(二)昆虫及蔬菜害虫标本观察

以小组为单位，用体视显微镜或放大镜观察下列内容：

(1)昆虫基本特征观察　观察蝗虫成虫体驱的基本构造，认识昆虫的外部形态特征。

(2)口器观察　观察、解剖昆虫幼虫的口器，认识昆虫各种口器的基本构造与为害状。

(3)害虫观察　观察捕捉的害虫的形态特征及为害状，认识其成虫和幼虫 2～3 个重要识别特征，从而能将各种害虫的成虫、幼虫区别开。

没有标本的，通过挂图观察、多媒体课件讲授、观看视频、查阅教材等方法进行学习。

(三)蔬菜害虫田间识别与观察

1.寻找教学现场

在教师准备好教学现场的前提下,引导学生在课前以小组为单位到蔬菜生产基地或者附近菜田,蔬菜害虫的发生场所,以备本工作任务的实施。

2.识别

对所找的害虫进行认真、细致的观察其形态特征与为害状,然后对照教材或参考读物查询到是哪一种或哪一类?能否在周围发现其他虫态?可否观察到这种害虫的一些重要习性?同时给害虫及为害状进行拍照,采集害虫各虫态的标本。

工作任务2 认知昆虫发生与环境的关系

【任务准备】

一、知识准备

(一)昆虫的发展发生与哪些因素有关

昆虫的发展发生,除受其本身的内部因素(繁殖力、适应性、为害习性等)所决定外,环境条件也是不可忽视的重要因素。研究昆虫与环境条件相互关系的科学称为昆虫生态学,了解昆虫发生与环境的关系,是预报和防治农业害虫的理论基础。

环境条件是由各种生态因素构成的,按自然特征可分为三类:

气候因素:如温度、湿度、光和风等。

土壤因素:如土壤结构、机械组成、物理和化学特性等。

生物因素:如昆虫的食料和天敌等。

各种生态因素之间有着密切的联系,它们共同构成昆虫的生活环境,综合地作用于昆虫。

(二)不同的环境因素对昆虫会有怎样的影响

每种昆虫对外界环境都有一定的要求,调查昆虫种群的数量变化和相应环境因素的特点,研究各种不同环境因素对昆虫生命活动所起的作用,正确分析昆虫种群与环境条件的关系,就能主动地改造环境,有利于保护益虫、消灭和控制不利于农业生产的害虫发生。

1.气候因素

气候因素包括温度、湿度、光、风、雨、气压等，在自然条件下这些因素是综合作用的，其中对昆虫影响较大的是温度和湿度。

(1)温度　温度是气候因素中对昆虫影响最显著的因素，这是因为昆虫是变温动物，体温随着周围环境的变化而变动。昆虫新陈代谢的速率，在很大程度上是受外界温度支配的。因此，环境温度对昆虫的生长发育和繁殖有极大的作用。另外，温度还通过影响食物、天敌和其他气候因素，间接作用于昆虫。

昆虫的生长、发育和繁殖，要求一定的温度范围，称为有效温区(或适温区)，在温带地区，一般为8～40℃。其中最适合于昆虫发育和繁殖的温度范围称最适温区，一般为22～30℃。有效温区的下限，是昆虫开始生长发育的起点，称为发育起点，一般是8～15℃。在此点以下有一段低温区，昆虫生长发育停止，这段温度称为停育低温区。再下，昆虫则因过冷而死亡，称为致死低温区，通常不超过－15℃。同样，在有效温区的上限，即最高有效温度，称为临界高温，一般为35～45℃。再上是停育高温区。温度再高，昆虫因高温而死亡，称为致死高温，一般在45℃以上。不同种类的昆虫，对温度反应不同。如黏虫产卵最适温区为20～22℃，棉铃虫则为25～28℃。同种昆虫的不同虫期，对温度的反应也不同。如黏虫卵的发育起点为13.1℃，幼虫为7.7℃，蛹则为12.6℃。同种同虫期的昆虫，由于所处的生理状态不同，对温度的反应也有差异。如玉米螟的越冬老熟幼虫，在其越冬前、越冬后对低温的抵抗力比越冬期的抗寒力差得多。此外，温度变化的速度和持续的时间不同，对昆虫的影响也不一样。一般来讲，温度的突然升高或下降，常使昆虫对高温、低温的适应范围变小。

环境温度对昆虫的新陈代谢和发育速度影响很大。在有效温度范围内，发育速度与温变呈正相关，即温度愈高，发育速度愈快，发育所需的天数愈少。根据实验测得，昆虫完成一定发育阶段(虫期或世代)所需的天数，与同期内的有效温度(发育起点以上的温度)的乘积是一个常数，这一常数称为昆虫的有效积温。这一规律称为积温定则(有效积温法则)。

温度对昆虫的繁殖力影响很大，在最适温区内，昆虫的性成熟随温度的升高而加快，产卵前期缩短，产卵量也较大。温度过低或过高，都能使生殖力下降。如黄地老虎蛹的发育最适温度为17～20℃(相对湿度65%～85%)，当温度为10～12℃时，羽化后成虫生殖力下降50%，当温度高达30℃时，羽化后成虫的生殖力只为正常的10%。小地老虎也有类似的情况，温度对昆虫地理分布的影响也很显著。如东亚飞蝗不能生存在冬季平均温度－4℃以下的地区，水稻三化螟不能分布在冬季平均温度－3.5℃以下的地区。

(2)湿度 湿度及降雨，实质是水的问题。水是生物进行一切生理活动的介质，昆虫当然不能例外。因此，水是昆虫必需的生存条件。不同种类的昆虫，虫体含水量不同，一般为体重的46%～92%。不同虫期，虫体的含水量也不同，通常幼虫期含水量高，越冬期含水量较低，昆虫主要是从食物中获得水分，有些种类也可直接饮水，如蜜蜂、蛾类等，它们依靠从环境获得的水分，进行正常的生理活动，又通过呼吸，排泄和体壁、节间膜的蒸发等将多余水分排出体外，并以此调节体温。如果体内失去水分的平衡，就会使正常的生理机能受阻，严重时，导致死亡。昆虫对湿度的反应，也和温度一样，有一定适宜范围，但不如对温度反应那样明显，适应范围也较温度大一些。湿度对昆虫生长的影响不如温度那样突出，其作用主要在于制约昆虫的种群数量。一般来说，在湿度适宜范围内，较低湿度能延长昆虫发育时期，反之有利于加速其发育。湿度对昆虫的繁殖力、成活率都有显著的影响，如黏虫当温度在25℃时，相对湿度60%以下的产卵数，仅有在相对湿度90%以上的一半，湿度高时，其卵的孵化率和幼虫成活率也较高。又如黄地老虎幼虫，在恒温20℃时，相对湿度为80%、60%和40%三种情况下，以80%的成活率最高，40%的最低。以上情况说明，许多昆虫的生长发育和繁殖都需要相当高的湿度。有些生活在水中的昆虫，如稻食根叶甲幼虫，冬季稻田排水就可以消灭它。但也有相反的情况，如棉蚜、棉红蜘蛛等刺吸口器的害虫，由于吸食寄主汁液，一般不会缺水，大气干燥不至影响它们对水分的要求，有时反而因为寄主汁液浓度增高而增补营养，有利于繁殖，在干旱年份为害往往严重。

降雨可以直接影响昆虫的数量变化，因为在自然界里，湿度与降雨有密切关系。同一地区不同年份，降雨日期、次数及雨量的变化，远较温度变化大得多，所以降雨和湿度常常成为影响许多农业害虫当年发生量和为害程度大小的主要因素。如小地老虎、棉铃虫等，生长发育和繁殖都需要较高的湿度，因此常在多雨时容易猖獗发生。暴雨对弱小的昆虫和虫卵等有机械地冲刷和杀伤作用。如蚜虫和一些初孵化的幼虫遇暴雨后，死亡率很高，常使虫口显著下降。

温湿度的综合作用：自然界中温度和湿度总是同时存在，相互影响、综合作用的。对一种昆虫来说，在适宜的温度范围内，对不适宜的湿度适应力常较大些。同样，在湿度的适宜范围内，昆虫对不同温度的适应力也较强。我们在饲养观察农业害虫或益虫的科学实验中，常常可以看到把实验种群放在不同的温、湿度条件下，昆虫的生长发育速度、繁殖力、死亡率各不相同，但在一定的温度范围内，相应的温、湿度组合却能产生相近的或相同的生物效能。如同我们在自然界中看到的，在一定的时期和地理条件下，在不同地区可以构成相同的昆虫发生环境。为了比较正确地说明温、湿度综合作用对昆虫的关系，常常采用温湿系数来表示。温湿系数是相对湿度(或降雨量)与温度的比值。如 60%的湿度,25℃的温度,则温湿系数为60/25=2.4。

$$温湿系数=\frac{平均相对湿度}{平均温度}$$

温湿系数公式可应用于各日、月、旬、年不同的时间范围。但温湿系数的应用必须限制在一定温度和湿度的范围内,因为不同温湿度的组合,可以得出相同的系数,而它们对昆虫的作用可能很不相同。

(3)光　光对昆虫的作用基本上包括光的辐射热、光的波长和光周期三个方面。

光和热是太阳辐射到地球上两种能的状态。光的性质(波长或颜色),光照强度(能量)、光照周期对昆虫的生命活动都有一定的影响。光是一种电磁波,光波的长度用 Å(埃)表示。光因为波长不同可显出各种不同的颤色。昆虫辨别不同波长光的能力偏于短波光,可见光区范围是 2 500～7 000 Å,与人的视觉(可见光区 3 900～7 500 Å)不同。因此,昆虫可以看到人眼不能看到的紫外光,而不能看到红光。试验证明,许多农业害虫对 3 300～4 000 Å 的紫外光最敏感,夜间活动的昆虫多趋向这种光源。在测报和灯光诱虫方面常用黑光灯、频振灯,黑光灯的光源在 3 600 Å 左右,所以诱虫最多。还有些昆虫,如蚜虫对5 500～6 000 Å(1 Å=0.1 nm)的黄光有反应,因此,它们在白天活动飞翔时,用黄色可以诱其降落(图 1-2-4)。

黄油板诱杀

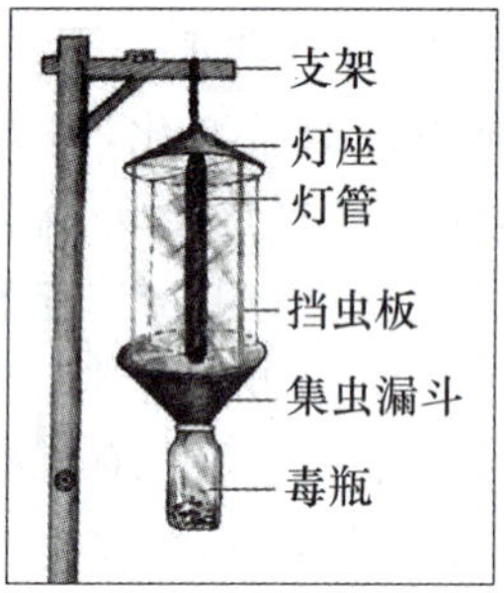

黑光灯诱杀

频振灯诱杀

图 1-2-4　诱虫、杀虫法

可见光的强度对昆虫的生长发育没有直接关系。但一定剂量以上的 X 射线和 γ 射线对昆虫有杀伤、抑制或不育的效应。

光周期是指昼夜交替时间在一年中的周期变化。日照时间的长短随纬度和季节而不同,因此,在一定地区内,日照时间长短的变化,是准确的季节变化的标志。昆虫的年生活史和许多生物一样,受光照的影响很明显。它不但影响昆虫的活动规律，而且对昆虫的发育也有显著的影响。因此，了解昆虫与光照的关系，对害虫测报和防治有重要意义。

(4)风 风可以帮助一些昆虫的迁移和分布，也可以阻碍一些昆虫的活动。对一般昆虫来说，风常与温度、湿度共同作用，而影响其体内水分的蒸发。

必须指出，昆虫受大自然中气候因素影响很大，但受栖息地的气候，即小气候的影响更为重要。有时某地区大气候虽不适合某种害虫的发生，但由于栽培条件、地理环境等影响，局部田块的小气候却非常适合，仍会引起害虫的大发生，这一点在害虫防治工作中必须注意。

2. 与土壤的关系

土壤是昆虫的一个特殊的生态环境，有些昆虫终生生活在土壤中，有很多昆虫的一个长期或几个虫期生活在土中，它的温度、湿度、物理结构、酸碱度等，与生在土壤中的昆虫的生长、发育、活动规律和分布等都有密切的关系。

(1)土壤温度 土温主要来自太阳的辐射热，白天土表接受太阳辐射，热由土表向土内传导，晚上土壤辐射散热，由土内向外传导，因此土壤表层温度昼夜变化很大，甚至超过气温的变化，而愈往土壤深层变化愈小，在地面下 1 m 深处，昼夜几乎没什么温差。

土温主要影响生活的土中昆虫的生长发育和栖息活动，昆虫在土中的活动往往随着适温层的变动而垂直迁移。秋季温度下降，向下层移动，气温愈低，向下层潜伏愈深。春季天气渐暖，向上层移动。不仅如此，昆虫也随一天中土温的变化而在土中上下移动。

(2)土壤湿度 土壤湿度包括土壤水分和土壤空隙内的空气湿度，主要取决于降水和灌溉。土壤空气中的湿度，除表层外一般总是处于饱和状态，因此土壤昆虫不会因土壤湿度过低而死亡。

土壤湿度左右着土壤昆虫的分布，如细胸金针虫、小地老虎主要为害地区限于含水量较多的水地或低洼地，沟金针虫适于旱地草原，多种拟地甲适于荒漠草原的干旱沙地。

土壤干湿程度与地下害虫的活动为害有密切的关系。如沟金针虫在春季干旱年份，虽然土温已适于活动，由于表土层缺水，影响了幼虫的上升活动。另外，土壤水分过多，又不利于地下害虫的生活。例如，发现金针虫为害后，田里及时灌水，迫使金针虫远离水浸，可起到暂时防虫保苗的作用，如果使田里有一个长期的淹水条件，可以显著减少旱作阶段的地下害虫。

在土壤中越冬的昆虫，出土的数量和时间，受土壤含水量的影响很显著。例如小麦红吸浆虫幼虫在 3、4 月份遇到土壤水分不足时，就停止化蛹，继续滞育，土壤长期干燥，甚至可滞育几年。

在土壤中产卵的昆虫，产卵时对土壤含水量有一定的要求。如东亚飞蝗能在含水量 8%～22%的土壤中产卵，沙土的适宜含水量是 10%～20%，壤土是 15%～18%，黏土是 18%～20%。

此外，土壤湿度大时往往促进昆虫致病微生物的发展，使土内昆虫得病死亡，因而减少土壤内的虫口。

（3）土壤机械组成　土壤机械组成主要影响昆虫在土壤中的活动。例如，葡萄根瘤蚜能在结构疏松的团粒土壤（如枯质壤土）和石砾土壤中严重为害葡萄根部。因为这样的土壤具有一龄若虫活动蔓延的空隙。而沙质壤土无团粒结构，流动性大，一龄若虫无法在其中活动，因而不能存活。蝼蛄喜欢生活在含沙质较多而湿润的土壤中，尤其是经过耕犁而施有厩肥的田地里，在黏性大而结实的土中发生很少。但是相反地有些昆虫如黄守瓜等幼虫却偏好黏土的环境；因而在黏土中的化蛹百分率和羽化百分率都高。

（4）土壤化学特性　土壤酸碱度影响一些昆虫的分布。例如小麦红吸浆虫幼虫最适宜生活在 pH 7～11 的土壤内，在 pH 3～6 的范围内不能生活，所以，小麦红吸浆虫主要发生在偏碱性土壤中。

土壤含盐量对一些昆虫的分布有一定影响。如东亚飞蝗在土壤含盐量 0.5%以下的地区常年发生，含盐量 0.7%～1.2%的地区是扩散区，含盐量 1.2%～2.5%的地方则无东亚飞蝗分布，因为东亚飞蝗产卵对土壤含盐量有选择性。

在农田里施用不同的肥料，对土壤害虫的数量和种类组成影响很大。施用有机肥料，特别是没有腐熟的有机肥料较多的土壤，地下害虫的虫口密度往往较大。这是因为蝼蛄，蛴螬、种蝇等以有机肥料为食料，成虫趋于在这样的土壤中产卵，因此增加了虫口密度。田间直接施用氨水，对地下害虫有一定的忌避作用甚至杀伤作用。

3.与生物的关系

生物因素对昆虫的影响：生物因素是指环境中一切有生命活动的生物，它们之间存在着相互依存和相互制约的关系。农业害虫本身是农田生物因素的组成部分，又和农田其他生物有着密切联系，生物因素既影响昆虫的生长发育、繁殖和分布，又影响昆虫的种群数量变化。

（1）食物对昆虫的影响　食物是昆虫生存的条件，昆虫和其他动物一样，为获取营养必须取食，在长期适应和进化过程中，形成了对食物不同的适应性——即食性的分化。

各种昆虫都有自己的取食范围，在取食适宜食物时，生长发育快，死亡率低，繁殖高。如用东亚飞蝗嗜食的一些禾本科和莎草植物喂它的幼虫时，不仅发育良好，而且产卵率高；如饲以其所不喜食的油菜时，则死亡率大大增加，发育期也延长了，如用豌豆、甘薯等饲喂，则不能完成发育，如以棉花饲养，到工龄时全部死亡。又如，以不同饲料饲养黏虫，不仅对幼虫的发育期、成活率有影响，并对幼虫的龄期、蛹的发育期和成虫的生殖力也有显著的影响。

取食同一种植物的不同器官，影响也不同，例如棉铃虫取食棉株的不同器官，对幼虫期总食量、发育天数、死亡率、蛹重、羽化率都有显著影响，营养效应以棉铃最好，嫩叶次之，蕾又次之，大叶最差。同部植物的不同发育阶段，对昆虫的影响也不同。

食物的含水量对昆虫的生长发育和繁殖也有很大影响，特别对仓库害虫更显著。

了解昆虫对寄生植物和对寄生不同发育期的特殊要求，在生产实践中采取合理轮作、间套作、清除杂草、调节播期，以及利用抗虫品种等来恶化害虫的食物条件，或利用害虫食物来诱集害虫，创造益虫繁殖的有利条件等，达到防治害虫的目的。

(2)食物链　昆虫通过在一个生物群落里取食和被食的食物关系，与其他生物间建立了相对固定的联系，这种联系使自然界中各种生物发生了直接和间接的复杂关系，像一个链条一样，环环相连，扣合紧密，这个现象称为食物链(或营养链)，食物链的环节最少有3个，多的达5～6个，食物联系通常以植物为起点，植物从土壤中吸食水分和矿质营养，从空气中吸收二氧化碳，在阳光作用下，经过光合作用，合成有机物质，这些有机物质可提供植物生命活动所需的化学能和热能，植食性昆虫不能自己制造营养物质，必须通过取食植物才能获得营养物质和能量，而植食性昆虫又是以它所为食的肉食性昆虫的营养物质和能量的来源。

自然界中，单纯直链式的食物链是不存在的，总是由许多交错联系的食物链结合在一起，构成多种分支的结构，就叫食物网。

(3)天敌因素　自然界中，昆虫常被其他动物捕食或被微生物侵染致病而死，这些食虫动物和微生物都称为昆虫的天敌。

昆虫的动物天敌分为捕食性天敌和寄生性天敌两类。

捕食性天敌包括鸟类、青蛙、蜘蛛、刺猬、蜥蜴、鼹鼠、捕食性昆虫。其中捕食性昆虫数量最大，如瓢虫、草蛉、螳螂、蜻蜓、步甲、食虫虻、食蚜蝇、猎蝽、花蝽等。

寄生性天敌主要是寄生性膜翅虫和寄生性双翅目昆虫。如赤眼蜂、金小蜂、寄生蝇等。

二、工作准备

(一)资料准备

①利用现有的图书馆、资料室、报刊、网络，查找有关信息资料；

②教师准备资料单、课件、影像资料、相关图书、关于昆虫与环境的关系的相关文章等。

(二)实施场所

多媒体实训室、蔬菜生产基地或附近菜地等。

(三)仪器、标本及采集工具准备

体视镜、放大镜、镊子、挑针等,捕虫网、采集箱等。

【任务设计与实施】

一、任务设计

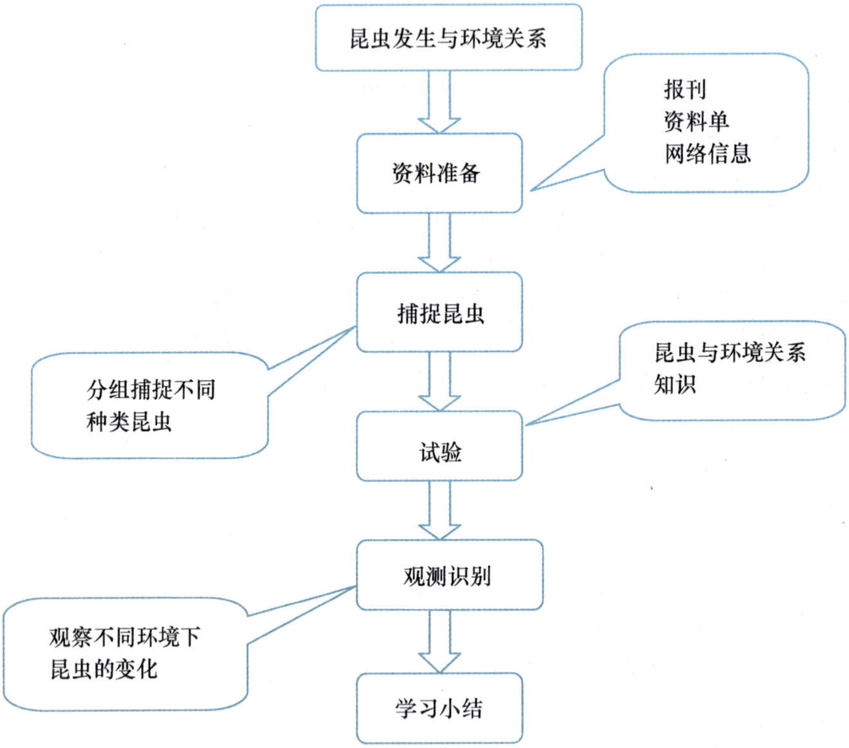

二、任务实施

(一)安排学生课前预习昆虫与环境关系相关知识

(二)分组调查不同环境下昆虫发生的情况,并观察不同环境条件下昆虫的虫态

(三)不同环境条件下的试验

①以小组为单位,试验不同的环境条件对同一种昆虫发生的影响,如不同温度、湿度、光照对蚜虫发生的影响。

②观察记录昆虫的变化。

③试验结束后每组写出1份昆虫与环境关系报告。试验报告应包括以下内容:a. 试验名称;b. 试验单位;c. 试验目的;d. 试验地点;e. 试验材料(包括昆虫种类、试验环境等);f. 试验方法;g. 试验结果,包括昆虫数量、虫态等的变化;h. 小结与讨论,以小组为单位讨论、总结、汇报试验过程和结果。

【任务拓展】

体视显微镜的使用

1. 使用方法

体视显微镜(双筒解剖镜)的一般操作步骤如下:

①根据观察物体颜色选择载物台(有黑、白两色),使观察衬托清晰,并将观察物放在载物台中心。

②根据观察需要确定放大倍数,然后松开锁紧手轮,用手稳住升降支架,一手托住镜身,慢慢拉出或压入升降支架,调节工作距离,至能够看到观察物时,再扭紧锁紧手轮,固定住镜身。

③先用低倍目镜和物镜观察,转动调焦手轮(升降螺丝),至左眼看清物像,然后转动右镜管上的目镜调丝环至两眼能够同时看到具有立体感的清晰物像,即可观察。不同的操作人员,可以根据需要调节两镜筒间距,以便适合工作者的双眼观察。调焦手轮(升降螺丝)升降有一定的范围,当拧不动时,不能强用力,以免损坏显微镜。

④如果需要改用高倍镜细致观察,可先将观察部分调至低倍镜视野中心,再拨动转盘,更换需要的放大倍数进行观察(连续变焦的不需要)。

⑤体视显微镜成像为正像,观察时与实物方位一致,这与一般光学显微镜形成倒像不同。

⑥观察高倍镜时,一般利用自然散射日光,必要时可以打开室内灯光照明。

2. 保养与使用注意事项

①每次观察完毕后,应及时降低镜体,取下载物台面上的观察物,将台面擦拭

干净；将物镜、目镜装入镜盒内，目镜筒用防尘罩盖好装入木箱，加锁。

②体视显微镜和一般的精密光学仪器一样，应放置在阴凉、干燥、洁净无尘和无酸碱性蒸汽之处保管，防潮、防震、防霉、防腐蚀。

③显微镜镜头内的透镜都经过严格校验，不得自行拆开，镜面上如有污秽，可用脱脂棉或擦镜纸蘸少量二甲苯或酒精、乙醚混合溶液轻轻擦拭，注意绝不可使酒精渗入透镜内部，以免溶解透镜镜胶，损坏镜头。镜面的灰尘可用软毛笔或擦镜纸轻拭，镜身可用清洁软绸缎或细绒布擦净，切忌使用硬物，以免擦伤。

④齿轮滑动槽面等转动部分的油脂如因日久形成污垢或硬化，影响螺旋转动时，可用二甲苯将陈酯除去，再擦少量无酸动物油脂或无酸凡士林润滑油，注意油脂不可接触光学零件，以免损坏。

【评价反馈】

(一)自我评价

1.昆虫的触角由______、______、______三部分组成。触角的类型是识别昆虫的重要依据，蜜蜂的触角为______状，蝶类的触角为______状，金龟甲的触角为______状。

2.昆虫的足由______、______、______、______、______和______六部分组成。由于生活环境和生活方式的不同，昆虫的足特化成各种类型，其中，蝗虫的后足为______，螳螂的前足为______，蝼蛄的前足为______。

3.影响昆虫发生的环境条件是由各种生态因素构成的，按自然特征可分为______、______、______三类。

4.______是气候因素中对昆虫影响最显著的因素，这是因为，昆虫是______动物，体温随着周围环境的变化而变动。

5.昆虫的生命活动是在一定的温度范围内进行的，这个范围称为昆虫的______或______。

6.下列昆虫中，属于完全变态的是(　　)。

A.蚜虫　　B.梨网蝽　　C.大蓑蛾　　D.非洲蝼蛄

7.两性生殖是多数昆虫的繁殖方式，可不经两性生殖的昆虫是(　　)。

A.大蓑蛾　　B.刺蛾　　C.天牛　　D.蚜虫

8.下列昆虫中，(　　)属于鳞翅目昆虫。

A.天牛　　B.蝼蛄　　C.刺蛾　　D.梨网蝽

9.下列影响昆虫发生的生物因素中，属于寄生性天敌的是(　　)。

A. 赤眼蜂　　B. 寄生蝇　　C. 瓢虫　　D. 草蛉

10. 观察温室环境下和露地环境下常见蔬菜害虫在发生种类、发生时期、危害习性等方面有何异同?

(二)小组评价

从学习态度、学习方法、团队合作和学习能力的提升等方面评价。

序号	评价项目	评价情况
1	与其他同学口头交流学习内容是否流畅	
2	是否尊重他人	
3	学习态度是否积极主动	
4	是否服从教师的教学安排	
5	着装是否符合标准	
6	能否按照安全和规范的规程操作	
7	能否辨别工作环境中哪些是危险的因素	
8	是否合理规范地使用工具和仪器	
9	是否能保持学习环境的干净整洁	
10	是否遵守学习场所的规章制度	
11	是否有工作岗位的责任心	
12	是否达到全勤	
13	团队学习中主动与合作的情况如何	
14	能否主动参与教学场所的清洁和整理工作	

参与评价的同学签名________________

(三)综合评价

1. 教师评价

(1)对整个学习内容的小结归纳

(2)对学习过程的总体评价

教师签名________

2. 学生评价

(1)对教师授课效果的评价

(2)对学习效果的评价

学生签名________

模块二

蔬菜常见病虫害种类及防治技术

项目三　蔬菜病虫害综合防治方法

【学习目标】

1. 植物病虫害的调查、统计方法
2. 植物病虫害预测预报的基本方法
3. 植物病虫害的综合防治技术

【项目任务描述】

本项目分为蔬菜病虫害调查统计及测报、认知综合防治原理、蔬菜病虫害防治的方法和农药的种类及使用方法 4 个任务。通过本项目任务的操作与学习，能让学员了解植物病虫害的调查、统计方法，掌握病虫害的防治方法和农药的使用方法；通过实训和田间操作，以增强学员对本项目的学习兴趣，培养查阅资料、观察分析、调查研究、勤于总结和沟通协作等能胜任岗位工作的职业素质。

【项目结构】

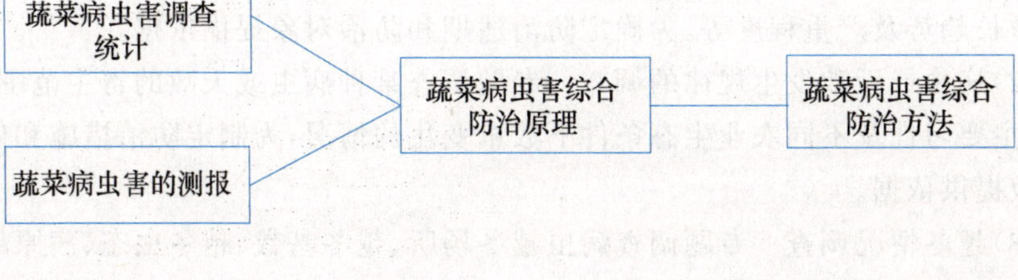

工作任务1 蔬菜病虫害调查统计及测报

【任务准备】

一、知识准备

要搞好病虫害的预测预报和防治工作，首先必须掌握病虫害在田间的发生动态，这就需要我们经常到田间进行调查研究，对调查所得的数据要进行必要的整理和分析。对于生物调查数据的整理和分析所用的数学分析方法，通常称生物统计方法。调查统计不仅可以掌握病虫害的发生动态，获得准确的数据资料，更重要的还在于它是我们发现问题，分析问题、判断问题和解决问题的基础。因此，植物病虫害的调查统计是开展预测预报和防治工作的基础。

(一)如何进行蔬菜病虫害调查统计

蔬菜病虫害调查一般分为普查和专题调查两类。普查只了解病虫害的基本情况，如病虫种类、发生时间、为害程度、防治情况等；专题调查是有针对性的重点调查。

1.蔬菜病虫害调查的内容

在病虫害的防治过程中，经常要进行以下内容的调查：

(1)发生和为害情况调查　普查一个地区在一定时间内的病虫种类、发生时间、发生数量及为害程度等。对于当地常发性和暴发性的重点病虫，则应详细记载害虫各虫态的始盛期、高峰期、盛末期和数量消长情况或病害由发病中心向全田扩展的增长趋势及严重程度等，为确定防治适期和防治对象提供依据。

(2)病虫或天敌发生规律的调查　专题调查某种病虫或天敌的寄主范围、发生世代、主要习性及不同农业生态条件下数量变化的情况，为制定防治措施和保护利用天敌提供依据。

(3)越冬情况调查　专题调查病虫越冬场所、越冬基数、越冬虫态、病原越冬方式等，为制定防治措施和开展预测预报提供依据。

(4)防治效果调查　包括防治前与防治后、防治区与不防治区的发生程度对比调查，病虫害次数的发生程度对比调查，以及不同防治时间、采取措施等为选择有效防治措施提供依据。

2.蔬菜病虫害调查的记载方法

病虫害调查记载是调查中的一项重要工作，无论哪种内容的调查都应有记载。所有的记载应妥善保存。当地病虫害发生档案作为历年病虫害发生的历史记录，对本地区病虫害预测预报有重要作用。记载是摸清情况、分析问题和总结经验的依据。记载要准确、简要、具体，一般都采用表格形式。表格的内容、项目可依据调查目的和调查对象设计。对测报等调查，最好按统一规定，以便积累资料和分析比较。

通常在进行群众性的测报调查时，首先进行病虫发生情况的调查：

①调查病虫为害植物的发生期，以确定防治时间。

②调查病虫田间的发生数量，以确定防治对象田，即“两查两定”。

（二）如何进行蔬菜病虫害的测报

防治作物病虫害同对敌作战一样，必须掌握敌情，做到心中有数，知己知彼，百战百胜。病虫害的发生消长都有它的规律，人们有目的地针对某种病虫的发生情况进行调查研究，结合掌握的历史资料、天气预报等，对该病虫的发生趋势加以估计匡算，这一工作称预测。将预测的结果通过电话、广播、文字材料等多种形式，通知有关单位做好准备，及时开展防治，这一工作称预报。

1.病虫害预测预报种类

病虫害预测预报是为有效地进行病虫害防治服务的，其目的是要掌握病虫为害植物的主要发生期，以确定防治时间；还必须掌握病虫发生数量，以确定发生面积和估计为害程度，做好防治前的准备工作。

（1）按预测时间长短区分

长期预测：在病虫发生半年以前就发出预报的，称长期预测。

中期预测：在病虫发生一两个月以前发出预报的，称中期预测。

短期预测：在病虫发生几天或十几天以前发出预报的，称短期预测。

（2）按预测的内容区分

发生期预测：预测病虫害发生时间的，称发生期预测。

发生量预测：预测病虫害发生数量的，称发生量预测。

产量损失预测：预测产量损失的，称产量损失预测。

2.病虫害预测的基本方法

害虫的发生期预测方法主要有发育进度预测法、物候预测法、有效积温预测法。

发生量预测方法主要有有效积温预测法、经验指标预测法。

病害的预测方法主要有孢子捕捉预测法、病圃预测法、气象指标预测法和噬菌体预测法。

下面以发育进度预测法为例介绍害虫发生期预测的具体方法。

发育进度预测法又称历期预测法，所谓历期是指昆虫各虫态在一定温度条件下完成其发育所要求的天数。这种预测法是通过对前一虫态田间发育进度，如化蛹率、羽化率、孵化率等的系统调查，当调查到其百分率达到始盛期（16%）、高峰期（50%）、盛末期（84%）的标准时，分别加上当时气温下各虫期的历期，即可推算出后一虫期的发生时期。例如，湖南省长沙农业学校于2000年系统调查了稻田二化螟越冬代化蛹率，4月16日为50%左右，即越冬代化蛹高峰日为4月16日，可继续求得越冬代成虫的发蛾高峰期：

发蛾高峰期＝化蛹高峰期＋蛹期

如当时气温下的蛹期为16 d，则越冬代发蛾高峰期为5月2日。计算出发蛾高峰期，再测知产卵前期和卵期，则又可求得第一代卵孵高峰期：

卵孵高峰期＝发蛾高峰期＋产卵前期＋卵期

如当时气温下产卵前期为5 d，卵期为15 d，则第一代二化螟卵孵高峰期为5月22日。依此类推，可继续测知2、3龄幼虫高峰期。三龄前是害虫防治的最佳时期，对钻蛀性害虫，则掌握在卵孵高峰期防治。

二、工作准备

（一）资料准备

①教材、PPT、视频、影像资料、相关图书，教师准备有关蔬菜病虫害调查统计的相关文章、调查记载表格等。

②利用网络，查找有关蔬菜病虫害调查统计方面的信息资料。

（二）实施场所

蔬菜生产基地、校园附近菜园等。

【任务设计与实施】

一、任务设计

见下页。

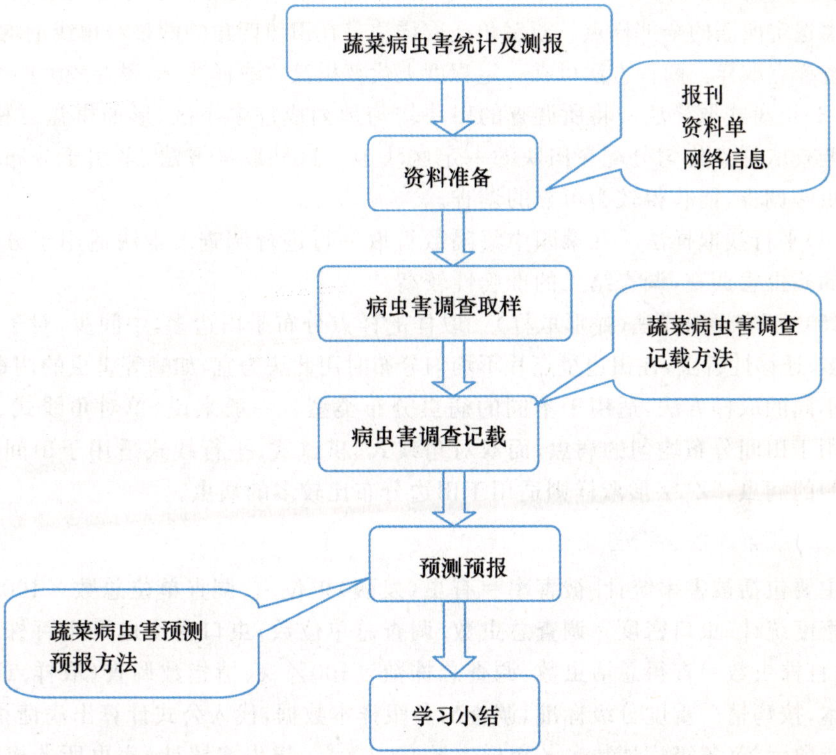

二、任务实施

（一）植物病虫害调查的取样

1.每小组按照以下取样方法进行选择

要求取样必须有代表性，这是正确反映田间病虫害发生情况的重要环节。取样的地段称样点，样点的选择和取样数目的多少，是由病虫种类、田间分布类型等决定的。

2.最常用的病虫调查取样方法

单对角线式、双对角线式或五点式、棋盘式、平行线式和"Z"字形取样。

(1)五点取样法　从田块四角的两条对角线的交驻点，即田块正中央，以及交驻点到四个角的中间点等5点取样。或者，在离田块四边4～10步远的各处，随机选择5个点取样，是应用最普遍的方法。

(2)对角线取样法　调查取样点全部落在田块的对角线上，可分为单对角线取样法和双对角线取样法两种。单对角线取样方法是在田块的某条对角线上，按一定的距离选定所需的全部样点。双对角线取样法是在田块四角的两条对角线上均匀分配调查样点取样。两种方法可在一定程度上代替棋盘式取样法，但误差较大些。

(3)棋盘式取样法　将所调查的田块均匀地划成许多小区，形如棋盘方格，然后将调查取样点均匀分配在田块的一定区块上。这种取样方法，多用于分布均匀的病虫害调查，能获得较为可靠的调查。

(4)平行线取样法　在桑园中每隔数行取一行进行调查。本法适用于分布不均匀的病虫害调查，调查结果的准确性较高。

(5)"Z"字形取样法(蛇形取样)　取样的样点分布于田边多，中间少，对于田边发生多、迁移性害虫，在田边呈点片不均匀分布时用此法为宜，如螨等害虫的调查。

不同的取样方法，适用于不同的病虫分布类型。一般来说，单对角线式、5 点式适用于田间分布均匀的病虫，而双对角线式、棋盘式、平行线式适用于田间分布不均匀的病虫，"Z"字形取样则适用于田边分布比较多的病虫。

(二)蔬菜病虫害调查统计

主要包括被害率统计[被害率＝有虫(发病)单位数/调查单位总数×100%]、虫口密度统计(虫口密度＝调查总虫数/调查总单位数)虫口密度也可用百株虫数表示：百株虫数＝查得总活虫数/调查总株数×100%、病情指数调查(取样点的每个样本，按病情严重度分级标准，调查出各级样本数据，代入公式计算出病情指数。病情指数＝∑(各级病情数×各级样本数)×100%、损失率统计(病虫所造成的损失应该以生产水平相同的受害田与未受害田的产量或经济总产值对比来计算，也可用防治区和不防治的对照区产量或经济总产值对比来计算)。

(三)总结、讨论，以小组为单位上交调查统计表

工作任务 2　认知综合防治原理

【任务准备】

一、知识准备

(一)什么是综合防治

人类几千年的农业生产史，从某种意义上讲，也就是与植物病虫害做斗争的历

史。过去，人们只能用一些简单的方法防治病虫害，防治效果差。20 世纪 40 年代后，随着滴滴涕等有机合成农药的问世，化学防治发挥了重大作用。然而，由于人们长期、连续、大量地使用化学农药，出现了病虫害的抗性、农药的残留、害虫的再猖獗为害，即所谓的“三 R”问题。长期的生产实践证明，任何一种病虫害防治方法都不是万能的。人们在不断探索中，终于逐步建立了“综合防治”或害虫的综合管理(IPM)的正确观点。1975 年，我国就提出了“预防为主，综合防治”的植保方针。1986 年，第二次全国农作物病虫害综合防治学术讨论会上，对“病虫害综合防治”概念的阐述是：综合防治是对有害生物进行科学管理的体系，其基本点是从农业生态系统总体观点出发，根据有害生物和环境之间的相互关系，充分发挥自然控制因素的作用，因地制宜地协调运用必要的措施，将有害生物控制在经济损失允许水平之下，以获得最佳的经济、生态和社会效益。

(二)综合防治应遵循什么原则

1.经济的原则，讲究实际收入

防治病虫害的目的是为了控制病虫的为害，使其种群数量低到不足以使农作物造成经济损失。虫口密度低于防治指标，就不足以造成损失，可以不防，否则，必须抓住有利时机，及时防治。

2.协调的原则，讲究相辅相成

防治方法多种多样，但任何一种方法并非万能。因此，必须根据具体的农田生态系统，有针对性地选择必要的防治措施，取长补短，相辅相成。

3.安全的原则，讲究生态效益

一切防治措施须维护人、畜、作物、有益生物的安全，毒害小，尤其是运用化学防治，必须科学合理地使用农药，既能有效地防治病虫害，又符合环境保护原则，生态效益好。

4.全局的原则，取得最佳防治效果

综合防治是从农业生态系统的整体观念出发制定措施，首先要在了解病虫及优势天敌依存制约的动态规律基础上，明确主要防治对象的发生规律及防治关键，尽可能综合协调采用防治措施，力求取得最佳的经济效益、社会效益和生态效益。

二、工作准备

①利用现有的图书馆或资料室等，查找有关蔬菜病虫害综合防治原理的相关资料。

②通过网络，查找国内外关于蔬菜病虫害综合防治的相关新闻等。

【任务实施】

掌握病虫害综合防治的原理及原则。

工作任务 3　蔬菜病虫害防治的方法

【任务准备】

一、知识准备

（一）农业技术防治

根据栽培管理的需要，结合农事操作，有目的地创造有利于作物生长发育而不利于病虫害发生的农田生态环境，以达到抑制和消灭病虫的目的，称农业防治法。其优点是不伤害天敌，能控制多种病虫，作用时间长，经济、安全、有效。它是综合防治的基础。

农业防治的主要措施有：

1. 选育、推广抗病虫品种

这是一项最为经济有效的病虫防治措施。特别是病害，选用抗病品种往往是防治措施中最根本的途径。目前，利用生物技术培育的抗虫棉（Bt 棉）已进入应用阶段。

2. 改进耕作制度

农田长期种植一种作物，为病虫提供稳定的环境和丰富的食料，容易引起病虫的猖獗发生。合理的轮作换茬，不仅使作物健壮生长，抗性提高，而且又可以恶化某些病虫的生活环境和食物条件，达到抑制病虫的目的。如水旱轮作等。

3. 运用合理的栽培技术

深耕改土、改进播种、合理密植、科学施肥与灌溉、适时中耕除草、改进收获方式等，都可使作物生长健壮，增强抗病虫 能力，同时又能阻止病虫发生。

（二）物理机械防治

利用各种物理因素和机械设备防治病虫害，称物理防治法。此法简单易行，经济安全。

物理防治的主要措施有：

1. 捕杀法

人工直接捕杀或利用器材消灭害虫的方法。如人工捕杀地老虎幼虫。

2.诱杀法

利用害虫的趋光性和趋化性等趋性诱杀多种害虫。

3.汰选法

利用风选、筛选和泥水、盐水浮选等方法，淘汰除有病虫种子、菌核、虫瘿等。

4.温度处理

夏季利用室外日光晒种，能杀死潜伏其中的害虫，烘干机亦可以取得同样效果。利用作物种子耐热力略高于病原物致死高温的特点进行温汤浸种，以消灭潜伏在种子内外的病原物。在北方地区，可在冬季对种子进行低温冷冻，消灭其中的害虫。

5.新技术应用

近年来国内外用红宝石、铵、二氧化碳激光器的光束杀死多种害虫。高频电流、超声波等防治储粮害虫也有很好效果。

（三）生物措施防治

利用有益生物或有益生物的代谢产物来防治病虫害，称生物防治法。生物防治法的优点是对人畜安全，不污染环境，控制病虫作用比较持久，一般情况下，病虫不会产生抗性。因此，生物防治是病虫防治的发展方向。

生物防治的主要措施有：

1.以虫治虫

利用天敌昆虫来防治害虫。天敌昆虫有捕食性和寄生性两大类。

利用天敌昆虫防治害虫，其主要途径有以下三个方面：第一是保护、利用自然天敌昆虫；第二是繁殖和施放天敌昆虫；第三是引进天敌昆虫。

目前我国在试验应用赤眼蜂、金小蜂、肉食性瓢虫、草蛉等防治松毛虫、玉米螟、棉红铃虫、棉蚜等害虫，已取得了一定成效。

2.以菌治虫

利用微生物或其代谢产物控制害虫总量。

我国生产的细菌杀虫剂主要是苏云金杆菌类的杀螟杆菌、青虫菌、红铃虫杆菌等。真菌杀虫剂主要是白僵菌。病毒杀虫剂主要是核多角体病毒。

3.以菌治病

利用微生物分泌的某种特殊物质，抑制、溶化或杀伤微生物，这种特殊物质称抗生素，能产生抗生素的菌类称为抗生菌。抗生菌主要是放线菌和真菌中的一些种类。目前推广应用的抗生素有井冈霉素、春雷霉素、多抗霉素、公主岭霉素、抗霉菌素 120、农用链霉素、新植霉素等。

一些抗生素如齐螨素、浏阳霉素都具有杀虫、杀螨作用。

(四)化学药剂防治

利用化学防治病虫害。化学防治在综合防治中占有非常重要的位置，在保证农业增产增收上一直起着重要作用。它具有以下优点：①防治效果显著，收效快，既可在病虫发生之前作为预防性措施，又可在病虫发生之后作为急救措施，迅速消除病虫为害，收到立竿见影的效果。②使用方便，受地区和季节性限制小。③可大面积使用，便于机械化。④防治对象广，几乎所有作物病虫均可用化学农药防治。⑤可工业化生产、远距离运输和长期保存。

但化学防治法有其局限性，由于长期、连续、大量使用化学农药，相继出现了一些新问题：①病、虫、草产生抗药性。②化学防治成本上升。③破坏生态平衡。④污染环境。应充分认识化学防治的优缺点，趋利避害，扬长避短，使化学防治与其他防治方法相互协调，配合使用。

二、工作准备

(一)实施场所

蔬菜田、多媒体实训室。

(二)资料、材料准备

①利用现有的图书馆或资料室以及报刊、网络等，查找有关蔬菜病虫害综合防治方法的资料。

②黄油板、井冈霉素、春雷霉素、多抗霉素、公主岭霉素、抗霉菌素 120、农用链霉素、新植霉素等细菌杀虫、杀菌剂等。

③教材、PPT、影像资料、物理和生物方法防治病虫的案例等。

【任务设计与实施】

一、任务设计

见下页。

二、任务实施

(一)物理防治方法防治菜田蚜虫

选择当地蔬菜上主要发生的蚜虫 1 或 2 种，经小组集体讨论，查阅相关文献，根据蚜虫的趋黄性，制定防治方案，调查防治效果。小组讨论、汇报、总结防治方法。

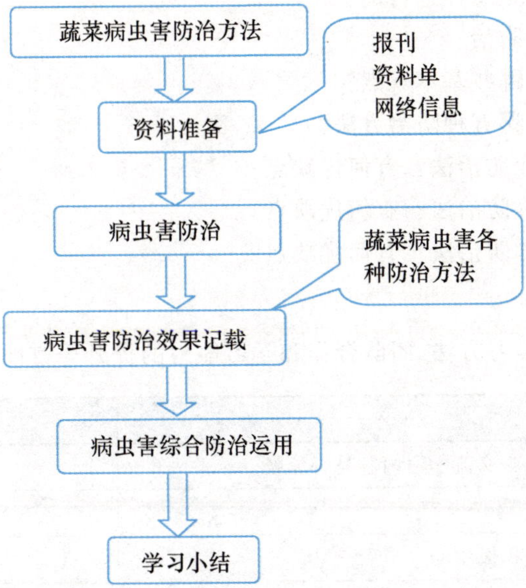

(二)生物防治方法防治菜田病虫

①经小组集体讨论,查阅相关文献,从备用的各种生物杀虫、杀菌剂中选出1或2种,制订防治方案(施药方法、施药面积、药剂浓度或剂量、施药次数、施药间隔期等),然后施药防治,调查防治效果。经过观察、分析,有了较为明显的防治效果,则小组提出验收申请,请老师和全班同学集体验收、评价。

②试验结束后每人写出1份药效防治试验报告。试验报告应包括以下内容:a.试验名称;b.试验单位;c.试验目的;d.试验地点;e.试验材料(包括供试生物杀虫、杀菌剂名称、剂型、生产厂家;供试蔬菜的生育期);f.试验方法、试验设计、施药方法、施药条件(施药时的温度等气候条件);g.试验结果,包括防治效果、药害等情况;h.小结与讨论,对供试农药做出总体评价,提出相应的用药技术。

【评价反馈】

(一)自我评价

1.为什么要进行病虫害的调查统计?

2.病虫害田间调查有哪些取样方法?

3.怎样计算被害率和虫口密度?

4.为什么要进行病虫害的预测预报?

5.病虫预测的内容有哪些?

6.历期预测法是怎样进行的?

7.什么是综合防治?

8.综合防治有哪些基本观点?

9.病虫防治有哪五种防治方法?

10.什么是农业防治法?有何优缺点?

11.什么是生物防治法?有何优缺点?

12.什么是化学防治法?有何优缺点?

(二)小组评价

从学习态度、学习方法、团队合作和学习能力的提升等方面评价。

序号	评价项目	评价情况
1	与其他同学口头交流学习内容是否流畅	
2	是否尊重他人	
3	学习态度是否积极主动	
4	是否服从教师的教学安排	
5	着装是否符合标准	
6	能否按照安全和规范的规程操作	
7	能否辨别工作环境中哪些是危险的因素	
8	是否合理规范的使用工具和仪器	
9	是否能保持学习环境的干净整洁	
10	是否遵守学习场所的规章制度	
11	是否有工作岗位的责任心	
12	是否达到全勤	
13	团队学习中主动与合作的情况如何	
14	能否主动参与教学场所的清洁和整理工作	

参与评价的同学签名________________

(三)综合评价

1.教师评价

(1)对整个学习内容的小结归纳

(2)对学习过程的总体评价

教师签名________________

2.学生评价

(1)对教师授课效果的评价

(2)对学习效果的评价

学生签名________________

工作任务4　农药的种类及使用方法

【任务准备】

一、知识准备

(一)什么是农药

农药是农业药剂的简称。用于防治危害农林植物及其产品的害虫、螨类、病菌、线虫、杂草、鼠类、软体动物等的药剂,也包括植物生长调节剂、辅助剂、增效剂等。

(二)农药的种类有多少及如何分类的

在我国,经农药厂或农药研究所合成或提炼的原药有300余种。通过加工可制成不同剂型的制剂,登记注册的农药种类有2万多种。

农药的种类很多,生产上一般可按防治对象、化学成分、化学结构、作用方式等进行分类。具体分类见表2-3-1农药分类。

表2-3-1　农药分类

分类方法	种类	举例	备注
按防治对象分类	杀虫剂 杀螨剂 杀菌剂 杀鼠剂 杀线虫剂 除草剂 植物生长调节剂	阿维菌素 哒螨胺 百菌清 灭鼠安 除线磷 氟乐灵 矮壮素	

续表 2-3-1

分类方法	种类		举例	备注
按化学成分分类	无机农药 有机农药 植物性农药 矿物性农药 微生物农药		波尔多液 敌敌畏 鱼藤 硫黄 苏云金杆菌	
按化学结构分类	有机磷类 氨基甲酸酯类 拟除虫菊酯类 苯甲酰脲类		敌百虫 抗蚜威 联苯菊酯 除虫脲	还有许多种，这里不一一列举
按作用方式分类	杀虫剂	胃毒剂 触杀制 内吸剂 熏蒸剂 特异性杀虫剂	敌百虫 拟除虫菊酯类 吡虫啉 磷化铝片剂 松脂合剂	大多数杀虫剂往往兼具几种杀虫作用
	杀菌剂	保护剂 治疗剂 免疫剂	波尔多液 多菌灵 硫氰苯胺	大多数杀菌剂往往兼具几种杀虫作用

(三)农药常见的剂型有哪些

经农药厂合成或提炼的未经加工的农药称之为原药，有固体的原粉和液体的原油。原药是不能直接使用的，在原药中加入填充剂或辅助剂后经过加工成为不同的农药剂型，克服了原药的缺点，改善理化性状，减少植物发生药害的危险。

1. 乳油(EC)

是由农药原药、溶剂和乳化剂组成，主要供喷雾使用，也可用作拌种、泼浇等。

2. 粉剂(DP)

是由原药、填料(如黏土、高岭土、硅藻土等)和助剂混合后，经机械加工成粉末状物。粉剂主要用于喷粉，制成毒饵、毒土使用，不能加水喷雾。

3. 可湿性粉剂(WP)

原药中加入一定量的湿润剂、填充剂，经机械加工制成的粉末状物。主要供做喷雾用，也可供做灌根、泼浇使用，但不宜直接做喷粉用。

4. 可溶性粉剂(SP)

将水溶性农药、填料和适量的助剂混合制成的可溶解于水的粉状制剂。

5.烟剂(FU)

由农药原药、助燃剂、氧化剂、燃料、消燃剂等制成的粉状物。烟剂的优点是分散度高,以烟雾的形式充满保护的空间,并慢慢沉积在植物表面上,非常适合在保护地施用。

6.颗粒剂(GR)

原药加入载体制成的颗粒状物。优点是使用方便,对植物、天敌安全,有效成分释放缓慢。

7.悬浮剂(SC)

原药与载体、分散剂、助剂,经超微粉碎后均匀分布在水中,形成细小的悬浮液。

其他剂型有:缓释剂(BR)、微乳剂(ME)、水分散粒剂(WG)等。

(四)农药的使用方法有哪些

1. 喷雾法

按一定配比配制成药液用喷雾器械均匀喷洒于防治对象及被保护的植物上。适用喷雾的剂型有可湿性粉剂、乳油、水剂、微胶囊剂、水分散粒剂、水乳剂等。

2. 喷粉法

利用喷粉器械将粉剂均匀地喷布在目标植物上。该法不用水,效率高,尤其适用于大棚、温室等保护地蔬菜。

3. 种子处理法

(1)拌种　按一定种子质量的比例称取农药(一般为种子质量的0.1%～0.3%)与种子搅拌均匀。拌种时最好用拌种器,少量种子可用玻璃瓶或空矿泉水瓶等容器与种子充分拌匀。

(2)浸种　指种子浸泡在一定浓度的药液里,有效杀灭种子内外的病菌和害虫。要准确掌握药剂浓度和浸种时间,以免发生药害。

(3)闷种　把稀释好的药液与种子拌匀后堆放一定时间,晾干后再播种。

4. 土壤处理法

将药剂稀释一定倍数施入土壤,或将农药与细土、细沙等混匀撒施于地面,然后进行耧耙翻耕等,主要用于防治地下害虫、土传病害、根结线虫病等。

5. 毒谷(饵)法

常用半熟的谷子、炒香的麦麸,或鲜草等饵料,与具有胃毒作用的农药按一定比例混合拌匀,然后撒于地面或播种沟(穴)内的方法,主要防治地下害虫。

6. 熏蒸法

使用烟雾剂或专用的烟雾机具将农药分散成烟雾状态,达到杀虫灭菌的目的。

一般在密闭条件下进行，主要用于温室、大棚等保护地。

7. 灌根法

将一定浓度的药液灌入植株根部，以达到防治病虫害的目的。主要防治地下害虫、根结线虫、枯萎病、黄萎病及根部病害。

8. 涂抹法

将具有内吸性的农药配制成一定浓度的药液，涂抹在植物的茎、叶、生长点等部位，主要用于防治具有刺吸式口器的害虫，也可施用具有一定渗透力的杀菌剂来防治病害。

9. 蘸花法

将药剂配成一定浓度，然后将花序在药液中浸蘸一定时间，不仅可以预防病害，而且预防落花落果，成熟期提前。

(五)如何配制农药

除了少数可以直接使用的农药制剂以外，一般农药在使用前都要经过配制，才能进行喷洒。农药的配制，就是把商品农药制剂，配制成为可以在田间喷洒的状态，一般要经过农药和配料取用量的计算、量取、混合等步骤。

1. 计算农药和配料的取用量

农药取用量要根据其制剂有效成分的含量、单位面积的有效成分用量和施用面积来计算。在商品农药的标签和说明书中，一般均标明该药剂的有效成分含量，农药的取用量可根据标签上标明的含量来计算，其计算公式为：

$$\text{农药制剂取用量(L)}=\frac{\text{每公顷需用有效成分量(g)}}{\text{制剂中的有效成分含量(g/L)}}$$

例如，有效成分含量为 25 g/L 的溴氰菊酯农药，若每 10 000 m^2 需用的有效成分为 15 g，求溴氰菊酯的使用量？

25 g/L 的溴氰菊酯乳油的取用量＝15 g÷25 g/L＝0.6 L

即取用 25 g/L 的溴氰菊酯乳油 600 mL，才能获得有效成分为 15 g 的溴氰菊酯。

我国产的农药含量均以质量百分含量表示，即每 100 g 农药制剂中的所含有效成分的克数。如 2.5%溴氰菊酯乳油，是指 100 g 农药制剂中含有效成分 2.5 g，取用量的计算方法同上。

配制农药所用的稀释剂最常用的是水，当农药用量确定后，水的取用量与喷雾量有关。水的用量应根据作物生长情况确定。在没有经验的情况下，可先用清水试喷，根据确定的喷雾量调节喷雾时的行进速度，把行进速度控制在刚好能把所需药水量基本喷在农田。

2. 准确配制农药

计算出的农药制剂取用量和稀释剂(通常为水)的用量,要严格按照计算量量取或称取,不得随意多加或少用。液体农药可用有刻度的量具如量杯、量筒、移液管等。固体农药要用秤(最好用天平)称取,在没有称量工具时,可用等分法分取。

配制乳剂或水悬液最好采取二次稀释法(又称两步配制法)配制农药,是先用少量水或稀释载体将农药制剂稀释成母液或母粉,然后再稀释到所需浓度。二次稀释法配制农药的优点是:能够保证药剂分散均匀、有利于准确用药,而且减少农药中毒的危险。

3. 配制农药的注意事项

在配制农药时,有些制剂有效成分含量很高、毒性大,易引起中毒的危险性大,配制时要特别注意安全:不能用瓶盖倒取农药,不要用水桶配药,残留药液易引起人、畜误食;不能用盛药容器直接到河、沟、塘、池中取水;不准用手伸入药液或粉剂中搅拌;农药配制人员,必须经过专业培训,掌握必备的操作技术,熟悉所用的农药性能;孕妇和哺乳期妇女不准参加农药配制工作;药液随配随用,配好或用剩药液应采取密封措施;已开装的农药制剂应封存在原包装内,不得转移到其他包装中(如食品包装或饮料瓶)等。

(六)如何科学合理使用农药

农药的科学合理使用就是要求贯彻“经济、安全、有效”的原则,从综合治理的角度出发,用生态学的观点来使用农药。在生产中应注意以下几个问题:

1. 正确选用农药

各种药剂都有一定的性能及防治范围,即使是广谱性药剂也不可能对所有的病害或害虫有效。杀虫剂中胃毒剂对咀嚼式口器害虫有效,内吸剂一般只对刺吸式口器害虫有效,触杀剂对各种口器害虫都有效,熏蒸剂一般在保护地密闭后使用,露地使用效果不好。防治真菌病害的杀菌剂对细菌病害效果不好,防治低等真菌病害的杀菌剂对高等真菌病害效果也较差。因此,在施药前应根据实际情况选择合适的药剂品种、使用浓度及用量,做到对症下药,避免盲目用药,达到最好的防治效果。更要严格按照国家颁发的《农药安全使用规定》、《农药安全使用标准》、《农药合理使用准则》等规定执行,严禁剧毒、高毒、高残留农药在蔬菜、瓜果上使用,切不可随意扩大使用范围、改变使用方法。

2. 适时用药

在调查研究和预测预报的基础上,掌握病虫害的发生规律,抓住有利时机用药,既可节约用药,又能提高防治效果,而且不易发生药害。如一般药剂防治害虫时,应在初龄幼虫期,若防治过迟,不仅害虫已造成损失,而且虫龄越大,抗药性越强,防治效果也越差,且此时天敌数量较多,药剂也易杀伤天敌。药剂防治病害时,一定要用在植物体发病之前或发病早期,保护性杀菌剂必须在病原物接触侵入植物体前使用。还要考虑气候条件及物候期,如避免在强日光照射下喷施,一般选择早晨或傍晚,或在阴天时进行。一般在蔬菜收获前 5～7 d 禁止用药。

3. 交互用药

长期使用同一种农药防治一种害虫或病菌,易使害虫或病菌产生抗药性,降低防治效果,病虫害防治难度越来越大。这是因为一种农药在同一种病虫上反复使用一段时间后,药效会明显降低,为了提高防治效果,不得不增加施药浓度、用量和次数,这样反而加重了抗药性的发展。因此,应尽可能地交互用药,所用农药品种也应尽量选用不同作用机制的类型。

4. 混合用药

将 2 种或 2 种以上的对病虫害具有不同作用机制的农药混合使用,可达到同时兼治几种病虫、提高防治效果、扩大防治范围、节省劳力的目的。如灭多威与菊酯类混用,有机磷制剂与拟除虫菊酯混用,甲霜灵与代森锰锌混用等。农药之间能否混用主要取决于农药本身的化学性质,农药混合后它们之间应不产生化学和物理变化。

5. 适量用药

严格农药使用浓度,防止抗性药害产生。一定要按农药使用说明书量取农药施用量,使用浓度和单位面积用药量务必准确。尽管某些农药在一定范围内,浓度高些,单位面积用药量大些,药效会高些,但是超过限度,防治效果并不按比例提高,有些反而下降,不仅造成浪费,而且会出现药害,增加环境污染;农药用量过低,又影响防治效果,诱发病虫害的抗药性。因此,量取药剂决不能粗略估计,必须将施药面积、施药量和用水量准确计量。

6. 适方用药

采用正确的使用农药的方法,不仅可以充分发挥农药的防治效果,而且能避免或减少杀伤有益生物、作物药害和农药残留。农药种类和剂型不同,使用方法也不同。如可湿性粉剂不能用于喷粉,粉尘剂不可用于喷雾,胃毒剂不能用于涂抹,内吸剂一般不宜制毒饵。施药要保证质量,喷雾做到细致均匀;使用烟剂必须保持棚室密闭;施用粉尘一定要避开阳光较强的中午。

7. 安全用药

安全用药包括防止人畜中毒、环境污染及植物药害。生产上应准确掌握用药量、讲究施药方法,同时注意天气变化并严格遵守农药使用规定。在施药时应穿长袖衣服,佩戴手套、帽子、风镜等防护用具;施药期间不要进食、喝水或吸烟。施药人员若有头痛、恶心、呕吐等感觉时，应立刻离开现场进行治疗。

农药使用顺口溜

农药种类多，千万别搞错。使用讲科学，请记农药歌。
购回农药来，存放应分开；用法看说明，驱除病虫害。
田间喷施药，青壮年最好；千万不可用，幼弱孕妇老。
喷药选天气，晴阴较适宜；雨天药效低，药随雨流地。
配药有定量，切忌用瓶倒；药量若超过，庄稼受不了。
施药莫乱洒，应该顺风打；人在上风头，安全效果佳。
防护莫疏忽，皮肤不外露；就是热气候，必穿长衣裤。
喷药禁吸烟，脏手莫揉眼；皂水清洗完，然后再吃饭。
打药耗体力，饮酒不适宜；西瓜绿豆汤，入肚最舒畅。
害虫有抗力，喷药忌单一；用药交叉替，效性成本低。

二、工作准备

（一）实施场所

蔬菜田、多媒体实训室。

（二）药品准备

1.杀虫剂

80%敌敌畏乳油、50%辛硫磷乳油、40.7%乐斯本乳油、2.5%溴氰菊酯乳油、10%吡虫啉可湿性粉剂、1.8%阿维菌素乳油、90%敌百虫可溶性粉剂、25%杀虫双水剂、3%呋喃丹颗粒剂、25%灭幼脲3号悬浮剂、Bt乳剂、白僵菌粉剂；73%克螨特乳油、20%达螨酮乳油、25%三唑锡可湿性粉剂。

2.杀菌剂

50%乙烯菌核利（农利灵）可湿性粉剂、25%粉锈宁乳油、40%氟硅唑（福星）乳油、25%敌力脱乳油、72.2%丙酰胺（霜霉威、普力克）水剂、45%百菌清烟剂、72%克露可湿性粉剂、42%噻菌灵悬浮剂等。

（三）仪器与用具准备

放大镜、显微镜等病虫害鉴定仪器，天平、牛角匙、试管、烧杯、胶皮手套、插地杆、记号牌、标签、量筒、玻璃棒、镊子、采集瓶、捕虫网、放大镜、多种杀虫剂和杀菌剂、喷雾器、记载用具等。

(四)其他

教材、资料单、PPT、影像资料、相关图书、网上资源等。

【任务设计与实施】

一、任务设计

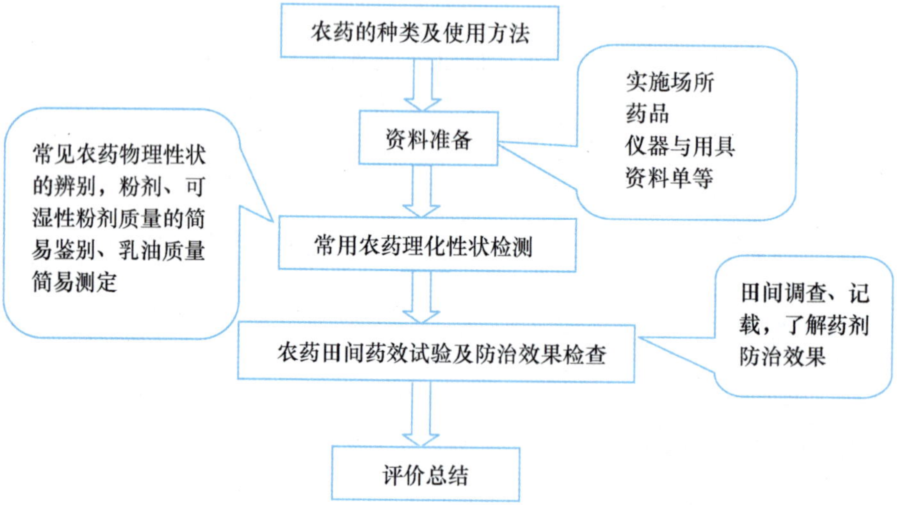

二、任务实施

(一)常用农药理化性状检测

1.常见农药物理性状的辨别

辨别粉剂、可湿性粉剂、乳油、颗粒剂、水剂、烟雾剂、悬浮剂等剂型在颜色、形态等物理外观上的差异。

2.粉剂、可湿性粉剂质量的简易鉴别

取少量药粉轻轻撒在水面上，长期浮在水面的为粉剂，在 1 min 内粉粒吸湿下沉，搅动时可产生大量泡沫的为可湿性粉剂。另取少量可湿性粉剂倒入盛有 200 mL 水的量筒内，轻轻搅动放置 30 min，观察药液的悬浮情况，沉淀越少，药粉质量越高。如有 3/4 的粉剂颗粒沉淀，表示可湿性粉剂的质量较差。在上述药液中加入 0.2～0.5 g 合成洗衣粉，充分搅拌，比较观察药液的悬浮性是否改善。

3.乳油质量简易测定

将 2～3 滴乳油滴入盛有清水的试管中，轻轻振荡，观察油水融合是否良好，稀释液中有无油层漂浮或沉淀。稀释后油水融合良好，呈半透明或乳白色稳定的乳状液，表明乳油的乳化性能好；若出现少许油层，表明乳化性尚好；出现大量油层、乳油被破坏，则不能使用。

请列表叙述主要农药的理化特性及使用特点（表 2-3-2）。

表 2-3-2　农药理化特性及使用特点观察记载表

药剂名称	中(英)文通用名	剂型	有效成分含量	颜色	气味	毒性	主要防治对象

(二)农药田间药效试验及防治效果检查

选择肥力均匀、植物种植和管理水平一致、病虫害发生严重且为害程度比较均匀、地势平坦，远离房屋、道路、池塘的开阔农田作为试验地。试验地所用药剂应为同一厂家的产品，药剂的种类、剂型、有效成分含量、使用剂量、加水量、喷洒工具都应一致。

选取当地当前针对菜青虫、白粉病的农药品种 2 个，比较农药不同种类、不同剂型(或不同使用浓度)下的药效差异。每个处理的重复次数为 4 次，并设清水处理为空白对照(以 CK 表示)，在药效试验时应保证农药配制浓度准确、施药均匀，所有处理尽快完成，最长不可超过 1 d。

试验结束后每人写出 1 份药效防治试验报告。试验报告应包括以下内容：①试验名称；②试验单位；③试验目的；④试验地点；⑤试验材料(包括供试农药名称、剂型、生产厂家；供试植物种类、品种、生育期)；⑥试验方法，试验设计(处理浓度、空白对照、小区面积、排列方式、重复次数)，施药方法[施药工具型号、施药时间、施药方式(喷雾等)、施药量(kg/hm^2)]，施药条件(施药时的温度等气候条件)；⑦试验结果，包括防治效果、药害等情况；⑧小结与讨论，对供试农药做出总体评价，提出相应的用药技术。

【任务拓展】

农药的毒性和残留

1. 毒性

毒性是指药剂对人、畜的毒害程度。我国现行对农药毒性的分级标准是用原药或制剂，在大白鼠、兔、犬等试验动物身上的测定结果规定的。毒性分急性毒性、亚急性毒性和慢性毒性三种。衡量或表示农药急性毒性程度，常用致死中量或叫半数致死量(LD_{50})表示。所谓致死中量是指毒死半数受试动物剂量的对数平均数，即每千克体重的动物所需药物的毫克数，记作“mg/kg”。LD_{50}越小，药物毒性越大。按农药急性毒性大小又将农药分为剧毒、高毒、中等毒、低毒四级。剧毒、高毒农药的使用范围有严格限制，使用农药时要遵守有关规定。具体分级标准如表 2-3-3所示。

表 2-3-3　农药毒性分级

毒性分级	大鼠 LD_{50} (mg /kg 或 mg/m^3)			标签上的显示	
	经口	经皮	吸入	标志	描述(用红字)
剧毒	<5	<20	<20		剧毒
高毒	5～50	20～200	20～200		高毒
中等毒	50～500	200～2 000	200～2 000		中等毒
低毒	>500	>2 000	>2 000		低毒

2. 残留

是指农药施用后，在一定时期内没有被分解而残留于作物、土壤、大气等环境中的农药及其代谢产物的数量。农药的残留毒性主要包括两个方面的问题：一是指在使用农药的蔬菜上的农药残留；另一个是指裸地土壤、水源等环境中的农药又被蔬菜或其他生物吸收、积累的残留问题。

和化学农药相比，生物农药的残留普遍较低，正常使用都低于最高残留量，可以保证生产出合格产品，特别是可以生产出 AA 级绿色食品。

3. 农药残留的预防

农药的残留毒性和环境污染是一个威胁人类健康的严重问题，其重要预防措施是严格落实农药的禁用和限用规定。

我国明令禁止生产、销售和使用的农药有 38 种，其中氯磺隆、福美胂、福美甲胂自 2015 年 12 月 31 日起禁用；胺苯磺隆、甲磺隆单剂产品自 2015 年 12 月 31 日起禁用，复配制剂产品自 2017 年 7 月 1 日起禁用。

在蔬菜、果树、茶叶、中草药材上不得使用和限制使用的农药有 19 种：禁止甲拌磷、甲基异柳磷、内吸磷、克百威、涕灭威、灭线磷、硫环磷、氯唑磷、水胺硫磷、灭多威、氧乐果、硫丹在蔬菜、果树、茶叶和中草药材上使用，禁止用于防治卫生害虫。禁止溴甲烷在草莓和黄瓜上使用；禁止三氯杀螨醇和氰戊菊酯在茶树上使用；禁止丁酰肼(比久)在花生上使用；氟虫腈除卫生用、玉米等部分旱田种子包衣剂以外，禁止在其他方面使用；毒死蜱、三唑磷自2016年12月31日起，禁止在蔬菜上使用。

【评价反馈】

(一)自我评价

1. 保护性杀菌剂和治疗性杀菌剂有什么区别？
2. 如何科学安全使用农药？
3. 农药常用的剂型有哪些？
4. 农药常用的使用方法有哪些？

(二)小组评价

从学习态度、学习方法、团队合作和学习能力的提升等方面评价。

序号	评价项目	评价情况
1	与其他同学口头交流学习内容是否流畅	
2	是否尊重他人	
3	学习态度是否积极主动	
4	是否服从教师的教学安排	
5	着装是否符合标准	
6	能否按照安全和规范的规程操作	
7	能否辨别工作环境中哪些是危险的因素	
8	是否合理规范地使用工具和仪器	
9	是否能保持学习环境的干净整洁	
10	是否遵守学习场所的规章制度	
11	是否有工作岗位的责任心	
12	是否达到全勤	
13	团队学习中主动与合作的情况如何	
14	能否主动参与教学场所的清洁和整理工作	

参与评价的同学签名________________

(三)综合评价

1.教师评价

(1)对整个学习内容的小结归纳

(2)对学习过程的总体评价

教师签名________________

2.学生评价

(1)对教师授课效果的评价

(2)对学习效果的评价

学生签名________________

项目四　茄果类蔬菜病虫害

【学习目标】

1.了解为害茄果类蔬菜的主要病虫害种类

2.识别当地为害较重的茄果类蔬菜病害和害虫

3.掌握茄果类蔬菜生产中病虫害发生的原因及防治技术

【项目任务描述】

本项目分为茄果类蔬菜病害的诊断、茄果类蔬菜虫害的识别和茄果类蔬菜病虫害综合防治方案制定及实施3个任务。通过本项目任务的操作与学习，能让学员认识茄果类蔬菜生产中常见的病害和虫害，学会现场诊断、识别方法；通过实训室里的标本观察、田间诊断、识别和防治试验等，来增强学员对本项目的学习兴趣，培养查阅资料、观察分析、调查研究、勤于总结和沟通协作等能胜任岗位工作的职业素质。

【项目结构】

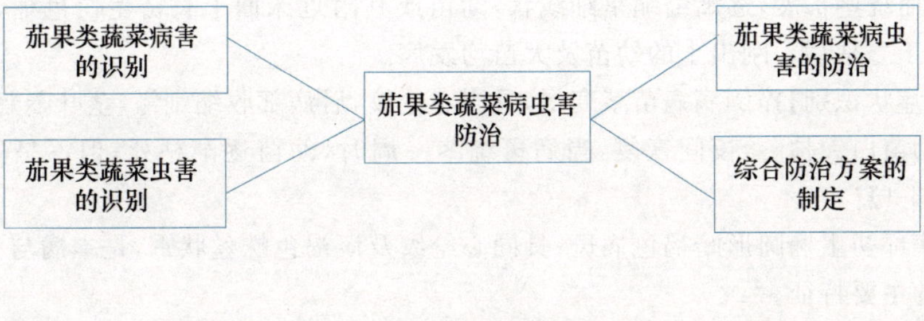

工作任务1 茄果类蔬菜病害的诊断

【任务准备】

一、知识准备

(一)什么是茄果类蔬菜

茄果类蔬菜是指茄科类的蔬菜,包括番茄、茄子、辣椒。为全国各地主要夏季蔬菜。有产量高,采收期长,营养丰富等特点。

(二)茄果类蔬菜有哪些常见的病害

主要侵染性病害有:苗期病害、番茄叶霉病、灰霉病、疫病、病毒病、青枯病、辣椒炭疽病、茄黄萎病、茄褐纹病、茄褐色圆星病等。非侵染性病害有:番茄畸形果、空洞果、高温障碍、2,4-D药害、番茄低温障碍、日灼和脐腐病等。

(三)如何识别茄果类蔬菜主要病害

1.苗期病害

多发生在早春育苗床或育苗盘上,常见的症状有烂种、死苗和猝倒三种。

烂种:播种后,在其尚未萌发或刚发芽时遭受病菌侵染而亡。

死苗:是种子萌发抽出胚茎或子叶的幼苗,在其尚未出土前就遭受病菌侵染而死苗。

猝倒:幼苗出土后,真叶尚未展开前,遭受病菌侵染,致幼茎基部发生水浸状暗斑,继而绕茎扩展,逐渐缢缩呈细线状,幼苗或其附近床面上长密生白色棉絮状菌丝,别于立枯病。刚出土的幼苗及大苗均发病。

【症状识别】猝倒病病苗茎变褐,具同心纶纹,后病部收缩细缢,茎叶萎蔫枯死;稍大幼苗白天枯萎,夜间恢复,当病斑绕茎一周时,幼苗逐渐枯死,但不呈猝倒状(图2-4-1)。

病部初生椭圆形暗褐色病斑,具同心纶纹及淡褐色蛛丝状霉,是本病与猝倒病区别的主要特征。

【发病原因】苗床管理不当如播种过密、间苗不及时、浇水过量而导致苗生长弱,易于发病。通风不及时,土壤黏重,地下水位高,也易于发病。苗床土壤低温高湿,光照不足,也容易发病。

图 2-4-1 苗期猝倒病

【防治方法】

(1)加强苗床管理 应选择地势较高、向阳、排水良好的地块;应选用无病新床土,不用旧园土,尤其是上一年发病重的床土;播种要均匀,细致,不宜过密;覆土要适度,以促进出苗;播前应一次打足底水,出苗后补水要选择晴天中午小水润灌,避免床土湿度过大;苗稍大后,晴天中午应适当放风锻炼,同时做好保温工作;苗出齐后,应早间苗,剔除病、弱苗;要用充分腐熟的肥料。

(2)床土进行消毒 选用50%的多菌灵可湿性粉剂,10 g/m^2,将药剂与少量的过筛细土搅拌均匀,将1/3的药土均匀撒在苗床上,播种后将剩下的药土撒盖在上面。

(3)药剂防治 当发现苗床上有少数病株后,应及时拔除。可在苗床上喷洒75%的百菌清可湿性粉剂800倍液,每隔7~10 d喷1次,连续用药2~3次。也可在苗床上撒干的草木灰,不仅可以降低苗床内的湿度,还可以吸热增温、提高土壤中的含钾量,有利于幼苗健壮生长,提高抗病能力。

2. 灰霉病

灰霉病菌寄主范围很广,可以危害多种园艺植物,如番茄、辣椒、茄子、黄瓜、葡萄、菜豆、葱、莴苣、芹菜等。茄科蔬菜灰霉病发生普遍。露地栽培的条件下,在潮湿条件及多雨季节,灰霉病发生较重;保护地栽培,如果管理不善,尤其是遇到早春阴雨及气温多变的气候,常造成死苗和烂果,尤其是早期第一、二穗果受害最重,流行年份发病率可达45%以上,严重影响茄科蔬菜的前期产量;该病不仅在植株生长期间发生危害,而且在采后的贮藏、运输过程中继续危害。

从苗期至成株采收期均可发病,主要以苗期及结果贮藏期为主。病菌可危害叶片、茎、枝条、花和果实。苗期主要危害幼茎和叶片。成株期主要危害花器和未成熟的果实,造成落果和烂果。

【症状识别】苗期：幼茎被害，病部缢缩变细，幼苗倒折；叶片被害，初为水浸状病斑，不规则状，后湿腐。成株期：叶片上初见褐色病斑，扩大后引起腐烂。茎及枝条上多形成枯斑，上端枝叶枯死。花器被害，多从开败的花及花托部位侵入，造成腐烂，并向花梗蔓延。果实被害，病部变软，腐烂（图 2-4-2 至图 2-4-4）。

图 2-4-2　番茄灰霉病

图 2-4-3　辣椒灰霉病

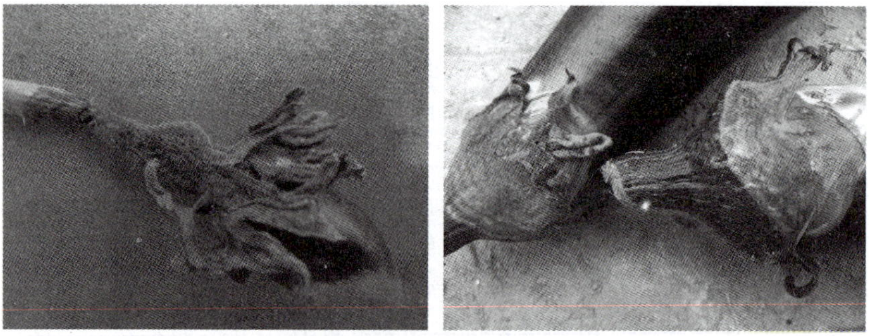

图 2-4-4　茄子灰霉病

【发病原因】病菌以菌核遗留在土壤里越冬，也可以菌丝和分生孢子在病残体上越冬，病菌发育最适温度23℃左右，最低20℃，最高31℃。特别是高湿，通气不良的条件下，发病则重。

【防治方法】

(1)培育壮苗　选地势较高，易排水的地块作高畦育苗。苗床湿度不易过大，尽量选用无病新土做育苗床土，如用旧床，必须用药剂进行床土表面消毒灭菌，可用50％多菌灵可湿性粉剂500倍液处理、50％异菌脲可湿性粉剂800～1 000倍液、用50％速克灵可湿性粉剂1 000～1 500倍液表面喷洒。育苗期间及番茄定植前喷洒5％百菌清粉尘剂15 kg/667 m^2，确保无病苗下地。

(2)加强通风管理　早晨放风，中午、下午加强放风、降低湿度，晚上保持棚温，降低湿度，可减轻病害的发生。

(3)清洁田园和适当控制浇水　及时摘除病果、病叶和打掉下部基叶，带出田外深埋或烧毁。另外，发病初期应适当控制浇水，防大水漫灌。

(4)烟熏防治　在发病前用百菌清烟熏或卜海因烟熏，方法同晚疫病的烟熏方法。

(5)药剂防治　该病预防需要施药3次，第一次需在定植前进行，用50％速克灵可湿性粉剂1 500～2 000倍液或多菌灵可湿性粉剂800倍液进行叶面喷施；第二次是在蘸花时，在番茄灵稀释液中加入0.1％的50％ 速克灵可湿性粉剂或50％的异菌脲可湿性粉剂、50％的多菌灵可湿性粉剂，第三次是在浇催果水前1 d用药。主要防治药剂有50％ 的速克灵可湿性粉剂1 500～2 000倍液，或50％的异菌脲可湿性粉剂1 000倍液，每隔7～10 d喷1次，连续喷2～3次。

变温管理防治灰霉病

即晴天上午晚通风，使棚温迅速升高，当棚温升至33℃，再开始通顶风，31℃以上高温可减缓该菌孢子萌发速度，推迟产孢，降低产孢量。当棚温降至25℃以上，中午继续放风，使下午棚温保持在25～20℃；棚温降至20℃关闭通风口以减缓夜间棚温下降，夜间棚温保持15～17℃；阴天打开通风口换气。

3.病毒病

病毒病是茄科蔬菜最重要的病害，世界范围均有分布。一般减产30％左右，严重减产 60%以上，甚至绝收，对茄科蔬菜的生产危害很大。发生较重的病毒病有番茄病毒病，青椒病毒病，马铃薯病毒病，另外还有茄子病毒病和菜豆病毒病等。

【症状识别】受害植株有 4 种表现：

(1)花叶　常见的花叶有两种，一种是叶片上引起轻微花叶或微显斑驳，植株不矮化，叶子不变形，对产量影响不大，另一种有明显的花叶，叶细长狭窄，扭曲畸形，植株矮，大量落花、落果，果小质劣，多呈花脸状，对产量影响大(图 2-4-5)。

图 2-4-5　花叶症状

(2)条斑　叶脉坏死或散布黑褐色油渍状坏死斑，然后顺叶柄蔓延至茎秆。初生暗色下陷的短条纹，后变为深褐色下陷的坏死条纹，逐渐蔓延扩大，以致病株萎黄枯死(图 2-4-6)。

图 2-4-6　条斑症状

(3)蕨叶　叶片呈黄绿色，并直立上卷，叶背的叶脉出现淡紫色，由于叶内组织退化，而形成扭曲的线状叶片，同时植株簇生，矮化、细小(图 2-4-7)。

图 2-4-7　蕨叶症状

(4)混合型　症状表现与上述的条斑型相似,二者的主要区别在果实上的症状。混合型的果实病斑块小而且不凹陷,条斑型果实上产生不规则且呈褐色下陷的油渍状坏死斑,后期变为枯斑(图 2-4-8)。

图 2-4-8　其他症状

【发病原因】春季日光温室番茄发病以烟草花叶病毒(TMV)为主;秋季晚番茄以黄瓜花叶病毒(CMV)为主。TMV 虽然可由种子和土壤均可带毒传播,但主要是由接触传染的。另外,该病毒还可在多种野生寄主和一些栽培作物体内越冬。黄瓜花叶病毒主要由蚜虫传播,同时机械也可传播,病毒可在多年生宿根植物或杂草上越冬,然后再传播到番茄上,高温干旱、缺水、缺肥发病则重。分苗、定植、绑蔓、整枝打杈、蘸花等多项农事操作,都会因病,健苗不能分开管理或消毒不严,造成交叉感染,而使发病严重。常见的有花叶病、条纹病和蕨叶病三种,以花叶病发生最为普遍。条纹病危害日益加重,发病后几乎没有产量,蕨叶病的发病率低于花叶病高于条纹病,但其危害性则大于花叶病而小于条纹病。

【防治方法】

(1)针对当地毒源,因地制宜选用抗病品种　如番茄抗 TMV 病毒比较好的品种有佳粉 15,中杂 9 号,中蔬 4 号、5 号、6 号,中杂 4 号,佳粉 10 号,强丰,东农 702、703、704,苏抗 5、7 号,河南 3 号、双抗 2 号等。耐 CN 比较好的品种有沈粉三号、542 粉红番茄,中蔬 5 号,毛粉 802 等。辣椒抗病品种有:沈椒 2 号、津椒 3 号、中椒 2 号、辽椒 4 号,甜椒 1 号、2 号等。

(2)培育无病壮苗　用 10%的磷酸三钠浸种 20 min,或用高锰酸钾 200 倍液或用福尔马林 200 倍液浸种 1 h,捞出后用清水反复洗净种子。或用干热法消毒,即把完全干燥的种子在恒温箱中,用 72℃的温度处理 72 h。发病初期喷洒 20%病毒 A 可湿性粉剂 500 倍液、5% 病毒酰胺溶液 1 000～1 500 倍液,或者用 NS-83 增抗剂 100 倍液,或抗毒剂 1 号 200～300 倍液,隔 7～10 d 喷 1 次,连续防治 3～4 次。

(3)利用弱株系或用 83 增抗剂防治病毒病　利用 TMV 弱毒疫苗(N14),在一叶一心时接种。接种可用蘸根或高压手动喷枪,同时防治蚜虫,提高苗床温度以利 N14 的繁殖扩展,产生对 TMV 的免疫力。将 83 号增抗剂稀释成 100 倍液,在定植前 15 d 喷一次,定植前 2 d 喷一次,定植后 14 d 再喷一次,共 3 次可预防 TMV,而且具有早熟、产量高的效果。

(4)秋季温室用银灰膜和化学治蚜预防病毒　首先在温室四周和地表上喷一次防蚜农药。杀死温室内残存的蚜虫。然后整地铺银灰膜,可铺在小垄上,做地膜用。同时,将银灰膜剪成约 10 cm 宽的条,围绕在温室的四周,条距 15～20 cm。两种施膜方法同时在播种前完成。不仅具有避蚜防病,而且有降温和增强光照的作用。

(5)药剂防治　喷施 500 倍的病毒 A,或 800 倍高锰酸钾溶液,每隔 7～10 d 连喷 3～4 次,有一定防效。

(6)栽培防病措施　有条件实行 2～3 年轮作,培育无病壮苗,重施基肥,增施磷、钾肥,病、健株分开管理,高温干旱季节应加强水肥管理。

4.番茄早疫病

【症状识别】叶片受害,初呈水渍暗褐色的小斑点,扩大后呈圆形或椭圆形,直径达 1～3 cm 的病斑,边缘深褐色,中心灰褐色,有同心轮纹,后期病斑中间有时破裂。潮湿时,病斑上长出黑色霉状物;茎部被害,多在分枝处发生,呈灰褐色,椭圆形,稍凹陷,有轮纹或不明显,严重时,可造成断枝。果实受害,多在果蒂部附近有裂缝的地方,呈褐色或黑褐色,稍凹陷,有同心纹,上长有黑色霉(图 2-4-9)。

【发生原因】病菌主要以菌丝体和分生孢子随病残组织遗留在土壤中越冬。通

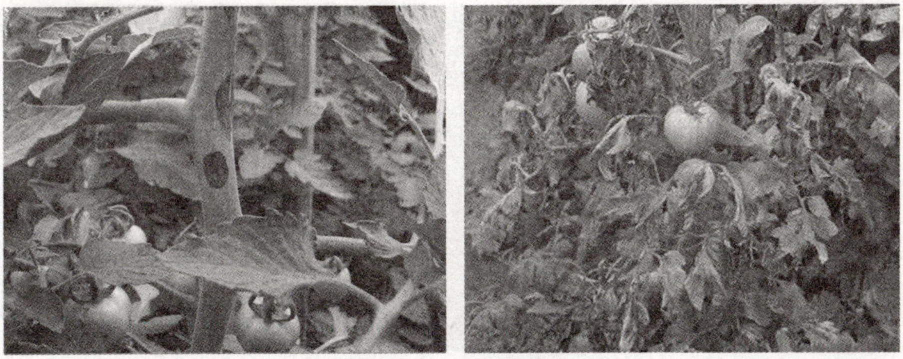

图 2-4-9 番茄早疫病

过气流、雨水传播。高温、高湿利于发病，在温度 15℃左右，相对湿度 80%以上开始发生。温度 20～25℃且遇连续阴雨时病情发展，此病多在结果初期开始发生，结果期病害严重。老叶一般先发病，幼嫩叶片待衰老之后才发病。植株生长差，田间排水不良，温室通风不好，一般发病重。

【防治方法】

(1)实行轮作　与非茄科蔬菜实行 3 年以上的轮作。

(2)栽培措施防病　注意通风、降低温度；增施磷钾肥，提高抗病力；发现病叶、病果及时带出田外，深埋或烧毁。

(3)药剂防病　可选用 5%的百菌清粉尘剂、异菌脲粉尘剂，或 15%的速克灵烟剂，每 1 000 m^2 用药 3～5 kg；也可用 58%甲霜灵·锰锌可湿性粉剂500 倍液或 47%春雷·氧氯铜可湿性粉剂800～1 000 倍液、50%异菌脲可湿性粉剂 800～1 000 倍液、每 7 d 施药 1 次，连续用药 2～3 次。

5. 番茄晚疫病

番茄晚疫病是番茄上的重要病害之一，发生普遍，在全国各地的番茄产区，每年都有不同程度的发生。多阴雨的年份发病重. 在多雨、冷湿、多雾的地区常发生流行。

【症状识别】幼苗一般叶子先发病，出现不规则暗绿至褐色的水浸状病斑，边缘有明显的霉层。逐渐向叶柄，茎部蔓延，初为水浸状，潮湿时表面生出白霉，并引起幼苗折倒、枯死。成株期多从下部叶片的中间或边缘呈现不规则的暗绿色水渍状病斑，后变为褐色。湿度大时，叶背面病、健交界处有一白色霉状物。茎受害，开始成暗褐色，后变褐色，稍凹陷的病斑。果实发病，多在青果近果柄处长出灰绿色水浸状硬斑块，后变为深褐色，有不均匀的凹陷，病果不易脱落，潮湿时长稀疏白霉(图 2-4-10、图 2-4-11)。

图 2-4-10　番茄晚疫病(早)

图 2-4-11　番茄晚疫病(晚)

【发病原因】病菌主要以菌丝随病残体在土壤里越冬。马铃薯上的晚疫病也可传到附近的番茄上,主要通过风、雨传播。田间形成中心病株后,病株上产生大量孢子囊,再由气流和雨水,向四周扩散。若低温高湿,易于发病。特别是降雨的早晚和雨量的大小,对病害发生起着决定性的作用,一般降雨、雨水多、相对湿度在75%以上,气温 15～25℃时,病害容易流行。

【防治方法】

(1)种植抗病品种　如强丰、佳粉、东农 704、圆红、渝红 2 号、中蔬 4 号、中蔬 5 号,佳红、中杂 4 号等。

(2)实行轮作　可与非茄科蔬菜实行 3～4 年轮作。

(3)加强栽培管理　严禁在生产棚育苗,定植不宜过密,早搭架,改善通风透光条件;注意浇水,不宜大水漫灌;加强放风管理,特别是傍晚要加大放风量,降低棚室内湿度,对减轻病害有重要作用。

(4)药剂防治　在番茄发病初期喷洒 72.2%普力克水剂,或 69%安克锰锌可湿性粉剂，或70%乙磷锰锌可湿性粉剂，隔7～10 d喷1次，连续防治4～5次；或用50%甲霜铜可湿性粉剂600倍液、60%琥·乙膦铝可湿性粉剂400倍液、12%绿乳铜乳油600倍灌根，每株灌对好的药液0.3 L，隔10 d左右1次，连续灌注3次。

6.番茄叶霉病

【症状识别】叶片受害，开始在叶背面产生不规则或椭圆形的淡绿病斑，后在病斑长出黑褐色的霉层，叶面呈淡黄色，病斑扩大后，叶片卷曲干枯，病株上的病叶由下往上发展，果实受害时，在蒂部产生近圆形硬化黑色的病斑，老病斑表皮下有时会产生黑色针头状的菌丝块(图2-4-12)。

图2-4-12 番茄叶霉病

【发病原因】病菌在病残体内或在种子上越冬。田间发病后，通过气流传播。高温高湿利于发病，浸染适宜温度24～25℃，相对湿度在80%以上。

【防治方法】

(1)选用抗病品种 双抗2号、佳粉、沈粉3号、佳红等。

(2)合理轮作 与非茄科蔬菜实行3年以上轮作。

(3)种子消毒 可用53℃温水浸种30 min。

(4)温室消毒 在定植前按100 m^2用硫黄粉250 g，锯末500 g，混匀分装几处，用煤炭火球点燃，密闭熏烟一夜即可；也可用百菌清烟熏剂烟熏，每亩地用250 g。

(5)高温焖棚 短期30～36℃焖棚，对病害蔓延有很好的抑制作用。

(6)加强栽培管理、加强通风、适当控制浇水，以降低温度，并增加磷钾肥的施用量，提高植株的抗病能力。

(7)烟熏防治 发病前，用百菌清烟熏剂烟熏，每亩250 g，分6～8个点，用暗火点燃，冒烟后关闭温室，密封一个晚上。隔7～8 d熏1次，连续3～4次。

(8)药剂防治 发病初期，可用50%多菌灵500倍液，或75%百菌清可湿性粉剂 600 倍液，或 80%代森锌 500 倍液，每隔 7～8 d 喷 1 次，连续喷 2～3 次。

7. 番茄枯萎病

【症状识别】叶片由下向上发黄最后顶芽凋萎、全株枯死，但病叶不脱落；根、茎部和叶柄，果梗等维管束均变褐色，潮湿时，茎基部产生粉红色霉（图 2-4-13）。

图 2-4-13 番茄枯萎病

【发生原因】病菌在土中越冬，一般能存活多年，也可在种子上越冬。发病最适土温 26～28℃，土温在 33℃以上或 21℃以下，病害受抑制。土壤过酸、过湿和缺钾肥，或根结线虫多的地方发病重。

【防治方法】

（1）选用抗病品种 浦红 1 号、广前 1 号、蜀早 1 号等。

（2）选用无病种子 种子用有效成分 0.1%多菌灵盐酸盐，冷浸 1 h，捞出再浸到水中 8～10 h，捞出控干催芽播种。

（3）无病土育苗 用新苗床育苗，如果用旧苗床，床土应用福尔马林消毒处理，一般在播种前 3 个星期，将床土耙松，每平方米用福尔马林 50 mL，加水 2～4 kg，浇于床土上。随后用薄膜盖 4～5 d，再揭去覆盖物，并将处理过的床土摊平，经 14～15 d 待药充分挥发后才可播种，否则影响出芽。用 50%多菌灵处理，比较安全，每平方米用药 8～10 g。

（4）实行轮作 与其他蔬菜实行 3 年以上的轮作。

（5）栽培防病措施 土壤偏酸的温室，每亩可施 50～100 kg 石灰和碎稻草 500 kg 均匀撒于地表，然后翻入土中（45～60 cm），再起垄，灌水（使垄沟里始终保持有水）盖地膜，密闭温室，利用夏季高温处理 15～20 d，既可杀死病菌又可消灭线虫。

(6)灌根治病　发病初期，可用50%多菌灵1 000倍液灌根，隔10 d灌1次，连续2～3次。

8.番茄溃疡病

【症状识别】幼苗发病始于叶缘，由下部向上逐渐萎蔫，有的在胚轴或叶柄处产生溃疡状凹陷条斑，使病株矮化或枯死。成株发病，下部叶片凋萎下垂，叶片卷缩，似缺水状，有时植株一侧或部分小叶萎蔫；后期病茎秆上出现狭长的褐色条斑，上下扩展，下陷或开裂，病茎增粗，常产生大量气生根，茎内中空或呈褐色。多雨或湿度大时，菌丝从病茎或叶柄中溢出或附在其上。形成白色污状物。幼果受害后皱缩、畸形、发育慢，青果上病斑圆形，外围白色，中心粗糙黑色，萼表面生坏死斑，果面可见稍隆起的“鸟眼斑”(图2-4-14)。

图2-4-14　番茄溃疡病

【发病原因】温暖潮湿的天气易促使田间发病，开花结果期，如果最高气温在28℃以下，并多雨和狂风，病害极易流行。低洼、重茬地发病重。

【防治方法】

(1)加强种子检疫　对番茄生产用种实行严格检疫，禁止从疫区调运种苗，严防其传播蔓延。

(2)种子处理　用55℃温水浸种30 min，或70℃干热灭菌72 h，5%盐酸浸种5～10 h或1.3%次氯酸钠浸种20～40 min，或用72%链霉素可湿性粉剂200 mg/L浸种2 h后冲净晾干后催芽。

(3)用新床土育苗　老床土用40%甲醛30 mL/m^2，加水2～4 L，喷洒后用塑料膜覆盖5 d，揭膜散气半个月后播种。苗床消毒：每平方米苗床用50%多菌灵8～10 g拌土消毒。

(4)及时发现并销毁病株

(5)药剂防治　可选用72%链霉素可湿性粉剂750倍液、14%络氨铜水剂300倍液、60%百菌清可湿性粉剂500倍液、50%丁、戊、己二酸络铜(DT)可湿性粉剂500倍液，每5～7 d一次，连续喷3～4次。

9.番茄脐腐病

【症状识别】番茄脐腐病又称蒂腐病，属于生理病害。幼果易感病，病斑发生于果实脐部，初呈水浸状，暗绿色，病斑直径1～2 cm，严重时可以扩展到小半个果实，很快变为暗褐色或黑色，病部呈扁平状，果肉也变黑，表面曲折凹陷，有时发生龟裂，病果提前变红，但无商品价值，在潮湿的情况下，病部常腐生腐生菌，白色、墨绿色或粉红色霉状物(图2-4-15)。

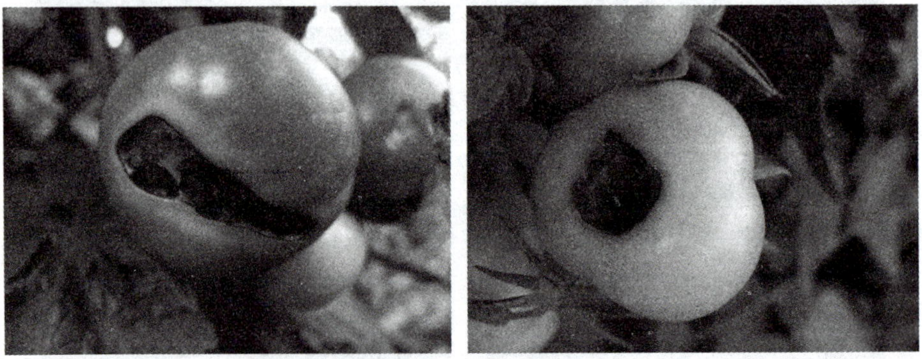

图2-4-15　番茄脐腐病

【发病原因】番茄脐腐病发生的直接原因就是果实膨大期间，特别是开花后对果实供给钙素不足所致。在栽培过程中，尤其在果实膨大时期，土壤过干、地温过高、氮肥过多及酸性土壤都会使根系对钙的吸收受阻，都能够引起脐腐病的发生。

未成熟的绿果容易发病。一般雨后干旱，或者前期灌水较多，后期缺水，根系发育不良，突然遭受干热风的袭击，叶部蒸腾量超过根部吸收水量；氮肥过多，或者酸性土壤都有利于番茄脐腐病的发生。品种之间也存在差异，果脐脐端花器不易脱落和花痕大的品种，容易遭受腐生菌腐生，使果实受害加重；果实中钙含量低于0.2%时，发病严重。

【防治方法】

(1)选用抗病品种

(2)适时浇水　必须保证水分的均衡供应，尤其是结果期更要重视水分的均衡供应，干旱地区定植后行间可以用麦秆或者稻草覆盖，可以减少水分蒸发，田间浇水应该在早上或者傍晚进行。

(3)改良土壤　应该选择保水力强、土层深厚的地块种植番茄，增施有机肥，有利于土壤中钙的吸收。

(4)加强田间管理　在开花结果后，及时摘除枯死花蒂和病果，并适当进行整枝和疏叶，减少植株水分蒸腾，摘心可以促进钙向果实中转移。

(5)合理施肥　以有机肥为主，结合整地施用过磷酸钙，避免氮肥过多，跟为追肥，当第一花序坐果后，喷洒0.5%氯化钙加5 mg/L萘乙酸或绿芬威3号，10 d左右1次，连喷3～5次。酸性土壤施石灰进行调节。

10.番茄畸形果

【症状识别】番茄畸形果多发生在冷凉的季节，畸形果即果实形状不正常，通常病果呈椭圆、扁圆、菊花、尖鼻、横裂和顶裂等形状，心室数比正常果多，也有的呈现种子外露。病株营养生长旺盛，生殖生长退化，叶色浓绿，茎蔓粗壮，植株高大；畸形果的花表现为萼片比正常的花多1～2个，萼片较长且肥大、花瓣退化、变短，有的甚至尚未分化已经沾到萼片上。花蕊短、花粉少，柱头不分化(图2-4-16)。

【发病原因】番茄苗期和花芽分化期遇到低温是导致番茄畸形果产生的主要原因。激素使用不当也会导致畸形果的发生。此外，在番茄花芽分化期，如果植株营养生长过旺，也容易使花畸形从而导致畸形果的发生。

【防治方法】

(1)选用产量高、抗逆性强，尤其是对低温不敏感的优良品种，如中杂9号、吉粉3号等。

(2)在番茄育苗期间，采取保温措施，尤其是在2～4片真叶展开期也就是番茄植株花芽分化时期的温度不能连续低于12℃，促使泛起秧苗健壮生长。

(3)在配制育苗床土时，要注意营养成分要齐全，加强番茄育苗期的肥水管理，在适当控制肥水的同时，要防止偏施氮肥，做到氮、磷、钾配合施用，以防营养生长

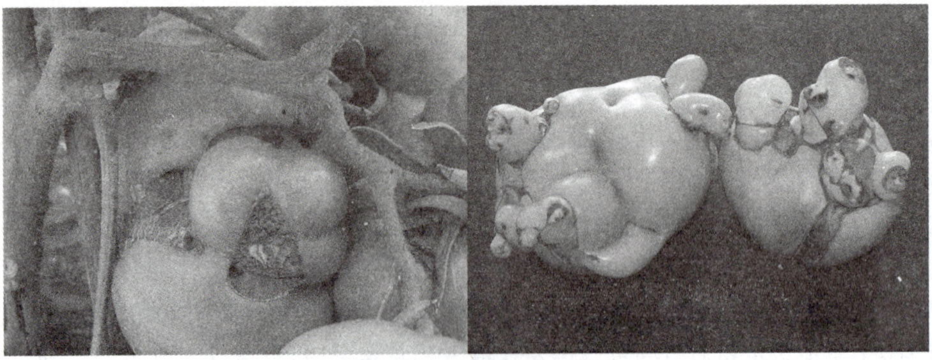

图 2-4-16 番茄畸形果

过旺导致花芽分化不正常，最终导致畸形果的发生。

(4)合理使用生长激素　蘸花处理应该在第一个花序中有50%的花开放时进行。蘸花时间以上午的8～10时和下午3～4时为宜。并根据设施内的温度条件和天气情况灵活掌握使用浓度，一般阴雨天、设施内温度低时可以使用高限浓度的激素蘸花；如果在晴天或者设施内温度较高时使用低限浓度的激素蘸花。以防产生药害，导致畸形果发生。

11.番茄裂果病

【症状识别】在果实接近成熟期时，在果皮表面出现裂纹，有放射状、环状和条纹裂果三种裂果类型。放射状裂果产生在果实的绿熟期，在果蒂附近产生微细的条纹开裂，转色前2～3 d裂痕明显，裂纹呈放射状，以果蒂为中心，向果肩部延伸，呈放射状深裂。环状裂果，在果蒂周围呈环状浅裂，多在果实接近成熟时出现；条纹裂果是果实顶部呈不规则条状开裂(图2-4-17)。

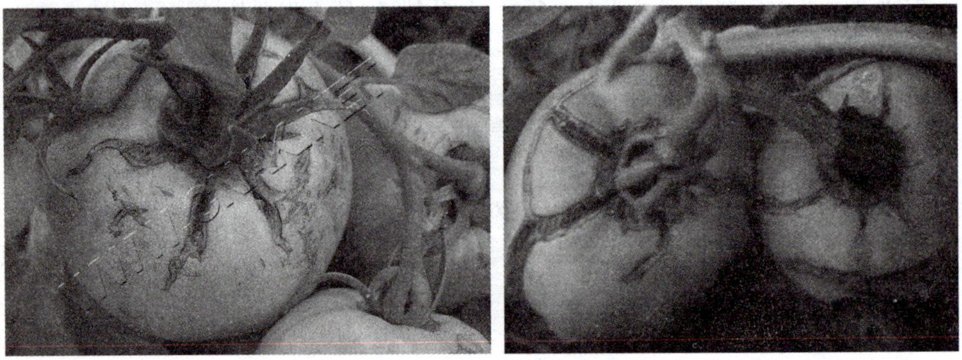

图 2-4-17 番茄裂果病

【发病原因】在果实发育后期遇到夏季高温、烈日、干旱和暴雨等情况，果皮的生长与果肉组织的膨大速度不同步时，膨压增大，则出现裂果，土壤中硼元素缺乏或者吸收受阻，导致果皮老化，也容易发生裂果。

【防治方法】

①选择抗裂、枝叶繁茂的品种。

②控制好土壤水分，尤其是结果期不可以过干过湿，大雨前不宜过干，雨后要及时排水。设施栽培的在结果期要控制空气湿度不超过65%。

③增施有机肥、改良土壤结构、提高保水保肥的能力。

④雨季或者大雨前要及时采收。

⑤喷洒0.5%氯化钙溶液或者喷洒0.1%的硫酸锌溶液可以提高抗性，增加抗裂果能力。

12. 番茄2,4-D药害

【症状识别】2,4-D药害主要表现在果实上，果实顶端出现乳突，俗称“桃形果”或“尖头果”。叶片受害表现为叶片向下弯曲、僵硬、细长，小叶不能展开，纵向皱缩，叶缘扭曲畸形。受害茎蔓凸起，颜色变浅。生产中，浓度偏高，涂抹花梗后，在涂抹处会出现褪绿斑痕，即通常所说的“烧花”，这些花大多会过早脱落（图2-4-18）。

图2-4-18　番茄2,4-D药害

【发病原因】用2,4-D处理番茄花时，操作不当就会造成药害。

【防治方法】严格掌握2,4-D合理使用浓度和方法。

（1）适时处理　开花当天用2,4-D蘸花，在花刚开或花半开时蘸花最好。

（2）浓度适当　若2,4-D使用浓度过低时保花效果不明显，浓度过高易导致僵果和畸形果。

（3）处理方式　用2,4-D处理花朵时采用浸蘸法较好，浸花的浓度应比涂花的浓度稍低些。

防止重复蘸花，每朵花只可处理1次，重复处理易造成浓度过高，从而导致僵果和畸形果。在配制药液时，加入少量红色广告粉作标记可避免重复蘸花。避免在炎热中午蘸花，一般在上午10:00前和下午4:00后蘸花最好。

13.番茄果实筋腐病

【症状识别】番茄筋腐病是果实着色时期发生在果实上的一种生理性病害。主要症状是果实着色以前，果实着色不均匀，表面凹凸不平，横切后可见果肉维管束组织呈黑褐色，从果顶到果柄部都有这道黑色筋。发病轻的果实，部分维管束变褐坏死，果实外形没有变化，但维管束褐变部位不转红。发病重的果实，果肉维管束全部呈黑色，病果胎座组织发育不良，部分果实伴有空腔发生，果实表面呈现明显的红绿不均，严重时发病部位淡褐色，表面变硬。发病植株的茎、叶没有明显症状（图2-4-19）。

图 2-4-19 番茄筋腐病

【发病原因】果实膨大时期日照和积温不足是番茄筋腐病发生的重要原因，土壤过湿或者板结，根系发育不良、氮肥过多，缺钾和铁等因素都会诱发此病。

品种之间差异较大，如西粉3号、早丰、中杂7、8、9号较抗病；在日照不足或者果实相互重叠的部分最易发生。越冬栽培的番茄多在第一、第二花序果实中发生筋腐病，病果在转红期暴露症状。连作地发病重。土壤黏重、有机质含量低，土壤过干、过湿均有利于发病。

【防治方法】

（1）选用抗病品种　西粉3号、早丰、中杂7、8、9号等品种比较抗病。

（2）轮作　避免连作，对于发病重大棚和温室实行轮作换茬，调节土壤养分供应比例失调。

（3）增加光照　改善采光条件，可以张挂银灰膜补光，适当稀植、适时整枝打杈。适当疏掉遮盖果实的叶片和及时摘除病叶等，以促进果实的着色。

(4)合理施肥　使用充分腐熟的有机肥作底肥,化肥要合理搭配,果实膨大期少施氮肥,多施钾肥和含铁微肥。

14.辣(甜)椒疫病

【症状识别】辣椒在苗期、成株期均可以感染疫病,幼苗染病,茎基部呈水浸状腐烂,很快死亡,有的茎基部呈黑褐色,幼苗枯萎而死;成株发病常分为根腐型及叶腐型两类症状。根腐型多从茎基部开始,病斑水浸状,暗褐色,后为褐色,稍凹陷,表皮下的皮层部变暗褐色,茎的任何部位都可以感染,病斑常绕茎发展,病部以上枝叶迅速凋萎。叶腐型往往最先为害植株的上部叶片,嫩枝及主枝的分杈处进而危害果实。叶片病斑起初较小,似烫伤状,后扩大为近圆形或者不规则形,干燥后呈薄纸,浅棕色、开裂和脱落;高湿时病斑表面生有白霉。果实染病始于蒂部,初生暗绿色水浸状斑,迅速变褐软腐,湿度大时表面长出白色霉层,干燥后形成暗褐色僵果,残留在枝上(图 2-4-20)。

图 2-4-20　辣(甜)椒疫病

【发病原因】病菌主要以卵孢子、厚垣孢子随病残体在土壤里越冬。主要通过雨水飞溅或者灌溉水传到茎基部或者近地面的果实上,引起发病。田间形成中心病株后,病株上产生大量孢子囊,再由气流和雨水,向四周扩散。若低温高湿,易于发病。特别是降雨的早晚和雨量的大小,对病害发生蔓延起着重要作用,一般降雨、雨水多、天气突然转晴,相对湿度在 85% 以上,气温 25～30℃ 时,病害容易流行。

【防治方法】

(1)种植抗、耐病品种　沈椒 1 号、辽椒 5 号、中椒 4 号、湘研 3 号、5 号等。

(2)实行轮作　可与非茄科蔬菜实行 3～4 年轮作。

(3)加强栽培管理　严禁在生产棚育苗;定植不宜过密,改善通风透光条件;注意浇水,不宜大水漫灌;加强放风管理,特别是傍晚要加大放风量,降低室内湿度,对减缓病害发生有重要作用。

(4)化学防治　苗期可进行保护性喷药，定植前再喷一次，定植后，一旦发现个别病株，立即喷药防治。在发病初期可用5%的百菌清粉尘剂、春雷·氧氯铜粉尘剂、异菌脲粉尘剂、每1 000 m^2用药3～5 kg；也可用64%(噁霜灵＋代森锰锌)可湿性粉剂500倍液、25%甲霜灵可湿性粉剂800倍液、95%硫酸铜1 000倍液、波尔多液1∶1∶(160～200)倍液、75%百菌清可湿性粉剂600倍液等化学药剂进行叶面喷施，每7～10 d用药1次。

15. 辣(甜)椒炭疽病

【症状识别】辣椒炭疽病主要为害果实和叶片，也可侵染茎部。叶片染病，初呈水浸状褪色绿斑，后逐渐变为褐色。病斑近圆形，中间灰白色，上有轮生黑色小点粒，病斑扩大后呈不规则形，有同心轮纹，叶片易脱落。果实染病，初呈水渍状黄褐色病斑，扩大后呈长圆形或不规则形，病斑凹陷，上有同心轮纹，边缘红褐色，中间灰褐色，轮生黑色点粒，潮湿时，病斑上产生红色黏状物，干燥时呈膜状，易破裂(图2-4-21)。

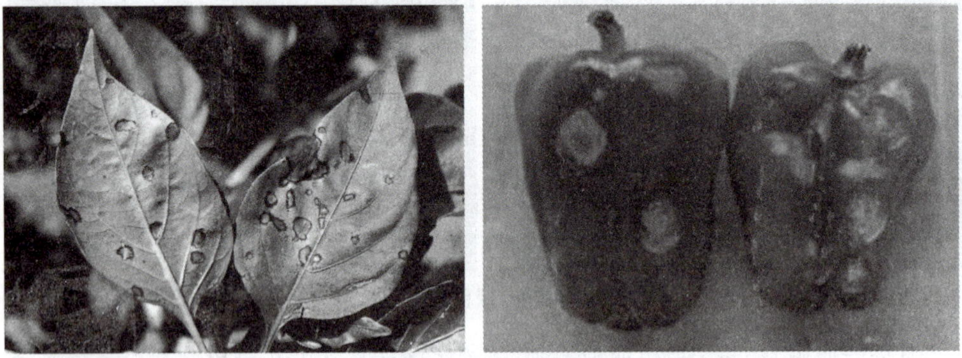

图 2-4-21　辣(甜)椒炭疽病

【发病原因】辣椒炭疽病是半知菌亚门、刺盘孢属真菌和果腐刺盘孢真菌侵染所致。病菌以分生孢子附着在种子表面，或以菌丝体潜伏在种子内越冬，也可以菌丝体、分生孢子或分生孢子盘在病残体或土壤中越冬，条件适宜时，借风雨、灌水、昆虫及农事活动传播，种子可以直接传播。病菌发育温度范围为12～33℃，最适温度为27℃，空气相对湿度达95%以上时，最适宜发病和侵染，空气相对湿度在70%以下时，难以发病。地势低洼、排水不良、密度过大、氮肥使用过多、虫害严重时都会加重病害的侵染与流行。

【防治方法】

辣椒炭疽病主要以越冬病残体和种子上携带的病菌为初侵染源。因此，搞好种子处理、彻底清除病残体、合理轮作是控制病害发生的有效措施。

(1)种植抗病品种　开发利用抗病资源，培育抗病高产的新品种。一般辣味强的品种较抗病，可因地制宜选用。

(2)选用无菌种子及种子处理　从无病果实采收种子，作为播种材料。如种子有带菌嫌疑，可用55℃温水浸种15～20 min，或用50%多菌灵药液浸泡2 h，进行种子处理。

(3)加强栽培管理　合理密植，使辣椒封行后行间不郁蔽，果实不暴露；避免连作，发病严重地区应与瓜类和豆类蔬菜轮作2～3年；适当增施磷、钾肥，促使植株生长健壮，提高抗病力；低湿地种植要做好开沟排水工作，防止田间积水，以减轻发病；及时采果，辣椒炭疽病菌为弱寄生菌，成熟衰老的、受伤的果实易发病，及时采果可避病。

(4)清洁田园　果实采收后，清除田间遗留的病果及病残体，集中烧毁或深埋，并进行一次深耕，将表层带菌土壤翻至深层，促使病菌死亡。可减少初侵染源、控制病害的流行。

(5)药剂防治　定植前要搞好土壤消毒，结合翻耕，每667 m^2撒施70%敌磺钠可湿性粉剂2.5 kg，或70%的甲霜灵锰锌2.5 kg，杀灭土壤中残留病菌。选用36%甲基硫菌灵悬浮剂500倍液，或50%多硫悬浮剂500倍液、50% 多菌灵可湿性粉剂800倍液、70%甲基硫菌灵可湿性粉剂800倍液、50%咪鲜胺锰络合物可湿性粉剂1 000～1 500倍液喷雾使用。

16.辣(甜)椒叶枯病

【症状识别】主要为害叶片。叶片发病初期，呈现散生褐色小点，迅速扩大为圆形或不规则形病斑，中部灰白色，边缘暗褐色，直径2～10 mm不等，病斑中央坏死，易穿孔，病叶易脱落(图2-4-22)。

【发病原因】病菌以菌丝体或分生孢子丛随病残体在土壤中越冬，种子也可带菌。病菌在田间借风雨传播，由气孔侵入。条件适宜，病害发展迅速。病菌喜高温、高湿条件，24～25℃，阴雨天或结露持续时间长易于发病。土壤肥力不足，植株生长衰弱发病重。

【防治方法】

(1)农业措施　培养壮苗，应使用腐熟的有机肥配制营养土，育苗过程中注意通风，严格控制苗床的温湿度。加强管理，合理施用氮肥，增施磷钾肥。定植后注意中耕松土，雨季及时排水。

(2)药剂防治　发病初期喷洒64%杀毒矾可湿性粉剂500倍液，或50%甲霜灵可湿性粉剂600倍液，50%多菌灵可湿性粉剂500倍液，或50%苯菌灵可湿性

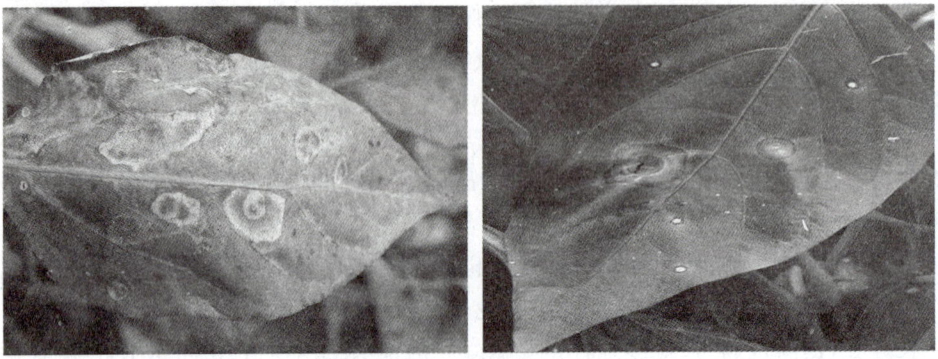

图 2-4-22 辣(甜)椒叶枯病

粉剂 1 000 倍液,或 75%甲基托布津可湿性粉剂 600 倍液,或 40%杜邦福星乳油 8 000～10 000 倍液,或 50%退菌特可湿性粉剂 500～1 000 倍液,每 7 d 喷 1 次,连喷 2～3 次。

17. 辣(甜)椒软腐病

【症状识别】主要为害果实,且多发生在青果上。病果初生水浸状暗绿色斑,后变褐软腐,具恶臭味,内部果肉腐烂,果皮变白,整个果实失水后干缩,挂在枝蔓上,稍遇外力即脱落(图 2-4-23)。

图 2-4-23 辣(甜)椒软腐病

【发病原因】该病属细菌性病害,病菌随病残体在土壤中越冬,随雨水、灌溉水在田间传播,成为翌年田间发病的初侵染源。此后病菌通过蛀果害虫继续传播,由果实伤口侵入,导致病害流行。管理粗放、蛀果害虫猖獗的地块发病重。低洼潮湿地块,阴雨连绵的天气,均能加重此病害的发生。

【防治方法】

(1)农业措施 与非茄科及十字花科蔬菜进行 3 年以上轮作。培育壮苗,适时定植，合理密植，进行地膜覆盖。雨后要及时排出田间积水。及时摘除病果并携出田外深埋，以减少田间的再侵染源。保护地栽培时要注意通风，降低空气湿度。

(2)积极防治棉铃虫等蛀果害虫 蛀果害虫会在果实上造成伤口，引发病害。可用2.5%功夫乳油5 000倍液，或20%多灭威2 000～2 500倍液，或4.5%高效氯氰菊酯3 000～3 500倍液，10%溴氰菊酯乳油1 000倍液，或20%溴灭菊酯乳油3 000倍液，或40%菊杀乳油2 000倍液，或40%菊马乳油2 000倍液，或2.5%溴氰菊酯2 000倍液，或20%氰戊菊酯2 000倍液等药剂喷雾。

(3)药剂防治 雨后及时喷药，可选用新植霉素4 000倍液，或78%波·锰锌(科博)可湿性粉剂500倍液，或40%细菌快克可湿性粉剂600倍液，或50%氯溴异氰尿酸(消菌灵)可溶性粉剂1 200倍液。也可用硫酸链霉素或72%农用链霉素可溶性粉剂4 000倍液，或1∶4∶600铜皂液，或1∶2∶(300～400)倍式波尔多液。40万IU青霉素钾盐对水稀释成5 000倍液也有效。

18.辣椒疮痂病

【症状识别】辣椒疮痂病又名细菌性斑点病，主要危害叶片、茎蔓、果实；叶片染病后初期出现许多圆形或不规则状的黑绿色至黄褐色斑点，有时出现轮纹，叶背面稍隆起，水泡状，正面稍有内凹；茎蔓染病后病斑呈不规则条斑或斑块；果实染病后出现圆形或长圆形墨绿色病斑，直径0.5 cm左右，边缘略隆起，表面粗糙，引起烂果(图2-4-24)。

图 2-4-24 辣(甜)椒疮痂病

【发病原因】病原菌主要在种子表面越冬，也可随病残体在田间越冬。旺长期易发生，病菌从叶片上的气孔侵入，潜育期3～5 d；在潮湿情况下，病斑上产生的灰白色菌脓借雨水飞溅及昆虫作近距离传播。发病适温27～30℃，高温高湿条件时病害发生严重，尤其在暴风雨过后，容易形成发病高峰。高湿持续时间长，叶面结露对该病发生和流行至关重要。

【防治方法】

(1)合理轮作　露地辣椒可与葱蒜、水稻或大豆实行 2～3 年轮作;应选用排水良好的沙壤土,移栽前大田应浇足底水,施足底肥,并对地表喷施消毒药剂加新高脂膜对土壤进行消毒处理。

(2)播种、苗期管理　播种前可用 55℃温水加新高脂膜浸种 15 min 后移入冷水中冷却,后催芽播种。加强苗期管理,适期定植,促早发根,合理密植,移栽后应喷施新高脂膜防止地上水分不蒸发,苗体水分不蒸腾,缩短缓苗期,使辣椒茁壮成长。

(3)加强田间管理　应及时深翻土壤,加强松土、浇水、追肥,促进根系发育,提高植株抗病力,并注意氮、磷、钾肥的合理搭配;同时在辣椒生长期喷施辣椒壮蒂灵提高授粉质量,果蒂增粗,防止落叶、落花、落果,使辣椒着色早、辣味香浓。

19.甜(辣)椒日灼病

【症状识别】日灼是强光照射引起的生理病害,主要发生在果实向阳面上。发病初期被太阳晒成灰白色或浅白色革质状,病部表面变薄,组织坏死发硬;后期腐生菌腐生,长出灰黑色霉层而腐烂(图 2-4-25)。

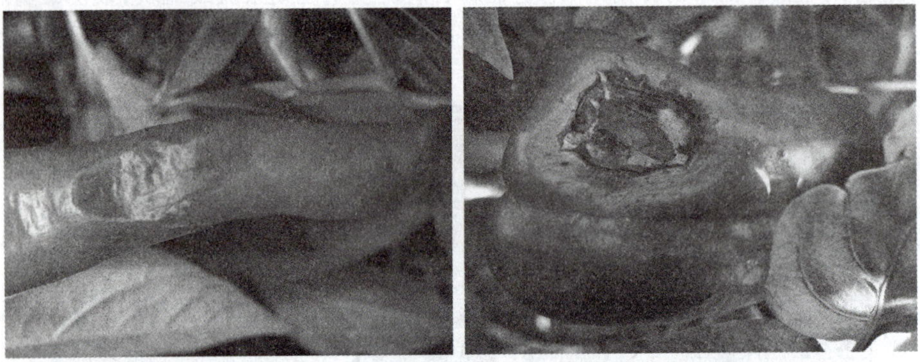

图 2-4-25　辣(甜)椒日灼病

【发病原因】辣椒日灼病是一种生理病害,干热天,果实没有枝叶遮盖,强光直射时,热量过大,烫伤果肉失水后引起发病,土壤缺水或者空气干热过度,雨后暴热,均易引起此病。

【防治方法】

①选用抗日灼品种,如冀椒 1 号。

②与高秆作物间作如玉米或者搭架栽培的蔬菜作物间作,可以为辣椒遮阴,使果实不暴露在阳光之下,避免发生日灼。

③适当密植增加枝叶覆盖面，如高垄双株栽培。

④加强肥水管理，炎夏季节用遮阴网覆盖栽培。

20.茄子黄萎病

【症状识别】茄子黄萎病又称半边疯、黑心病、凋萎病，是为害茄子的重要病害。茄子苗期即可染病，田间多在坐果后表现症状。茄子受害，一般自下向上发展。初期叶缘及叶脉间出现褪绿斑，病株初在晴天中午呈萎蔫状，早晚尚能恢复，经一段时间后不再恢复，叶缘上卷变褐脱落，病株逐渐枯死，叶片大量脱落呈光秆。剖视病茎，维管束变褐。有时植株半边发病，呈半边疯或半边黄(图 2-4-26)。

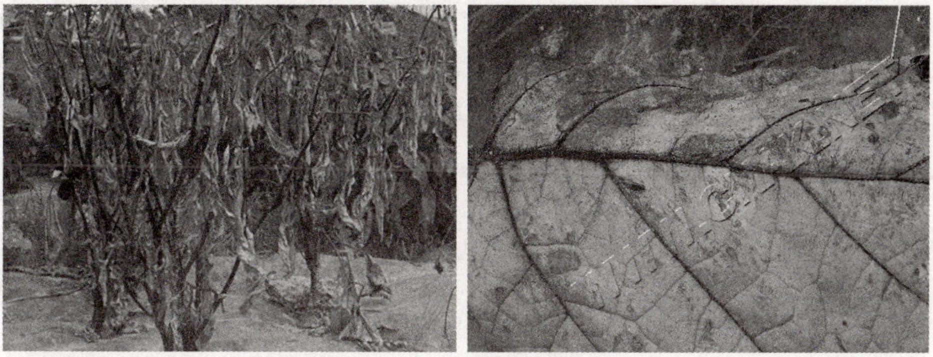

图 2-4-26　茄子黄萎病

【发病原因】病菌以菌丝、厚垣孢子随病残体在土壤中越冬，一般可存活 6～8 年。第二年从根部伤口、幼根表皮及根毛侵入，然后在维管束内繁殖，并扩展到茎、叶、果实、种子。当年一般不发生再侵染。因此，带菌土壤是本病的主要侵染源，带有病残体的肥料也是病菌的重要来源之一。病菌也可以菌丝体和分生孢子在种子内外越冬，带病种子是远距离传播的主要途径之一。病菌在田间靠灌溉水、农具、农事操作传播扩散。从根部伤口或根尖直接侵入。发病适温为 19～24℃。茄子从定植到开花期，日平均气温低于 15℃，持续时间长，或雨水多，或久旱后大量浇水使地温下降，或田间湿度大，则发病早而重。温度高，则发病轻。重茬地发病重，施未腐熟带菌肥料发病重，缺肥或偏施氮肥发病也重。

【防治方法】

(1)选用抗病品种　如长茄 1 号、黑又亮、长野郎、冈山早茄、吉茄 1 号、辽茄 3 号、长茄 3 号、鲁茄 1 号等。

(2)地块选择　选择地势平坦、排水良好的沙壤土地块种植茄子，并深翻平整。发现过黄萎病的地块，要与非茄科作物轮作 4 年以上，其中以与葱蒜类轮作效果较好。

(3)多施腐熟的有机肥，增施磷、钾肥，促进植株健壮生长，提高植株抗性　适时定植，要求 10 cm 地温稳定在 15℃以上时开始定植，定植时和定植后避免浇冷水，并注意提高地温。发现病株及时拔除，收获后彻底清除田间病残体集中烧毁。也可用嫁接育苗的方法防病，即用野生水茄、红茄作砧木，栽培茄作接穗，防治效果明显。

(4)药剂防治　茄子定植前用 50％多菌灵可湿性粉剂，或 70％敌克松原粉，或 50％甲基托布津可湿性粉剂，或 40％棉隆 2 kg/667 m^2，与 30 kg 细干土混匀，均匀撒于地面，结合整地混入土中，再行定植，防病效果较好。缓苗后再选用 50％多菌灵可湿性粉剂 500 倍液，或 50％苯菌灵可湿性粉剂 800 培液，或 50％甲基托布津可湿性粉剂 800 倍液，或 70％甲基托布津 700 倍液，或 70％敌克松 500 倍液，或 10％双效灵水剂 200 倍液灌根，每株灌药液 500 mL。

21. 茄子绵疫病

【症状识别】苗期到成株期均可发病，主要危害果实。果实受害多以下部老果较多，发病初期出现水渍状小斑点，逐渐扩大并产生茂密的白色棉絮状菌丝。果实内部变黑腐烂且易脱落。病果落地后，由于潮湿可使全果腐烂遍生白霉，最后干缩成僵果。叶片被害，病部水浸状，褐色，有明显轮纹，潮湿时边缘不明显，扩展极快，病斑上生有稀疏的白色霉状物。干燥时病斑停止扩大，病部组织干枯。花被害；常在发病盛期，呈水浸状褐色湿腐，向下蔓延，常使嫩茎变褐腐烂，缢缩以致折断，上部叶片萎蔫下垂。幼苗受害，常发生猝倒现象，病部常产生白色絮状菌丝体(图 2-4-27)。

图 2-4-27　茄子绵疫病

【发病原因】此病由辣椒疫霉属真菌浸染所致。在高温(28～30℃最容易发生适)、高湿、地势低洼、排水不良、过密、定植过迟、偏施氮肥、管理粗放、重茬、长果型品种发病较重。特别是在结果期、雨后暴晴，最易发病。在保护地湿度大，植株上有水（侵染水），空气相对湿度85%以上、气温25～35℃条件下，发病较迅速。病菌在土壤中的病残体上越冬，借风、雨传播为害。

【防治方法】

（1）农业防治　选用抗病品种，病害高发地区一般选用圆茄型，选择较高地势栽培。及时清除病果并带出田外集中处理。适当增施磷、钾肥，提高抗病性。与瓜类、豆类等蔬菜实行3～4年轮作。

（2）药剂防治　发病初期及时喷药保护，可选用25%甲霜灵可湿性粉剂800～1 000倍液、58%甲霜灵锰锌可湿性粉剂500倍液、40%乙膦铝可湿性粉剂300倍液、64%杀毒矾M8可湿性粉剂400～500倍液、77%可杀得可湿性微粒粉剂500倍液，每7～10 d喷1次，连续喷药2～3次。

22. 茄子褐纹病

【症状识别】危害茄子的叶、茎、果实，苗期、成株期均可被害。幼苗受害，茎基部出现凹陷病斑，上生黑色小粒点，条件适宜时，病斑迅速扩展，茎基部缢缩变细，造成幼苗猝倒或立枯。叶片受害，先在下部叶片上出现苍白色圆形斑点，发展扩大后，病斑呈近圆形或不规则形，边缘变褐色，中间浅褐色或灰白色，其上轮生许多小黑粒点，后期病斑扩大连片，常造成干裂、穿孔、脱落。茎枝发病，病斑梭形，边缘深紫褐色，中间灰白色凹陷，上生许多黑色小粒点，病斑发展后，病组织干腐，皮层脱落，露出木质部，容易折断。病斑多时，可连接成大的坏死区域。果实受害，初期表现为浅褐色椭圆形凹陷斑，上生许多黑色小粒点，病斑不断扩大，可达半个果实，后期病斑发展为灰白色。发病严重的，果实上可布满病斑（图2-4-28）。

图 2-4-28　茄子褐纹病

【发病原因】病菌以菌丝体和分生孢子器在土表病残体上或以菌丝体潜伏在种

皮内、以分生孢子附着在种子表面越冬，一般病菌在种子上可存活 2 年，在土表病残体上可存活 2 年以上。成为来年的初侵染源。播种带病种子，能引起幼苗直接发病，土壤带菌能引起茎基部溃疡。病菌发育最适温度为 28～30℃，相对湿度高于 80%，连续阴雨条件下，病害容易流行。植株生长衰弱，多年连作，地势低洼，土壤黏重，排水不良，偏施氮肥病害常偏重发生。

【防治方法】

(1)选用抗病品种　长茄较圆茄抗病，白皮茄、绿皮茄较紫皮茄抗病。

(2)培育无病壮苗　用 55℃温水浸种 15 min，捞出后，置 30℃以下水中时浸种 6～8 h；用 50%多菌灵可湿性粉剂 10 g/667 m^2，或 50%福美双可湿性粉剂 8 g，与细干土 10～20 kg 充分拌匀，用 1/3 药土铺底，播种后，将剩余药土覆在种子上。

(3)加强苗期管理　提倡营养钵育苗。育苗床选 2 年以上未种过茄子的地作苗床。有条件的可进行无土育苗。尽可能早播种、早定植，使茄子生育期提前，减少茄子生长后期与褐纹病发生适期重叠的时间。苗期或定植前喷 50%多菌灵可湿性粉剂 500 倍液 1～2 次。

(4)药剂防治　结果期喷洒 70%代森锰锌可湿性粉剂 500 倍液，或 50%苯菌灵可湿性粉剂 800 倍液，或 75%百菌清可湿性粉剂 600 倍液，或 50%甲霜铜可湿性粉剂 500 倍液，或 58%甲霜灵锰锌可湿性粉剂 400 倍液，或 64%杀毒矾可湿性粉剂 500 倍液，每隔 7～10 d 喷 1 次，连喷 2～3 次。

二、工作准备

(一)实施场所

蔬菜生产基地、多媒体实训室。

(二)资料准备

①利用图书馆或资料室以及报刊，查找有关茄果类蔬菜病害的信息资料。

②利用现有网络环境条件，查找有关茄果类蔬菜病害方面的信息资料。

③教材、资料单、PPT、影像资料、相关图书、关于茄果类蔬菜病害的相关文章等。

(三)材料仪器准备

①茄果类蔬菜病害挂图、照片或标本；体视镜、解剖刀、镊子、放大镜、常用杀菌剂、喷雾器、记载用具等。

②教师设计相关识别诊断表格。

【任务设计与实施】

一、任务设计

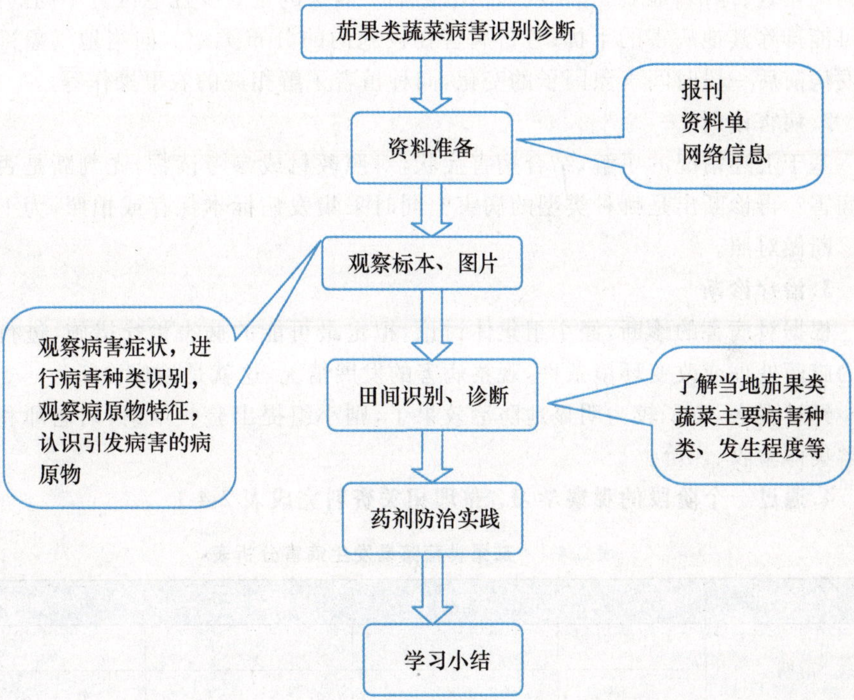

二、任务实施

(一)茄果类蔬菜病害标本观察

认真观察已准备好的各种茄果类蔬菜病害标本及图片，能否见到病害病征？能否根据病害的病状区别开各类病害？对观察到的蔬菜各种病害标本记录其病状特点与发病原因。

(二)确定实习现场

在教师准备好教学现场的前提下，引导学生在课前以小组为单位到蔬菜生产基地，寻找症状典型的 1 种或数种发病植株(或地段)，以备本工作任务的实施。

(三)茄果类蔬菜田间病害诊断

1.现场观察和调查

现场的观察要细致、周到,由整株到根、茎、叶、花、果等各个器官,注意颜色、形状和气味的异常;由病株到病区,由病区到全田,由全田到邻田;注意病株或病区在田间的位置、地形、地貌、邻作或邻田的影响。病害的调查要注意区分不同的症状,尽可能排除其他病害的干扰;分析病害在设施内的分布类型。向当地气象部门了解发病前后一段时间气象因子的变化,向种植者了解相关的农事操作等。

2.病害诊断

基于上述情况的了解,结合病害症状,对照教材或参考读物,先判断是否发生了病害?再诊断出是哪种类型的病害?同时采集发病标本保存或拍照,为下步治疗诊断做对照。

3.治疗诊断

根据对病害的诊断,经小组集体讨论,拟定最可能的病害治疗措施,进行针对性的施药处理或改变环境条件,观察病害的发展情况,这就是治疗诊断。

经过观察,有了较为明显地防治效果了,则小组提出验收申请,请老师和全班同学集体验收、评价。

4.通过一个阶段的观察学习,整理相关资料完成表 2-4-1

表 2-4-1 茄果类蔬菜易发生病害分析表

生长时期	病害种类	病害症状	病害发生条件	防治措施
苗期				
生长期				
开花期				
结果、收获期				

工作任务 2 茄果类蔬菜虫害的识别

【任务准备】

一、知识准备

(一)茄果类蔬菜有哪些常见害虫

茄果类蔬菜的虫害主要有:棉铃虫、烟青虫、茶黄螨、蚜虫、温室白粉虱、红蜘蛛、斑潜蝇、马铃薯瓢虫、茄二十八星瓢虫等。

(二)如何识别茄果类蔬菜常见害虫?有哪些防治措施

1.棉铃虫和烟青虫

【为害特点】棉铃虫和烟青虫是茄果类蔬菜的主要害虫。以幼虫蛀食蕾、花、果,也为害嫩茎、叶和芽。花蕾受害时,苞叶张开,变成黄绿色,2～3 d 后脱落。幼果常被吃空或引起腐烂而脱落,成果虽然只被蛀食部分果肉,但因蛀孔在蒂部,便于雨水、病菌流入引起腐烂,所以,果实大量被蛀会导致果实腐烂脱落,造成减产(图 2-4-29)。

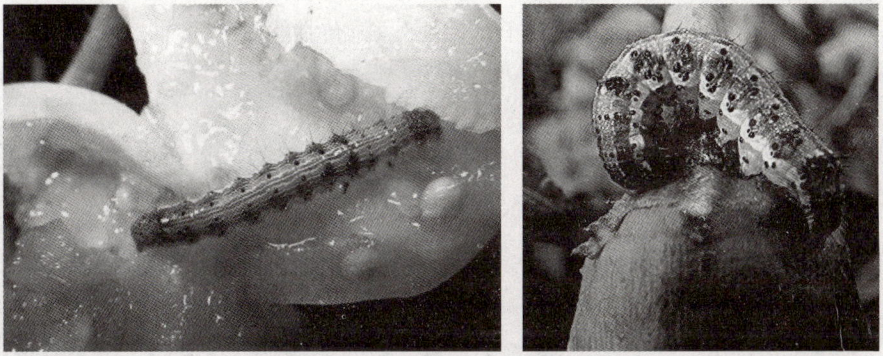

图 2-4-29 棉铃虫和烟青虫

【发生规律】棉铃虫属喜温喜湿性害虫。初夏气温稳定在 20℃和 5 cm 地温稳定在 23℃以上时,越冬蛹开始羽化。成虫产卵适温 23℃以上,20℃以下很少产卵。幼虫发育以 25～28℃和相对湿度 75%～90%最为适宜。在北方以湿度对幼虫发育的影响更显著,当月雨量在 100 mm 以上,相对湿度 60%以上时,为害较重;当降雨量在 200 mm、相对湿度 70%以上，则为害严重。但雨水过多，土壤板结，不利于幼虫入土化蛹并会提高蛹的死亡率。此外，暴雨可冲刷棉铃虫卵，亦有抑制作用。成虫需取食蜜源植物作为补充营养，第一代成虫发生期与茄果类、瓜类等作物花期相遇，加之气温适宜，因此产卵量大增，使第二代棉铃虫成为最严重的世代。

烟青虫成虫在夜间活动，有弱趋光性，对香甜食物趋化性较强。幼虫白天潜伏，夜间活动危害。幼虫在番茄上极少，主要为害辣椒。

【防治方法】

(1)农业防治　冬前翻耕土地，浇水淹地，减少越冬虫源。根据虫情测报，在棉铃虫产卵盛期，结合整枝，摘除虫卵烧毁。3 龄后幼虫蛀入果内，喷药无效，此时可用泥封堵蛀孔。

(2)生物防治　成虫产卵高峰后 3～4 d，喷洒 Bt 乳剂、HD-1 苏云金杆菌或核型多角体病毒，使幼虫感病而死亡，连续喷 2 次，防效最佳。

(3)物理防治　用黑光灯、杨柳枝诱杀成虫。

(4)药剂防治　发现幼虫，用 2.5%溴氰菊酯乳油 3 000～4 000 倍液，或 20%杀灭菊酯乳油 2 000～3 000 倍液，或 40%菊杀乳油 3 000 倍液，每隔 6～7 d 喷 1 次，连续喷 3～4 次。

2. 蚜虫

【为害特点】蚜虫亦称腻虫、蜜虫。主要为害温室、大棚及露地茄果类等作物，成蚜和若蚜群居在叶背、嫩茎和嫩尖吸食汁液，分泌蜜露，可以诱发煤烟病，加重为害，使叶卷缩、秧苗生长停滞，叶片干枯以至死亡，传播多种病毒。

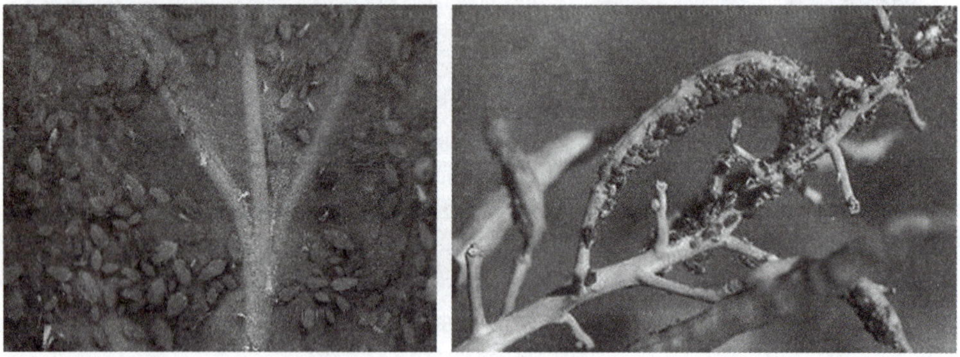

图 2-4-30　蚜虫危害症状

【发生规律】蚜虫繁殖能力很强，1 年发生十几代，北方在设施茄果类等蔬菜上繁殖越冬或以卵在寄主上越冬，南方终年在茄科蔬菜上辗转为害，无明显的越冬期。温暖干旱条件有利于蚜虫的发生，生长繁殖的温度为 16～22℃，北方地区超过25℃，南方地区超过27℃，空气相对湿度达到75%以上时其繁殖受到抑制。

【防治方法】

(1)农业防治　清除田园及附近杂草，减少虫源。

(2)物理防治　可以采用银灰膜条及涂机油黄板趋避和诱杀蚜虫。

(3)洗衣粉对蚜虫有较强的触杀作用，可以用400～500倍液喷施，效果好。

(4)药剂防治　温室、大棚等设施栽培可以用22%敌敌畏烟剂(350 g/667 m^2)密闭熏烟3 h以上杀虫。在蚜虫发生阶段喷药防治。40%乐果乳油600～1 000倍液，或20%菊马乳油1 000～2 000倍液，或50%抗蚜威2 000～3 000倍液，每隔5～7 d 1次，连喷2次。

3.温室白粉虱

【为害特点】若虫群栖于叶背，刺吸叶片的汁液，使叶片变黄，影响植株的生长发育。此外，能分泌蜜露，在潮湿的条件下，引起煤污病的发生，造成减产。同时，白粉虱还可以传播某些植物的病毒病，使番茄产量损失更大。成虫喜欢为害植株上部嫩叶，成群吸食汁液和分泌蜜露，影响番茄的生长和发育(图2-4-31)。

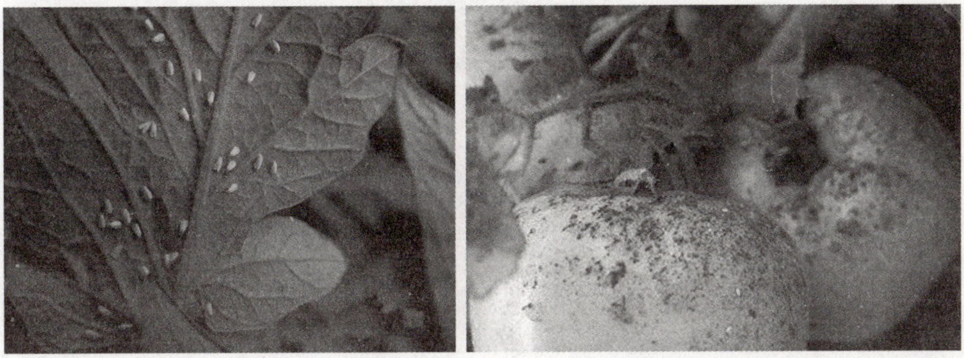

图2-4-31　白粉虱危害症

【发生规律】白粉虱在日光温室或加温温室过冬，第二年通过菜苗，带到大棚、小拱棚和露地蔬菜上，到了秋季发生量最大，然后成虫又飞入温室，周年发生。

【防治方法】

(1)培养无虫、无卵秧苗，可减轻白粉虱的危害。

(2)适当种植白粉虱不喜欢的蔬菜种类，如芹菜、韭菜、油菜、菠菜、大蒜等，可以减轻白粉虱的危害。

(3)清洁温室　在温室定植前，先彻底清除杂草和残枝，然后进行烟熏，可用敌敌畏混合百菌清烟熏剂烟熏。可在育苗设施的门、窗及通风口加上尼龙纱网，防止白粉虱的飞入。

(4)药剂防治　在白粉虱发生早期和密度较低时喷药至关重要。

喷雾法：可用 25%噻嗪酮可湿性粉剂 2 000～2 500 倍液，或 10%吡虫啉可湿性粉剂 1 000～1 500 倍液，或 2.5%顺式氯氰菊酯乳油、50%辛硫磷乳油、40%乐果乳油 1 000～2 000 倍液。

烟雾：当白粉虱发生较重时，用 22%敌敌畏烟剂 0.5 kg/667 m^2，于傍晚收工前将设施密闭熏烟。可杀灭成虫；或在花盆内放锯末再洒上 80%敌敌畏乳油，每 667 m^2 用 0.3～0.4 kg 点燃。

4. 茶黄螨

【为害特点】茶黄螨又称侧多食跗线螨、茶嫩叶螨、茶半跗线螨等。主要分布于华北、华中、华东、西南以及台湾等地。该螨食性极杂，寄生广泛，对茄科蔬菜为害逐年加重。特别是设施栽培的番茄等为害更重。该螨具有明显的趋嫩性，以成、幼螨在番茄植株的幼芽、嫩叶、花、幼果等处刺吸汁液，以嫩叶背面数量最多。受害叶背面呈灰褐或黄褐色，叶缘向背面卷曲，质地加厚；受害嫩茎、嫩叶常扭曲畸形，严重时植株顶部干枯(图 2-4-32)。

图 2-4-32　茶黄螨危害症状

【发生规律】在温室中茶黄螨全年都可以发生，北方在温室、大棚内越冬，少数在冬作物或者杂草根部越冬。茶黄螨以两性生殖为主，也可以孤雌生殖，繁殖速度很快，高温季节 5 d 繁殖一代，卵散产在嫩叶、幼果的凹洼处或者嫩芽上，以叶背面分布较多，牢固地附着在叶片上。温暖多湿有利于茶黄螨发生，发育适温为 16～23℃。空气湿度为 80%～90%。田间靠风传播，也可以爬行为害。卵和幼螨要求高湿条件，成螨具有趋嫩性。

【防治方法】

(1)农业防治　定植前及时铲除田间地边杂草，番茄收获后及时清除枯枝败叶，以减少虫源。北方地区要抓好秋冬季、春季育苗温室的防治，避免育苗温室的螨带入到生产温室或带入大棚等生产设施中。同时注意清除温室内外的杂草、残株，以减少进入露地的虫源。合理施肥，盛花、盛果前不施入过量化肥尤其是氮肥，避免植株生长过旺。设施管理时要及时放风排湿，合理灌溉，控制茶黄螨的发生条件。

(2)化学防治　北方地区要狠抓冬季温室的防治；药剂防治的关键是及早发现及时防治。喷药的重点是植株的上部幼嫩部分，尤其是顶端几片嫩叶的背面。25%噻嗪酮可湿性粉剂 2 000 倍液，或 40%乐果乳油 1 000 倍液，或 25%顺式氯氰菊酯乳油 3 000 倍液进行药物防治。

(3)生物防治　可以利用该螨虫的天敌尼氏钝绥螨、德氏钝绥螨、具瘤长须螨和小花蝽等。在北方地区注意引入合适的天敌控制茶黄螨的危害。

5.红蜘蛛

【为害特点】红蜘蛛也称朱砂叶螨、红叶螨、火烧等，主要为害植株的叶片，成、幼、若螨在叶背吸食汁液，使叶面的水分蒸腾增强，叶绿体受损，叶面出现褪绿斑点，逐渐变成灰白色斑和红斑，光合作用受到抑制从而使叶片变红卷缩、干枯、脱落，甚至整株枯死(图 2-4-33)。

图 2-4-33　红蜘蛛危害症状

【发生规律】红蜘蛛一年发生的代数随地区和气候而不同。东北地区一年发生约 12 代，华北地区约 15 代，长江中下游地区 18～20 代，华南可发生 20 代以上。东北地区主要在各种生产设施内越冬，华北地区雌螨在土缝中或者枯枝落叶上越冬；华中地区以各种虫态在多种杂草上或者树皮缝中越冬；华南地区由于冬季气温高可以周年连续繁殖危害。每年早春气温上升到 10℃时，越冬成螨开始大量繁殖，一般在 3～4 月，现在杂草和蚕豆等越冬寄主上取食，于 4 月中下旬至 5 月上中旬逐步迁入菜田开始为害番茄，开始是在田边点片发生，以后以受害株为中心，逐步向周围植株扩散。在植株上先危害下部叶片，后向上蔓延，数量多及大发生时，常在叶或茎、枝、架条的顶端群聚成团，滚落地面被风刮走后扩散蔓延。适宜的繁殖条件为气温 29～31℃，相对湿度在 35%～55%，一般 6～8 月危害重，相对湿度超过 70%时，繁殖受到抑制。

【防治方法】番茄红蜘蛛的防治，应该以农业防治为基础，协调生物防治和化学防治。在策略上应该主攻点片发生阶段，把危害控制在最低限度。

（1）农业防治　清除田间、田内的残株败叶及杂草，减少虫源。秋末将田间残株败叶烧毁或者沤肥，减少红蜘蛛越冬场所。开春种植前清除田内、田边的枝叶及杂草，以消灭在其内的越冬的虫源。加强田间管理，特别是在干旱时注意灌溉和结合施肥，促进植株健壮，增强抵抗力。切断前后茬作物和间套作作物间红蜘蛛的增殖和桥梁作用，起到事半功倍的作用。

（2）生物防治　红蜘蛛的天敌主要有各种捕食螨、食螨瓢虫、蓟马、草蛉以及各种蜘蛛。拟长毛顿绥螨是红蜘蛛的专食性天敌，捕食量很大，繁殖快，在与红蜘蛛数量比为 1∶50 时，10 d 内就可以控制住为害。

（3）药剂防治　在加强田间害螨检测的基础上，在点片发生阶段及时进行药剂防治，以免成片暴发为害。可用 25%噻嗪酮可湿性粉剂 2 000 倍液，或 0.3%苦参碱水剂 800～1 000 倍液，或 40%乐果乳油 1 000 倍液，或 25%顺式氯氰菊酯乳油 3 000 倍液进行药物防治。

6. 斑潜蝇

【为害特点】为害番茄的潜叶蝇为美洲斑潜蝇、拉美斑潜蝇和番茄斑潜蝇，都是双翅目、潜蝇科。分布广，寄主有瓜类蔬菜、豌豆、蚕豆、十字花科植物等 21 科 130 余种植物。幼虫潜食叶肉成一条条虫道，被害处仅留上下表皮。虫道内有黑色虫粪。严重时被害叶萎蔫枯死，影响番茄的产量（图 2-4-34）。

图 2-4-34　斑潜蝇危害症状

【发生规律】美洲斑潜蝇的成虫体型小，1 年发生多代，以蛹在被害叶内越冬，南方无越冬现象。冬蛹春天羽化，先吸花蜜，交尾后产卵，多产在幼叶叶缘组织，孵化后在叶内潜食。

【防治方法】

(1)农业防治　加强田间管理，培育无虫幼苗，在定植前对有虫源的温室、大棚进行闭棚熏蒸，并将带有美洲斑潜蝇、拉美斑潜蝇或者番茄斑潜蝇卵、幼虫、蛹的残株进行掩埋、堆沤处理。可以有效地消灭斑潜蝇。利用美洲斑潜蝇对寄主的选择性，合理地安排茬口，种植它的非寄主植物或者非喜食植物，以达到拆桥断代，减轻危害的目的。通过适时灌水浸泡和 20 cm 以上的深耕也能够消灭蝇蛹，二者结合效果更好。施用的农家肥应该充分腐熟，以免招引成虫产卵。

(2)物理防治　采用高温闷棚和黄板诱杀进行防治。

(3)生物防治　据报道斑潜蝇寄生蜂已经发现有 40 多种，寄生番茄斑潜蝇、美洲斑潜蝇和拉美斑潜蝇的主要有姬小蜂、反颚茧蜂和潜蝇茧蜂，这三种寄生蜂对斑潜蝇自然寄生率较高，可以保护利用自然天敌，控制该虫发生危害。

(4)药剂防治　采用作用机制不同的药剂，以最大限度地减少污染，延缓抗药性的产生。尽可能优先考虑使用无污染或者污染少的农药，在产卵盛期和孵化初期进行药剂防治；用 1.8%阿维菌素 3 000～6 000 倍液；40%(杀虫双＋灭多威)乳油 1 000～1 500 倍液；或 80%敌敌畏乳油或 90%敌百虫 1 000 倍液，或 25%噻嗪酮可湿性粉剂 2 000 倍液，或 40%乐果乳油 1 000 倍液，或 25%顺式氯氰菊酯乳油 3 000 倍液进行药物防治。

7. 马铃薯瓢虫

【为害特点】马铃薯瓢虫又称花大姐、花媳妇、花木碗、乌龟虫，国内分布在东北和华北；在黄河以北地区主要以马铃薯瓢虫为主，黄河以南、长江以北地区马铃薯瓢虫和茄二十八星瓢虫混合发生，主要危害番茄、茄子等蔬菜。以幼虫、成虫取食寄主植物的叶片，并可以为害果实和嫩茎，被害叶片仅残留表皮，形成很多有规则透明网纹、严重时引起植株枯萎。除啃食寄主果实，还可以啃食瓜类等非寄主果实，形成的被害状与叶片受害后的形状相同，但由于只啃食果实的表皮和表层组织，使果肉形成规则的网状缺刻(图 2-4-35)。

【发生规律】在山东、山西年发生 2 代，高寒山区、甘肃西部年发生 1 代，以成虫群集在发生地附近的背风向阳的山洞中、石缝内、树皮县、屋檐下、土穴内及各种缝隙中越冬。越冬成虫于每年的 4 月开始出蛰活动，先是在附近杂草上栖居，以后迁至龙葵、刺儿菜、枸杞等杂草上取食，5 月马铃薯出苗后，陆续迁入大田危害。5 月中旬为越冬代成虫迁移盛期。成虫迁移到马铃薯植株上后随即交配产卵，5 月中

图 2-4-35 马铃薯瓢虫危害症状

旬至 6 月上旬为越冬代产卵盛期，每一个雌虫平均产卵 400 粒。第一代幼虫在 5 月下旬开始孵化，6 月上中旬为害最重，6 月中旬以后开始化蛹，6 月底可以见到第一代成虫，并于 7 月上旬开始产卵，平均每一个雌虫产卵 240 粒，7 月下旬至 8 月上旬为第二代幼虫孵化盛期，8 月中旬是第二代幼虫为害盛期，8 月下旬至 9 月上旬为第二代成虫羽化盛期，9 月中旬后随着马铃薯的收获，开始迁移至附近的菜豆、南瓜、茄子、番茄等植株上栖食。10 月开始寻觅越冬场所，进入越冬期。成虫早晚静伏，白天觅食、迁移、交配、产卵。尤以中午前后，气温在 25℃左右活动最盛。初孵化的幼虫群集在叶背面为害，第二龄以后开始分散，第二至第三龄食量渐增，第四龄食量最大。

【防治方法】

①清除越冬场所虫源，及时处理收获番茄等茄科植物的残株，减少越冬虫源。

②利用成虫的假死性，早晚拍打植株收集坠落之虫；利用卵块产时颜色鲜黄色的特性，可以在成虫产卵季节摘除卵块。

③药剂防治。掌握越冬成虫迁入番茄地和幼虫孵化盛期喷药防治，常用的药剂种类有 50％的马拉硫磷 1 000 倍液，90％敌百虫晶体 800 倍液、50％敌敌畏 1 000 倍液喷雾。

8.茄二十八星瓢虫

【为害特点】茄二十八星瓢虫又名酸浆瓢虫、小二十八星瓢虫，国内东北、华北、华中、华南各省均有分布。主要发生在长江以南地区。主要危害番茄、茄子等蔬菜。以幼虫、成虫取食寄主植物的叶片，并可以为害果实和嫩茎，被害叶片仅残留表皮，形成很多有规则透明网纹、严重时引起植株枯萎。除啃食寄主果实，还可以啃食瓜类等非寄主果实，为害症状同马铃薯瓢虫（图 2-4-36）。

【发生规律】在江苏南京及安徽南部年发生 3 代，华南 4 代，江西南昌、湖北黄

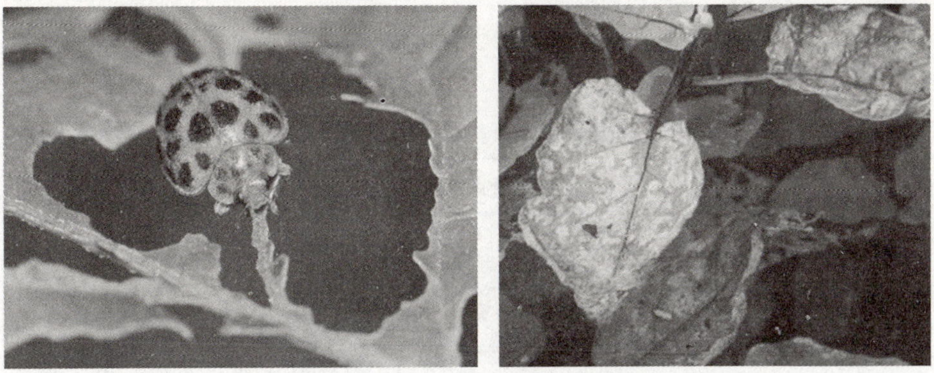

图 2-4-36 茄二十八星瓢虫危害症状

冈 5 代，福建沙口、永安 5～6 代，而以 6 代为主，世代重叠。以成虫在杂草、松土、篱笆、老树皮、壁缝等间隙中越冬。越冬成虫于第二年 4 月上中旬开始活动，产卵繁殖，卵多产在叶背，每只平均产卵 400 粒，初孵化的幼虫先群集在叶背面危害，3 龄后逐渐分散，幼虫共分 4 龄，老熟幼虫倒挂在叶背面化蛹。成虫在高温、强光时常常潜伏在叶背，成虫和幼虫都具有假死习性，稍有振动立即坠落装死。在南方各地为害期较长，到 10 月中下旬之后，寄主植物收获后，转移到适宜的越冬场所越冬。

【防治方法】参照马铃薯瓢虫的防治方法。

二、工作准备

(一)实施场所

蔬菜生产基地、多媒体实训室。

(二)资料准备

①利用图书馆或资料室以及报刊、网络等，查找有关茄果类蔬菜虫害的信息资料。

②教材、资料单、PPT、影像资料、相关图书、关于茄果类蔬菜病害的相关文章等。

(三)仪器材料准备

①茄果类蔬菜害虫挂图、照片或标本；体视显微镜、解剖刀、镊子、采集瓶、捕虫网、放大镜、各种杀虫剂、喷雾器、记载用具等。

②教师设计相关识别诊断表格。

【项目设计与实施】

一、任务设计

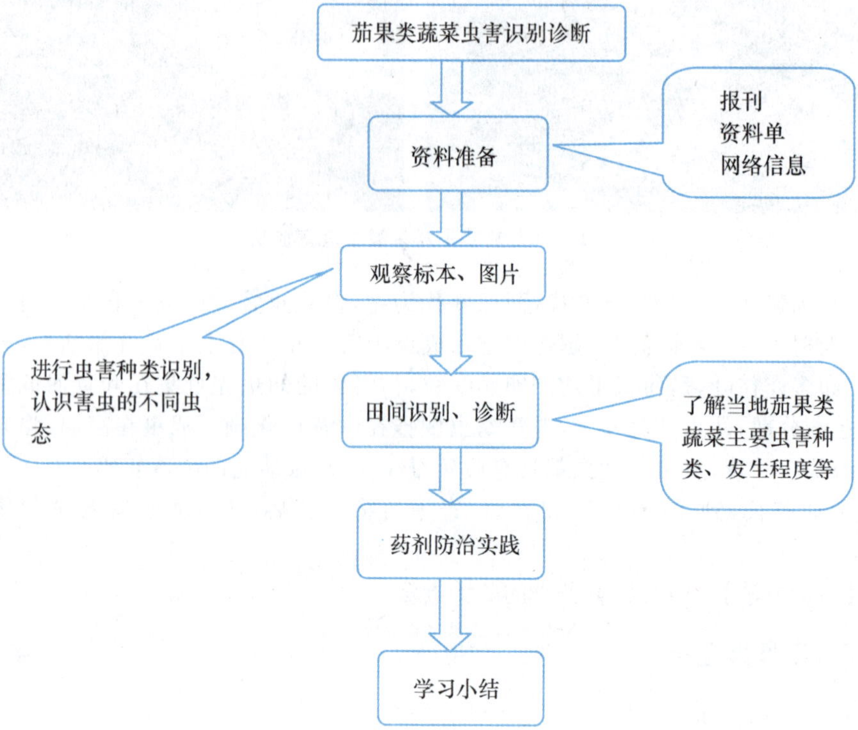

二、任务实施

(一)茄果类蔬菜害虫标本观察

安排学生课前预习茄果类蔬菜虫害相关知识。在教师的指导下，观看茄果类蔬菜主要害虫标本及危害图片。熟知茄果类蔬菜害虫的主要种类及其主要的形态特征，能将各种害虫识别出来。

(二)田间识别与观察

引导学生在课前以小组为单位到蔬菜生产基地或者附近农田，寻找茄果类蔬菜害虫，以备本工作任务的实施。

对所找的茄果类蔬菜害虫进行认真、细致地观察其形态特征与为害状，然后对照教材或参考读物查询到是哪一种或哪一类？能否在周围发现其他虫态？可否观察到这种害虫的一些重要习性？不同时期的虫态发生规律和为害特点有什么不同？同时给害虫及为害状进行拍照，采集害虫各虫态的标本。

（三）茄果类蔬菜虫害的防治实践

通过走访调查，对虫害发生较重的地块，制定防治方案（施药方法、施药面积、药剂浓度或剂量、施药次数、施药间隔期等），然后施药防治或用其他方法防治（小组间可采取不同的农药或方法），调查防治效果。经过观察，有了较为明显的防治效果了，每小组按照任务分工完成茄果类蔬菜虫害分析表（表 2-4-2）。

表 2-4-2　茄果类　　蔬菜常见害虫分析表

生长时期	害虫种类	危害症状	虫害发生条件	防治措施
苗期				
生长期				
开花期				
结果期				

工作任务 3　茄果类蔬菜病虫害综合防治方案制定及实施

【任务准备】

一、知识准备

（一）为什么要进行茄果类蔬菜病虫害的综合防治

茄果类蔬菜因其营养价值高、利润大，成为种植户青睐的对象。但在生产中因其病虫害种类多、发生频繁，病情复杂、难防治，成为种植者面临的难题。为了保障产量，只要出现病虫害，菜农往往采取药剂防治，这样并没有使病虫害减少，反而形成连年加重的趋势。实现茄果类蔬菜由数量型向质量型发展，保障蔬菜的健康生长，除了要求种植者熟悉茄果类蔬菜的特性、病虫害发生的特点及防治原则外，制定合理的综合防治方案更是关键。

(二)制定茄果类蔬菜病虫害防治方案的原则和要求有哪些

1.制定茄果类蔬菜病虫害防治方案

要贯彻“预防为主、综合防治”的原则，病虫害的防治要以无公害防治为根本出发点，同时要保证茄果类蔬菜高产、优质、高效益的生产目标。

2.充分利用农业生态系统中各种自然因素的调节作用，因地制宜地制定各种防治措施

如植物检疫、农业防治、物理机械防治、生物防治和化学防治等纳入当地茄果类蔬菜生产技术措施体系中，以获得最高的产量，最好的产品质量，最佳的经济、生态和社会效益。

3.从实际出发，体现可操作性

目的明确，内容具体，语言简明、流畅。

(三)应如何制定茄果类蔬菜病虫害综合防治方案

茄果类蔬菜病虫害防治方案要达到经济、高效、无公害防治的目的，首先，要了解当地的气候条件、此类蔬菜病虫害历年发生的情况、发生规律、防治措施等；其次，在综合防治方案中要突出“防”。根据茄果类蔬菜的特点主要应考虑以下几个方面。

1.苗床选择和处理

苗床选背风向阳、排水良好、土壤疏松肥沃且 2～3 年内未种过茄果类蔬菜的田块。老菜地(重茬田)一定要用药剂处理。

2.种子消毒

用温水浸种或药剂浸(拌)种，是减少苗期病害的关键。

3.苗期管理

在苗床上要有防虫网、防雨棚等防护设施，以防止积水及传毒昆虫。

4.田间管理

在茄果类生长发育的各个时期，需按照它对水肥的要求合理浇水和增施不同种类、数量的肥料，实行科学管理，减少病害的发生。施肥方面：一是多施有机肥，增加土壤保水力，促进根对钙等元素全面吸收，减少果实病害的发生；二是忌用高浓度肥料，忌土湿追肥，忌高温时追肥、忌过于集中追肥。浇水方面：保持土壤水分平衡，防止忽干忽湿造成生理性病害或其他病害的发生。若是设施栽培在冬天气温低时，避免大水漫灌。

5.病虫害的防治

在整个生长期都需要注意施用药物对病虫害进行预防，特别是做好病虫害的预测预报，及时进行预防。在农药的选择上要注意使用低毒、高效、低残留的农药，尤其以植物源农药和昆虫激素类农药为好，同时还应控制用药与采收的时间间隔，确保产品的安全。

二、工作准备

(一)资料准备

①利用学校现有的图书馆和阅览室，查阅有关茄果类蔬菜病虫害防治的信息资料。

②利用网络浏览中国蔬菜网、中国农资网、中国蔬菜病虫害防治协作网等专业网站，查找有关茄果类蔬菜病虫害综合防治方面的信息资料。

③走访当地菜农，掌握当地茄果类蔬菜的主要病虫害及常规防治方法。

④教师准备的关于茄果类蔬菜病虫害综合防治的相关文章。

(二)材料仪器准备

①当地气象资料、栽培品种介绍、栽培技术措施方案和病虫害种类及分布情况等资料；体视镜、放大镜、解剖针、镊子、喷雾器、各种杀菌(杀虫)剂等。

②教师拟定茄果类蔬菜病虫害综合防治方案模板。

【任务设计与实施】

一、任务设计

见下页。

二、任务实施

(一)当地茄果类蔬菜病虫害调查

组织学生了解当地茄果类蔬菜种类、品种、栽培技术等，以小组为单位，采用走访农户、深入蔬菜田实地调查等方式，调查当地主要茄果类蔬菜病虫害发生种类、危害程度以及主要采用的防治方法等，掌握当地茄果类蔬菜主要病虫害及常发生病虫害的种类、发生情况和发生规律。

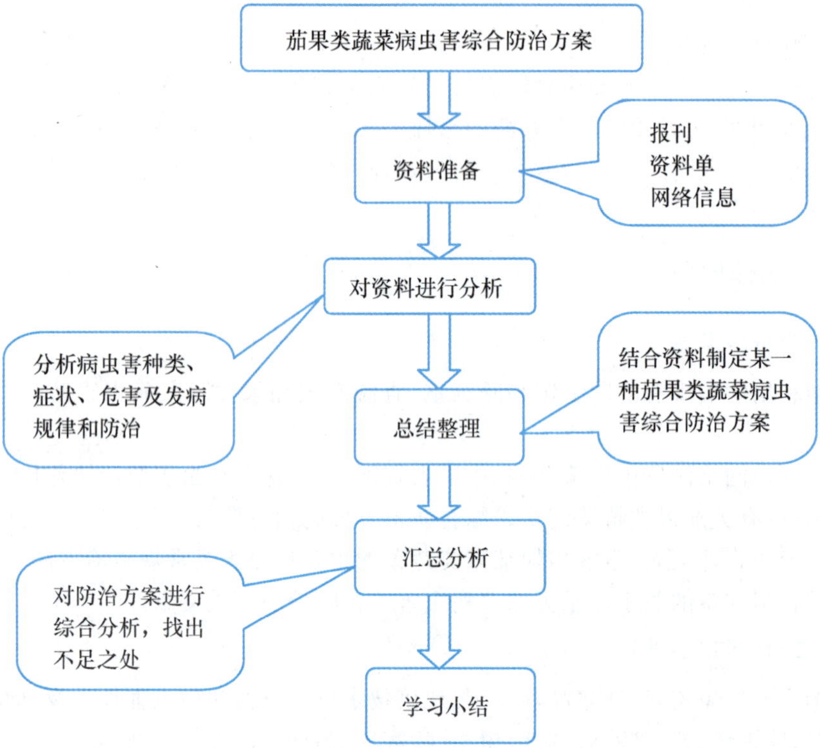

表 2-4-3 茄果类蔬菜病害调查表

调查人： 调查时间： 年 月 日

调查地点：		
病虫害名称：	发病率(虫株率)：	
田间分布情况：		
寄主植物名称：	品种：	种子来源：
土壤性质：	肥沃程度：	含水量：
栽培特点：	施肥情况：	灌、排水情况：
病虫害发生前温度和降雨：	病虫害盛发期温度和降雨：	
防治方法：	防治效果：	
群众经验：		
其他病虫害：		

（二）制定某一种茄果类蔬菜病虫害综合防治方案

在进行当地茄果类蔬菜病虫害调查的基础上，了解当地某一种茄果类蔬菜病虫害发生种类，以小组为单位，制定出某一种茄果类蔬菜病虫害综合防治方案，可以以一种茄果类蔬菜为对象，如制定"番茄病虫害综合防治方案"，也可以以一种主要病虫害为对象，如制定"辣椒疫病菜综合防治方案"。

方案制定后进行小组讨论进一步修改完善；然后各组一一展示所制定的防治方案，引导学生分析每组展示的防治方案的优缺点、可行性，是否能达到预期防治效果等，再进一步完善防治方案。

（三）实施所制定的某一种茄果类蔬菜综合防治方案中的某项防治措施

根据实验室条件、当地所种植茄果类蔬菜种类、病虫害种类、物候期等，根据本组制定的防治方案选择一项防治措施组织学生实施，如实施苗期病害防治技术、某一种病虫害化学防治技术等，调查防治效果，验证所制定的防治方案可行性，再完善防治方案。

【任务拓展】

番茄病虫害综合防治方案

一、播种前预防方案

1. 种子处理

播种前用50～52℃热水浸泡种子20 min，可杀死种子内外的大部分病菌。

2. 土壤处理

每平方米苗床的土壤加5～10 g雷多米尔充分混匀，可防治苗期立枯病和猝倒病的发生。

二、苗期预防方案

①在苗床上要有防虫网、防雨棚等防护设施，以防止积水及传毒昆虫。

②注意夜间加盖草帘保温，防止冻伤；中午适当通风换气，降低温度，避免徒长。连续阴雨天，可在苗床内装红外灯或白炽灯，补充光照，减轻黄化落叶；结合防病喷洒0.3%磷酸二氢钾溶液5 000～6 000倍液。

③定植前2 d在苗圃内用雷多米尔600倍液灌根（预防疫霉性根腐病），如果有白粉虱危害还要加入阿克泰1 500～2 500倍液，每平方米苗床灌药液2～3 kg，

药效大约 1 个月。

④定植前 1 d 喷施 1 次阿米西达 1 500 倍液，预防定植后所有的叶部真菌病害，并促进作物生长，有利于提前坐果。

三、定植至结果初期防治方案

①加强肥水管理，定植后气温凉爽时畦面要加盖地膜，采用膜下浇水或滴灌措施，可以降低棚内的温度，减轻发病。

②定植后 15 d 左右喷达科宁 600 倍液，预防斑枯病、早疫病、叶霉病等。

③间隔 10 d 左右喷施 1 次阿米西达 1 500 倍液预防早疫病、晚疫病、叶霉病、灰霉病等，并有明显促进开花结果、提高产量和改善果实品质的作用。

四、结果期病虫害防治方案

①在上次喷施阿米西达以后，间隔 15 d 再喷施一次阿米西达 1 500 倍液，使其防病增产效果得到充分发挥。

②间隔 15 d 喷金雷多米尔 600 倍液，预防晚疫病、绵疫病、疫霉病、根腐病，兼治早疫病。结合田间管理及时清除幼果上残存花瓣，降低灰霉病的浸染。

③在每穗花的开花期间用适乐时 100 倍液喷花穗或用 200 倍液浸蘸花穗能有效地防治灰霉病烂果，也可以结合番茄灵喷花同时进行。

④在进入第二、三穗果实生长期以后，用达科宁、世高、金雷米多尔、万霉灵交替喷施，每 10～15 d 喷药 1 次，预防晚疫病、早疫病、叶霉病、灰霉病、炭疽病等。

⑤根据作物生长情况，拉秧前 20～30 d，可以停止用药。

⑥如果成株期有白粉虱、烟粉虱的危害，可以用阿克泰 5 000 倍液加功夫菊酯 2 000 倍液进行防治。一般要连喷 2 次，间隔 3～5 d 喷 1 次，尽可能地彻底消灭温室的害虫。

在整个番茄生长季节，严格按以上方案喷药，一般不会发生早疫病、晚疫病、叶霉病和灰霉病，一旦发生晚疫病、早疫病、叶霉病、灰霉病可参照茄果类病害进行防治。

【评价反馈】

(一)自我评价

1. 茄果类蔬菜苗期病害有哪几类？如何预防？
2. 茄果类蔬菜病毒病如何识别？如何防治？
3. 番茄早晚疫病有什么区别？如何预防？

4.辣椒疮痂病和日灼病有什么区别？

5.简述茄子黄萎病的发病规律与防治方法。

6.马铃薯瓢虫和茄二十八星瓢虫危害症状有什么区别？

(二)小组评价

从学习态度、学习方法、团队合作和学习能力的提升等方面评价。

序号	评价项目	评价情况
1	与其他同学口头交流学习内容是否流畅	
2	是否尊重他人	
3	学习态度是否积极主动	
4	是否服从教师的教学安排	
5	着装是否符合标准	
6	能否按照安全和规范的规程操作	
7	能否辨别工作环境中哪些是危险的因素	
8	是否合理规范的使用工具和仪器	
9	是否能保持学习环境的干净整洁	
10	是否遵守学习场所的规章制度	
11	是否有工作岗位的责任心	
12	是否达到全勤	
13	团队学习中主动与合作的情况如何	
14	能否主动参与教学场所的清洁和整理工作	

参与评价的同学签名____________________

(三)综合评价

1.教师评价

(1)对整个学习内容的小结归纳

(2)对学习过程的总体评价

教师签名____________

2.学生评价

(1)对教师授课效果的评价

(2)对学习效果的评价

学生签名____________

项目五　瓜类蔬菜病虫害

【学习目标】

1. 掌握瓜类蔬菜的主要病害和虫害的识别特征
2. 掌握瓜类蔬菜的主要病害和虫害的诊断和防治方法
3. 掌握瓜类蔬菜的病虫害综合防治技术

【项目任务描述】

本项目分为瓜类蔬菜病害的诊断、瓜类蔬菜虫害的识别和瓜类蔬菜病虫害综合防治方案制定及实施 3 个任务。通过本项目任务的操作与学习，能让学员认识瓜类蔬菜生产中常见的病害和虫害，学会现场诊断、识别方法；通过实训室里的标本观察、田间诊断、识别和防治试验等，来增强学员对本项目的学习兴趣，培养查阅资料、观察分析、调查研究、勤于总结和沟通协作等能胜任岗位工作的职业素质。

【项目结构】

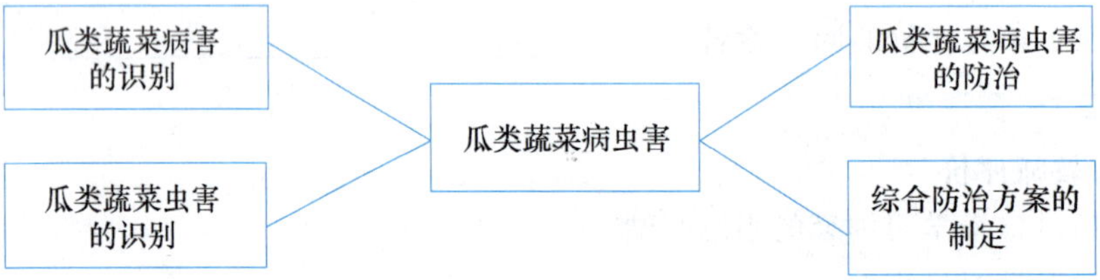

工作任务1 瓜类蔬菜病害的诊断

【任务准备】

一、知识准备

(一)什么是瓜类蔬菜

瓜类蔬菜包括黄瓜、南瓜、冬瓜、丝瓜、苦瓜和瓠瓜等葫芦科草本植物,为春末至秋季的主要蔬菜之一。瓜类蔬菜种类品种繁多,品味各异,风味独特,富含糖类、维生素、蛋白质、脂肪及矿物质等多种营养物质,既可生食、熟食,又可加工销售。

(二)瓜类蔬菜生产上都有哪些常见的病害

瓜类蔬菜病害可以分为非侵染性和侵染性病害两大类。非侵染性病害是由不良环境条件引起植株出现多种生理障碍如变形、变色或死亡。侵染性病害由真菌、细菌、病毒、线虫等病原物侵染引起,主要病害有:霜霉病、疫病、枯萎病、白粉病、炭疽病、灰霉病、细菌性角斑病、菌核病。

(三)如何识别瓜类蔬菜主要病害?怎样防治

1.霜霉病

【症状识别】霜霉病是瓜类的重要病害,可侵染黄瓜种子、节瓜种子、丝瓜种子、冬瓜种子、苦瓜种子、白瓜种子、南瓜种子、甜瓜种子等瓜类作物。其病原为霜霉菌科多种真菌,主要为害叶片。发病多始于下部叶背,从苗期至收获期均可被感染发病。初期病斑是水渍状淡黄色小圆点,无明显边缘,持续较长时间后,叶背病部湿度大或有露水时长出白色至灰白色霉层。病斑受叶脉限制形成多角形,严重时病斑连成片,病叶呈火烧状。如不及时防治,会导致植株早衰,严重影响产量(图2-5-1)。

【发病原因】霜霉病的发生流行与温、湿度特别是湿度有密切关系,在气温稍低(15~20℃)而又忽寒忽暖或昼夜温差大、多雨高湿的春季,或秋季从白露开始容易发生流行。定植后浇水过多或土地黏重、植地低洼、排水不良时发病严重。

【防治方法】选择抗病品种,合理密植,加强肥水管理,施足基肥,增施磷钾肥,合理密植,改善通风透光条件,适时喷药防治,喷药要均匀,着重保护中下部叶片。防治霜霉病的化学药剂主要有两大类:一类是保护性杀菌剂如波尔多液、氧氯化铜、代森锌、代森锰锌、百菌清等,这类杀菌剂主要作用为杀死表面病菌防止病菌的

图 2-5-1 黄瓜霜霉病

侵入，但对已侵入植株的病菌效果很差；另一类是内吸性杀菌剂如金雷多米尔、杀毒矾等，这类杀菌剂能被植物体吸收，是有防病和治病的双重效果，对已侵入植株的病菌起到抑制和杀灭作用。

因此，发病前或发病初期可喷施保护性杀菌剂 75％达科宁（百菌清）可湿性粉剂 600 倍液；发病初期起，喷施内吸性杀菌剂 58％雷多米尔水分散粒剂 600～800 倍液或金雷多米尔 600～800 倍液；64％杀毒矾可湿性粉剂 600 倍液；25％阿米西达悬浮剂 2 000 倍液，以上农药交替使用，每隔 7～10 d 喷施 1 次，连续 2～3 次。

2.白粉病

【症状识别】瓜类蔬菜白粉病由一种称瓜类单丝壳菌的真菌引起，可侵染黄瓜、丝瓜、冬瓜、节瓜、苦瓜、南瓜、甜瓜等多种瓜类植物。白粉病主要发生在叶片上，其次是茎和叶柄上，一般不为害瓜。初发病时，叶片上出现白色小粉点，逐渐扩大呈圆形白色粉状斑，条件适宜时病斑扩大蔓延，连接成片，成为边缘不整齐的大片白粉斑区，并可布满整个叶片，后呈灰白色，有时病斑表面产生许多小黑点，叶片变黄，质脆，失去光合作用功能，一般不落叶。叶柄、嫩茎上的症状与叶片相似，只是白色粉斑较小，粉状物较少（图 2-5-2）。

【发病原因】病菌随残体病株留在土壤或保护地的瓜类寄主上越冬，成为第二年的初侵染源。病菌靠风雨、气流、水溅传播蔓延。病菌孢子对湿度的适应性较强，相对湿度 25％条件下也能萌发，往往在寄主受到干旱影响的情况下发病重。病菌孢子萌发最适宜的温度为 20～25℃，30℃以上，－1℃以下，孢子很快失去活力。保护地瓜类白粉病重于露地，施肥不足，土壤缺水，或氮肥过量，灌水过多，田间通风不良、湿度增高也有利于白粉病发生。

【防治方法】选用抗病品种，及早喷药控病。一般要求在发现田间有零星小粉

图 2-5-2 黄瓜白粉病

斑时立即喷药防治，不要延误，每 5～6 d 喷 1 次。白粉菌对硫制剂较敏感，发病初期可选用无机或有机硫制剂交替喷施 3～4 次，视病情和药种隔 7～15 d 喷 1 次，前密后疏，喷匀喷足，可收到较好防治效果，但有些瓜类（如黄瓜、甜瓜）的品种对硫制剂也敏感，要注意喷施浓度，苗期慎用及避免高温下使用。药剂可选 25%粉锈宁可湿粉 2 000 倍液，或 20%粉锈宁乳油 2 000～3 000 倍液，或 70%甲基托布津+75%的百菌清可湿粉（1∶1）1 000 倍液，或农抗 120 或 BO10 水剂 200 倍液，或 40%多硫悬乳剂 600 倍液，或 50%硫黄悬浮剂 300 倍液，或 40%三唑铜多菌灵可湿粉 650～850 倍液，或 50%三唑铜硫黄悬浮剂 1 000～1 500 倍液。

3. 瓜类炭疽病

【症状识别】此病为真菌性病害，从瓜类苗期到成株皆可发生，幼苗受害子叶呈半圆形或圆形稍凹陷褐斑，幼茎缢缩倒折成猝倒。成株叶片、叶柄、茎蔓、幼果及成果受害病斑圆形、长圆形（茎蔓及柄）、椭圆形，褐色、深褐色以至黑褐色（西瓜）。病斑稍凹陷，于潮湿时出现朱红色针尖大小点为其特征（图 2-5-3）。

【发生原因】病菌孢子对湿度的适应性较强，相对湿度 25%条件下也能萌发，往往在寄主受到干旱影响的情况下发病重。病菌孢子萌发最适宜的温度为 20～25℃，30℃以上，−1℃以下，孢子很快失去活力。保护地瓜类白粉病重于露地，施肥不足，土壤缺水，或氮肥过量，灌水过多，田间通风不良、湿度增高也有利于白粉病发生。

图 2-5-3 黄瓜炭疽病

【防治方法】加强以肥水为中心的栽培管理。施足底肥，增施有机肥和磷钾肥，雨季加强排水，清沟排渍，降低田间温度，注意田间卫生；西瓜坐瓜时可铺草垫瓜，防治土壤接触传病。药剂防治：发病初期摘除病叶，喷药保护，可隔 7～10 d 交替喷施。共喷 3～4 次，药剂可选用：50%炭疽福美双可湿粉 400 倍液，或 70%代森锰锌可湿粉 600 倍液，或 70%甲基托布津＋75%百菌清可湿粉（1∶1）1 000 倍液，或 25%施保克乳油 800～1 000 倍液，或 50%施保功可湿粉 1 000～1 500 倍液，或 25%溴菌腈乳油（炭特灵）500 倍液，或 24%应得悬浮剂 1 000 倍液。

4. 黄瓜疫病

【症状识别】幼苗期到成株期都可以染病。幼苗染病，开始在嫩尖上出现暗绿色、水浸状腐烂，逐渐干枯，形成秃尖。成株期主要为害茎基部、嫩茎节部，开始为暗绿色水浸状，以后变软，明显缢缩，发病部位以上的叶片逐渐枯萎。叶片被害产生暗绿色水浸状病斑，逐渐扩大形成近圆形的大病斑。瓜条被害，产生暗绿色、水浸状近圆形凹陷斑，后期病部长出稀疏灰白色霉层，病瓜皱缩，软腐，有腥臭味（图 2-5-4）。

【发病原因】真菌引起的病害，病菌随病残体在土壤、粪肥或附着在种子上越冬，来年条件适宜长出孢子囊借风雨、灌水及水滴传播。这种病害发病周期短，流行迅速，在高温高湿的条件下容易流行。连续阴雨天发病重。发病适温 28～30℃，雨量大、降雨次数多或浅水多且量大病害易发生、传播快。因此，地势低洼、排水不良、湿度大的条件下发病重。

【防治方法】

①选用耐病品种，播种前对种子消毒。

②与非瓜类作物实行 5 年以上轮作。

图 2-5-4 黄瓜疫病

③嫁接防病。

④土壤处理。苗床或大棚常用土壤处理剂有石灰氮、必速灭、棉隆、敌克松、恶霉灵、恶霜嘧铜菌酯、甲霜灵、甲霜恶霉灵,并配合喷施新高脂膜增强药效。

⑤药剂浸种,可用72.2%普力克水剂800倍液加新高脂膜800倍液浸种0.5 h后催芽。

⑥加强田间管理,提高植株抗病能力,应合理施肥(特别是氮肥),改善透光强度,及时开沟排水,降低田间温度,促进花芽分化;在花蕾期、幼果期和膨果期喷施壮瓜蒂灵,增粗果蒂,促进果实发育,提高黄瓜品质。

⑦推广高畦种植,加强防涝,控制田间小气候,控制浇水,尽量小水灌溉,降低田间湿度,保持地面半干半湿状态,创造不利于病原菌传播蔓延而有利于植株生长发育的小环境。

⑧覆盖地膜,减少土传病害向上侵染的机会;适时早播,尽量使易感病的苗期错过降雨高峰期。

⑨清洁田园,及时拔除病株烧毁,消灭初侵染源。

⑩药剂防治。定植缓苗后用10%科佳悬浮剂2 000~2 500倍液或56%嘧菌酯百菌清800倍液预防,间隔7~14 d,用2次。发病初期用药:10%科佳悬浮剂1 000~1 500倍液,56%嘧菌酯百菌清600倍液,4%嘧啶核苷类抗生素400倍液,58%瑞毒霉·锰锌可湿性粉剂500倍液,64%杀毒矾可湿性粉剂400~500倍液,38%恶霜嘧铜菌酯800~1 200倍液,72.2%普力克水剂600~700倍液,7~10 d 1次,连用3~4次。

5.黄瓜细菌性角斑病

黄瓜细菌性角斑病在我国东北、内蒙古、华北及华东普遍发生，尤其是东北、内蒙古等保护地黄瓜和华北春大棚发病严重。病叶率有时高达70%左右，是保护地黄瓜重要病害之一。黄瓜受害，不仅影响产量，而且降低品质。

【症状识别】幼苗和成株期均可受害，但以成株期叶片受害为主。主要危害叶片、叶柄、卷须和果实，有时也侵染茎。子叶发病，初为鲜绿色水渍状斑，渐变淡褐色，病斑受叶脉限制呈多角形，湿度大时叶背溢出乳白色菌脓，后期干燥时病斑中央干枯脱落穿孔(图2-5-5)。

图2-5-5 黄瓜细菌性角斑病

瓜条发病，出现水浸状小斑点，扩展后不规则或连片，病部溢出大量污白色菌脓。条件适宜病斑向表皮下扩展，并沿维管束逐渐变色，并深至种子，使种子带菌。幼瓜条感病后腐烂脱落，大瓜条感病后腐烂发臭。瓜条受害常伴有软腐病菌侵染，呈黄褐色水渍腐烂。

角斑病易与霜霉病混淆而用错药，使病害屡治不愈。一般霜霉病叶片病斑背面有黑色或紫色霉层，病斑后期不穿孔，瓜条不受害；角斑病叶背病斑溢出菌脓，穿孔，瓜条受害有臭味。

【发病原因】病原菌随病残体在土壤中或以带菌种子越冬，为翌年初次侵染菌源。种子上的病菌在种皮和种子内部可存活1～2年，播种后直接侵染子叶，病菌在细胞间繁殖，借雨水反溅、棚顶水珠下落、昆虫等传播蔓延，从寄主自然孔口和伤口侵入，经7～10 d潜育后出现病斑，潮湿时产生菌脓。

病菌喜温暖潮湿的环境，发病适温在18～28℃，相对湿度80%以上，黄瓜最易感病生育期是开花坐果期至采收盛期，长江流域黄瓜角斑病发病盛期在4～6月份和9～11月份。在保护地发病情况与管理方式有很大关系。温湿度控制不好，通风不当，棚室内湿度过高，昼夜温差大，夜间易结露，会严重发生。

【防治方法】

(1)选用抗病品种　较抗病的黄瓜品种有：津研2号、4号、5号、6号、7号等。

(2)加强栽培管理　生长前期适当控制浇水，以促进植物根系发育。大棚黄瓜灌水要在晴天早晨进行，避免阴天或雨天灌水。要及时通风。昼夜温差不易过大。

(3)药剂防治　72.2%普力克水剂800倍液、72%克露WP 600倍液、69%安克锰锌WP600倍液、25%甲霜灵800～1 000倍液、75%百菌清WP 600倍液、25%阿米西达悬浮剂1 500倍液、64%杀毒矾WP。

保护地烟雾防治：45%百菌清烟雾剂200 g/667 m^2、15%霜疫清烟剂250 g/667 m^2、防霉灵粉尘剂。

6.瓜类枯萎病

瓜类枯萎病又称萎蔫病、蔓割病，是瓜类重要病害之一，在全国各地均有发生，以黄瓜、西瓜发病最重，冬瓜、甜瓜次之。

【症状识别】植株开花结果后症状即陆续出现，发病初期病株叶片自下而上逐渐发黄、萎蔫、似缺水状，晚间萎蔫尚能恢复，数日后整株叶片枯萎死亡。有时同一病枯上还会出现半边发病，半边不发病的现象。病株的茎基部稍有缢缩，茎节部出现褐色条斑，常流出松香状胶质物，茎基部表皮多纵裂。潮湿时，病部表生白或粉红色霉层。纵部病茎检视，维管束呈褐色。幼苗发病呈失水萎垂状，茎基变褐缢缩而猝倒(图2-5-6)。

图2-5-6　黄瓜枯萎病

【发病原因】病菌主要以菌丝、厚垣孢子和菌核在土壤和带菌肥料中越冬，病菌在土壤中存活 6 年，是最初侵染的主要来源。种子内外带菌率很低，是次要的初侵染来源。

病菌通过根部或根毛顶端细胞间侵入。进入维管束后，因堵塞导管而使植株萎蔫，或分泌毒素使植株中毒死亡。枯萎病是土传的系统性病害，再侵染也能造成局部危害，但不起主要作用。

重茬连作、耕作粗放、整地不平、平畦密植、偏施氮肥、施肥不足、土壤偏酸、土壤线虫和地下害虫 防治不力等，都能加重病害的发生。成株期间气候温暖多雨，或浇水频繁、水量过多，或雨后排水不良，都利于病菌的繁育和侵入，而且使其潜育期缩短，病害容易蔓延及流行。

【防治方法】

(1)选用抗病品种　选用抗病品种：津研 5、7 号，津杂 2、3 号，

(2)加强栽培管理　轮作：与非瓜类作物轮作 6～7 年。

施腐熟有机肥，浇水做到小水勤灌，忌大水漫灌，及时拔除病株。嫁接防病。

(3)药剂防治

种子消毒：有效成分 0.1%的 60%防霉宝加平平加浸种 60 min，或用 50%多菌灵可湿性粉剂 500 倍浸种 1 h，捞出后冲净催芽。

苗床消毒：50%多菌灵 8 g/m^2。

土壤消毒：定植前对栽培田消毒。50%多菌灵 4 kg/ 667m^2混入细干土施于定植穴内。

灌根：25%阿米西达悬浮剂 1 500 倍液、50%多菌灵 500 倍液、30%土菌消(恶霉灵)水剂 1 000 倍液、50%福美双可湿性粉剂 500 倍液、60%百菌通(琥铜·乙铝·锌)500 倍液等灌根。每株灌对好的药液 0.3～0.5 L。

二、工作准备

(一)实施场所

蔬菜生产基地、多媒体实训室。

(二)资料准备

①利用图书馆或资料室、网络等，查找有关瓜类蔬菜病害的信息资料。

②教材、资料单、PPT、影像资料、相关图书、关于瓜类蔬菜病害的相关文章等。

(三)仪器材料准备

瓜类蔬菜病害挂图、照片或标本；光学显微镜、载玻片、盖玻片、香柏油、刀片、

解剖针、镊子、调查记录表等。

【任务设计与实施】

一、任务设计

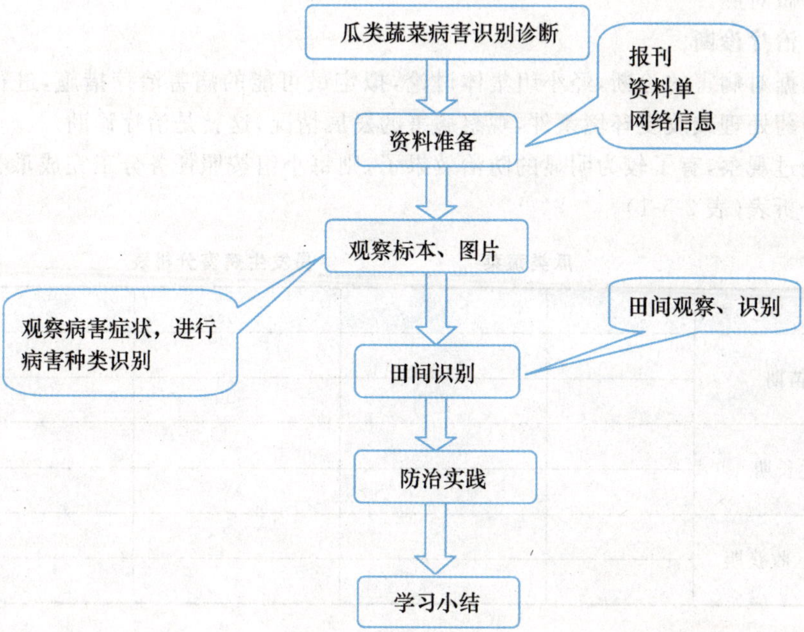

二、任务实施

(一)瓜类蔬菜病害标本观察

认真观察已准备好的各种瓜类蔬菜病害标本及图片，能否见到病害病征？能否根据病害的病状区别开各类病害？对观察到的各种瓜类病害标本记录其病状特点与发病原因。

(二)瓜类蔬菜田间识别诊断

1.现场观察和调查

现场的观察要细致、周到，由整株到根、茎、叶、花、果等各个器官，注意颜色、形状和气味的异常；由病株到病区，由病区到全田，由全田到邻田；注意病株或病区在田间的位置、地形、地貌、邻作或邻田的影响。病害的调查要注意区分不同的症状，尽可能排除其他病害的干扰;分析病害在设施内的分布类型。向当地气象部门了解发病前后一段时间气象因子的变化,向种植者了解相关的农事操作等。

2.病害诊断

基于上述情况的了解,结合病害症状,对照教材或参考读物,先判断是否发生了病害?再诊断出是哪种类型的病害?同时采集发病标本保存或拍照,为下步治疗诊断做对照。

3.治疗诊断

根据对病害的诊断,经小组集体讨论,拟定最可能的病害治疗措施,进行针对性的施药处理或改变环境条件,观察病害的发展情况,这就是治疗诊断。

经过观察,有了较为明显的防治效果了,则每小组按照任务分工完成瓜类蔬菜病害分析表(表2-5-1)。

表2-5-1 瓜类蔬菜＿＿＿＿＿＿易发生病害分析表

生长时期	病害种类	病害症状	病害发生条件	防治措施
苗期				
生长期				
结果、收获期				

工作任务2 瓜类蔬菜虫害的识别

【任务准备】

一、知识准备

(一)瓜类蔬菜有哪些常见害虫

瓜类蔬菜的虫害较多,常见的害虫主要有:蚜虫、粉虱、斑潜蝇、黄守瓜、小地老虎、蝼蛄、蓟马、螨类等。

(二)如何识别瓜类蔬菜常见害虫？有哪些防治措施

1.瓜蚜

【为害特点】成虫和若虫常常群集在叶片背面、嫩茎和嫩梢等幼嫩的部位，用针状的口器刺入瓜类蔬菜的组织内，吸食组织中的汁液，导致叶片卷缩，生长点枯死。严重发生时可以在瓜类蔬菜苗期造成整株枯死。除了直接为害瓜类蔬菜以外，蚜虫还能通过传播病毒，使瓜类蔬菜感染病毒病，从而加重了瓜蚜的为害(图 2-5-7)。

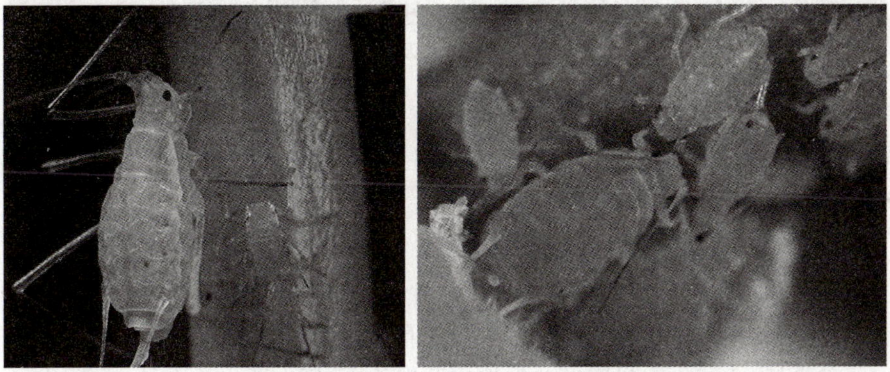

图 2-5-7 蚜虫

【发生规律】瓜蚜繁殖能力强，早春晚秋 10 d 左右一代，夏天 4～6 d 一代，所以在短期内种群可以迅速扩大，辗转于保护地和露地之间繁殖为害。在北方地区，瓜蚜以卵在夏枯草、车前草、苦荬菜等草本植物上越冬，或者在保护地其他蔬菜上继续为害。在南方地区，瓜蚜可以一年四季为害。

瓜蚜的繁殖适温为 16～22℃。干旱或暑热期间，如果出现小雨或阴天，气温下降，瓜蚜的数量就会迅速增多。暴风雨常常会使种群数量锐减。当蚜虫密度大或者营养条件恶化时，就会产生大量有翅蚜，迁飞扩散到其他植物上为害。

【防治方法】防治蚜虫宜及早用药，将其控制在点片发生阶段。

(1)农业防治　蔬菜收获后及时清理田间残株败叶，铲除杂草。

(2)物理防治　利用蚜虫对黄色有趋性设置黄板诱杀。利用蚜虫对银灰色有负趋性的原理，在田间悬挂或覆盖银灰膜，每 667 m^2 用膜 5 kg(图 2-5-8)。利用银灰色遮阳网、防虫网覆盖栽培。

(3)药剂防治　每 667 m^2 地用 80％敌敌畏乳油 0.25 kg 加锯末适量点燃(无明火)，闭棚至第二天早晨。

图 2-5-8 黄板诱杀及银灰膜避蚜

喷雾：蚜虫发生后可用 50％避蚜雾可湿性粉剂 2 000～3 000 倍液，50％灭蚜粉乳油 1 000～1 500 倍液，2.5％功夫乳油 4 000 倍液喷洒。或 50％抗蚜威 2 000 倍液，或 50％溴氰菊酯 3 000 倍液。

2. 守瓜类害虫

【为害特点】为害瓜类的守瓜害虫有多种，但主要的有两种：黄足黄守瓜和黄足黑守瓜，成虫主要食害子叶及第一到第五片真叶，咬成圆形或半圆形缺刻。幼虫在土中咬食瓜根，或钻入主根髓部及近地面茎内危害，使瓜苗生长不良、黄萎，以至死亡。还可危害贴地瓜果，造成腐烂，不堪食用(图 2-5-9)。

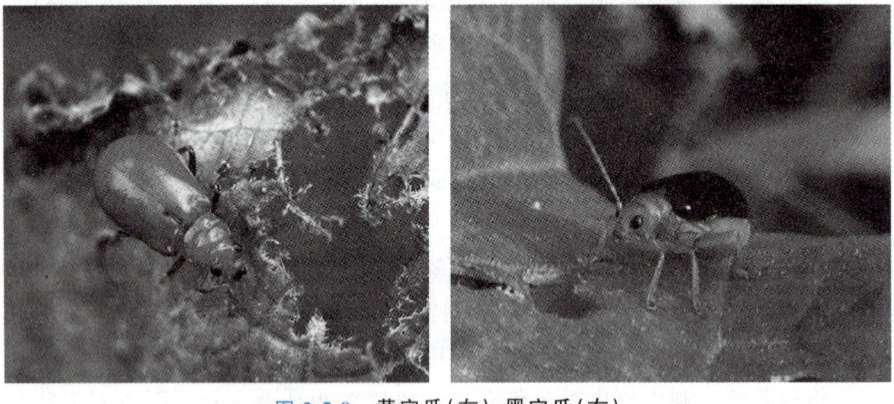

图 2-5-9 黄守瓜(左)、黑守瓜(右)

【发生规律】黄守瓜在华南地区年发生 2～3 代，以成虫在地面杂草丛中群集越冬。翌春气温达 10℃时开始活动，以中午前后活动最盛，4 月中旬至 8 月皆可产卵。以 6 月最盛，每雌虫可产卵 4～7 次，每次平均 30 粒，产于潮湿的表土内。此虫喜温湿，湿度越高产卵越多，卵期 10～14 d。初孵幼虫为害幼根，3 龄后为害主根，幼虫在土中 6～10 cm 处活动，幼虫期 19～38 d。蛹期 12～22 d。成虫寿命可长达数月，有假死性，耐饥力强，晴天活跃，阴天迟钝，雨天不活动。春、夏为害重而秋季轻。

【防治方法】防治方法主要有：

①瓜菜收获后及时耕地灭蛹。

②采用地膜栽培，或在瓜苗附近土面撒秕糠、锯末、草木灰或废烟末，可防止成虫产卵。

③瓜苗移栽前后到 4～5 片真叶前，可喷洒 2.5%敌杀死乳油 3 000 倍液，或 50%辛硫磷乳油 1 000 倍液，或 2.5%功夫乳油 3 000 倍液防治成虫。幼虫危害严重时，用 50%辛硫磷乳油 1 000 倍液，或 30 倍烟草水灌根毒杀幼虫。

二、工作准备

（一）实施场所

蔬菜生产基地、多媒体实训室。

（二）资料准备

①利用图书馆或资料室以及报刊、网络等，查找有关瓜类蔬菜害虫的信息资料。

②教材、PPT、影像资料、相关图书、资料单、关于瓜类蔬菜害虫的相关文章等。

（三）仪器材料准备

①瓜类蔬菜虫害挂图、照片或标本；体视镜、解剖刀、镊子、采集瓶、捕虫网、放大镜、各种杀虫剂、喷雾器、记载用具等。

②教师设计相关识别诊断表格。

【任务设计与实施】

一、任务设计

见下页。

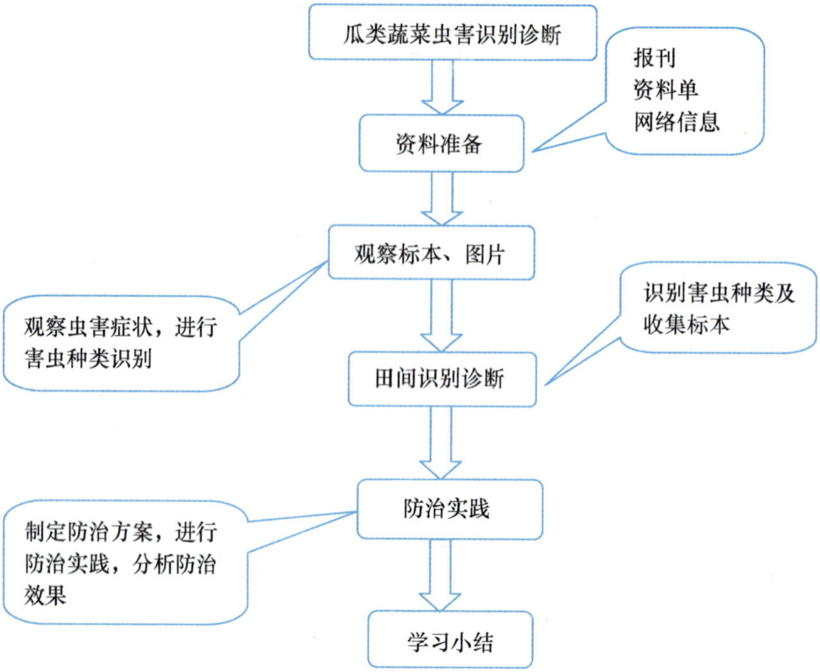

二、任务实施

(一)瓜类蔬菜虫害标本观察

安排学生课前预习瓜类蔬菜虫害相关知识。在教师的指导下，观看瓜类蔬菜主要害虫标本及危害图片。熟知瓜类蔬菜害虫的主要种类及其主要的形态特征，能将各种害虫识别出来。

(二)田间识别与观察

引导学生在课前以小组为单位到蔬菜生产基地或者附近农田，寻找瓜类蔬菜害虫，以备本工作任务的实施。

对所找的瓜类蔬菜害虫进行认真、细致地观察其形态特征与为害状，然后对照教材或参考读物查询到是哪一种或哪一类？能否在周围发现其他虫态？可否观察到这种害虫的一些重要习性？如蚜虫具有趋黄性，等等。可否利用这些习性进行防治？同时给害虫及为害状进行拍照，采集害虫各虫态的标本。

(三)瓜类蔬菜虫害的防治实践

通过走访调查，对虫害发生较重的地块，制定防治方案(施药方法、施药面积、药剂浓度或剂量、施药次数、施药间隔期等），然后施药防治或用其他方法防治（小组间可采取不同的农药或方法），调查防治效果。经过观察，有了较为明显的防治效果了，每小组按照任务分工完成茄果类蔬菜虫害分析表（表 2-5-2）。

表 2-5-2　瓜类蔬菜＿＿＿＿＿＿常见害虫分析表

生长时期	害虫种类	危害症状	虫害发生条件	防治措施
苗期				
生长期				
结果、收获期				

工作任务 3　瓜类蔬菜病虫害综合防治方案制定及实施

【任务准备】

一、知识准备

（一）为什么要进行瓜类蔬菜病虫害的综合防治

在瓜类蔬菜的生产中，从播种开始到果实收获，几乎都受到病虫的侵害，并且由于病虫害的发生受多种因素的影响，每年病虫害发生的种类和时间都有一定程度的差异，给防治工作带来了很大的困扰。因此，病虫害防治是瓜类蔬菜生产的重要环节，它直接关系到瓜类蔬菜品质的优劣、产量的高低乃至瓜类蔬菜生产的成败。方法不当容易导致防治成本加大，且产量降低、农药残留增加、品质变差，因此有必要对瓜类蔬菜的病虫害进行综合防治。

（二）制定瓜类蔬菜病虫害的综合防治的原则和要求有哪些

贯彻“预防为主、综合防治”的植保方针，做好主要病虫害的预测预报，及时、准确指导防治，经济、有效、安全地将病虫害控制在经济允许损失最低水平。

1.综合防治策略

优先采用农业防治、生物防治、物理防治，能采用非化学方法防治的尽量不用农药防治，提倡使用防虫网防治虫害，尽量少用药，减少施药量、施药次数，减少对瓜类蔬菜和环境污染，提倡兼治、挑治，按防治指标适期防治。

2.科学使用农药

因防治对象、农药性能以及抗药性程度不同而选择最合适的农药品种、施药器械和施药方法。优先采用生物农药、植物性农药和昆虫生长调节剂，有限量合理使用矿物源农药，推广高效、低毒、低残留农药。做到科学轮用、混用，提高药效，防止病虫抗药性的产生。

3.安全使用农药

根据病虫害发生特点的实际对症用药，在选择使用农药时，不仅要注意防治效果，而且更要注意对作物的安全性，确保农药残留不超标，达到生产优质无公害的目的。

4.注意人体安全

使用农药时要做好人体防护，施药后应及时清洗人体有关部位及用具，并注意防止污染物污染水源和环境。

(三)应如何制定瓜类蔬菜病虫害综合防治方案

对于瓜类蔬菜病虫害防治，需要从作物、病原物、病虫害发生历史、环境条件、劳动力等因素进行综合考虑。只有进行综合分析后才能很好地发现问题，所提出的综合防治措施也才能更有效与经济。

合理制定瓜类蔬菜病虫害综合防治方案对高产高效生产至关重要，包括使用健康的种苗、选择适宜的田块、采用恰当的农事操作等，在进行综合防治过程中主要应注意以下几个方面。

1.种子消毒

瓜类蔬菜的多种病害均可通过种子传播，因此，对种子进行消毒是瓜类蔬菜病害综合防治的重要组成部分。

2.配制育苗基质

在基质的配制上既要保证其理化性质符合要求，又要确保不含有害病原物和害虫或虫卵。可以购买专用基质，同时也可以自己配制基质。

3.移栽处理

移栽前需要对种苗进行杀菌剂处理或者生防制剂的处理，保证移栽苗苗壮、无病害、活力强。

4.田块选择

种植的田块最好避免连作与其他瓜类蔬菜作物轮作。如果选用田块已被病原真菌镰刀菌所侵染，需要对土壤进行必要的消毒处理。消毒处理可选择熏蒸处理或高温闷棚及施用微生物菌肥等措施。田间需有良好的排水系统，灌溉时避免采用大水漫灌的方式。

5.田间管理

在集约化条件下生产，需要注重有益微生物菌肥的施用，这有利于建立良好的土壤微生态环境，消除连作障碍。同时，在整个生长期都需要注意施用药物对病害进行防治，特别是在生产过程中更需要建立起一套行之有效的病害防治体系，包括一些辅助设施的使用、病虫害的生物防治及一些矿物源杀菌剂的使用等。

由此可见，在瓜类蔬菜的生产过程中为了达到理想的防治效果，或者说保证生产的顺利进行，都需要制定详细的病害综合防治方案，常常需要多种措施的合理配合，往往需要综合考虑与综合处理。

二、工作准备

(一)资料准备

①利用图书馆或资料室以及报刊，网络等，查找有关瓜类蔬菜病虫害防治的信息资料。

②教师准备的资料单、关于瓜类蔬菜病虫害综合防治的相关文章。

③推荐网站：中国蔬菜网、中国农资网、中国蔬菜病虫害防治协作网等。

(二)仪器材料准备

①当地气象资料、栽培品种介绍、栽培技术措施方案和病虫害种类及分布情况等资料；体视镜、放大镜、解剖针、镊子、喷雾器、各种杀菌(杀虫)剂等。

②教师拟定瓜类蔬菜病虫害综合防治方案模板。

【任务设计与实施】

一、任务设计

见下页。

二、任务实施

(一)当地瓜类蔬菜病虫害调查

组织学生了解当地瓜类蔬菜种类、品种、栽培技术等，以小组为单位，采用走访农户、深入蔬菜田实地调查等方式，调查当地主要瓜类蔬菜病虫害发生种类、危害程度以及主要采用的防治方法等，掌握当地瓜类蔬菜主要病虫害及常发生病虫害的种类、发生情况和发生规律(表 2-5-3)。

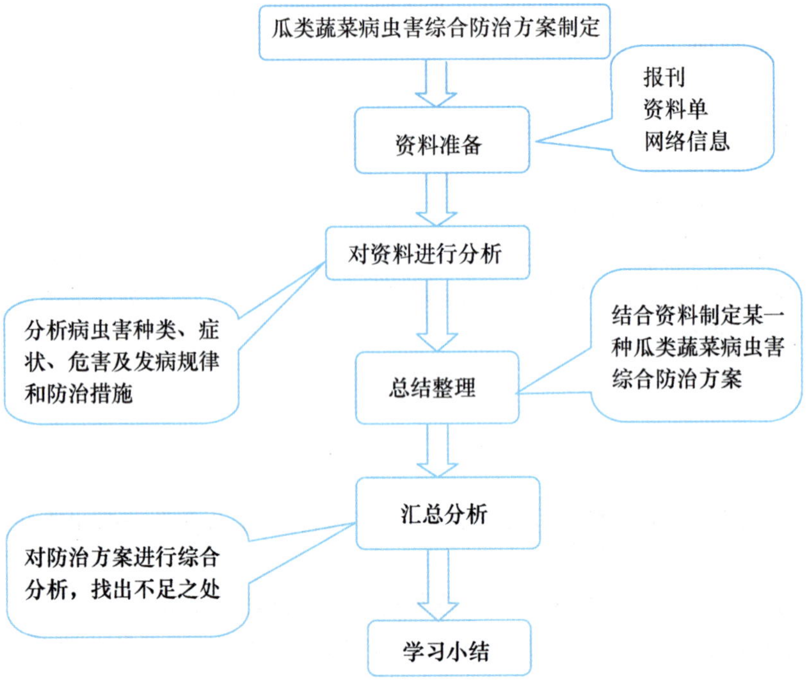

表 2-5-3 瓜类蔬菜病害调查表

调查人：　　　　　　　　　　调查时间：　　年　　月　　日

调查地点：		
病虫害名称：	发病率（虫株率）：	
田间分布情况：		
寄主植物名称：	品种：	种子来源：
土壤性质：	肥沃程度：	含水量：
栽培特点：	施肥情况：	灌、排水情况：
病虫害发生前温度和降雨：	病虫害盛发期温度和降雨：	
防治方法：	防治效果：	
群众经验：		
其他病虫害：		

（二）制定某一种瓜类蔬菜病虫害综合防治方案

在进行当地瓜类蔬菜病虫害调查的基础上，了解当地某一种瓜类蔬菜病虫害发生种类，以小组为单位，制定出某一种瓜类蔬菜病虫害综合防治方案，可以以一种瓜类蔬菜为对象，如制定“黄瓜病虫害综合防治方案”，也可以一种主要病虫害为对象，如制定“黄瓜霜霉病综合防治方案”。

方案制定后进行小组讨论进一步修改完善；然后各组一一展示所制定的防治方案，引导学生分析每组展示的防治方案的优缺点、可行性，是否能达到预期防治效果等，再进一步完善防治方案。

(三)实施所制定的某一种瓜类蔬菜综合防治方案中的某项防治措施

根据实验室条件、当地所种植瓜类蔬菜种类、病虫害种类、物候期等，根据本组制定的防治方案选择一项防治措施组织学生实施，如实施刺吸式害虫防治技术、某一种病虫害化学防治技术等，调查防治效果，验证所制定的防治方案可行性，再完善防治方案。

【任务拓展】

某一瓜类蔬菜病虫害综合防治方案

由于瓜类蔬菜种植面积逐年扩大，复种指数进一步增加，品种更加丰富，导致蔬菜病虫害的发生呈逐年加重趋势，且防治难度加大。当病虫害进入大面积为害或较高程度为害时，防治难度和成本相应提高。因此，蔬菜病虫害的防治应以预防为主，防治结合，综合控制，将病虫害的为害控制在较低程度，降低防治成本，同时也可保证蔬菜产品的质量和安全。

(一)水旱轮作及品种轮换

实行水旱轮作及品种轮换措施，主要是减轻土中潜伏的传染性病菌对同类作物连续作害，如枯萎病菌、立枯病菌、猝倒病菌等，凡是能够发生同一种土传性病害为害的作物(如瓜类、豆类、花生枯萎病，茄果类青枯病等)，这些作物连作基本是可受到连续感染的。

特别是多年蔬菜种植地，土壤板结严重，养分失调，植株生长易受影响，抗性降低，易受土内潜伏病菌感染。因此有条件的耕作地实行水旱轮作，是有必要的。

(二)种子处理

病菌可潜伏、依附种子体或少量种子携带病毒，种子萌发时开始为害，通过种子处理可有效杀死以上病源，提高种子生产的安全性。

1.温汤浸种

用温度55℃左右、种子量5～6倍温水浸种1 h左右，可有效杀菌和促进发芽。

2.药液浸种或拌种

(1)灭杀真菌　如霜霉病、疫病、炭疽病、枯萎病等病害病源,可用50%多菌灵500倍液,或用70%甲基托布津1 000倍液、41%特效杀菌王3 000倍液等浸种1～2 h,或用2.5%适乐时、50%福美双、95%绿亨1号、80%绿亨2号、90%疫霜灵等拌种。

(2)灭杀细菌　如青枯病、细菌性疫病(火烧叶)、角斑病、软腐病、黑腐病等病害病源,可用77%可杀得600倍、41%特效杀菌王3 000倍等(注:农用链霉素、新植霉素浸种杀菌效果较好,但对十字花科种子浸种慎用,防药害)浸种1～2 h,或用47%加瑞农、50%福美双、50%DT等拌种。

(3)灭杀病害　如花叶病病毒(俗称"打狗耳"),可用10%磷酸三钠浸种30 min。

(三)定植预防

1.畦土消毒

定植前5 d左右亩用生石灰粉100 kg左右撒施于畦面泥土耙匀,对土传性病害病源有一定的抑制和灭杀作用。

2.定植水配制

预防传染性病害,如猝倒病、立枯病、根腐病、枯萎病等,可用70%敌克松500倍液,或50%壮苗安1 000倍液、70%甲基托布津500倍液、95%绿亨1号3 000倍液、50%福美双600倍液等淋根定植。

(四)苗期预防

苗期是蔬菜生长最脆弱的时期,抗病能力弱,土传性病害和外源性病害容易侵入,虫害亦较严重,各品种蔬菜苗期要求实施病虫害喷药预防4次以上。

1.真菌性病害预防

苗期细菌性病害为害较少,真菌性病害为害是大敌。如猝倒、立枯、根腐等病害,用药可用甲基托布津、根腐灵、壮苗安、敌克松、农抗120、绿亨1、2号、福美双等,按对水倍数淋根或喷雾,此措施可对较高龄植株所产生的枯萎病、蔓枯病等起到一定的预防作用。

2.病毒病(打狗耳)预防

根据田间调查,近来病毒病有加重发病的趋势,已上升为蔬菜生产的大敌,为害大部分品种蔬菜,严重减少可达50%(如西葫芦、辣椒等)。用药可采用小叶灵、抗毒剂1号、病毒A、植病灵、病毒酰胺、吗啉呱等,按对水倍数喷雾。

3.刺吸性害虫预防

如蓟马、蚜虫、螨虫等,除吸食植株汁液影响生势外,它们还是病毒病的传染媒介，病毒随虫源转移可造成病毒的交叉感染和蔓延。用药可采用吡虫啉（大功臣、蚜虱净等）、奥虱克、历蚜等，结合以上防病毒病措施同喷。

4.啮食性害虫预防

如吊丝虫、夜蛾类等对蔬菜苗期为害尤其重要，用药可采用锐劲特、阿维菌素、乐斯本·辛、虫地乐、灭幼脲、农卫、金米等，要求轮换用药，降低鳞翅目昆虫抗药性。

（五）中期预防

如瓜豆、茄果类花期前后，主要预防瓜豆类枯萎病、蔓枯病、霜霉病、疫病、茄果类青枯病、病毒病等。

1.真菌性病害预防

如瓜豆类枯萎病、蔓枯病等，可用枯萎立克、敌克松、根腐灵、绿亨1、2号等淋喷雾；瓜菜类霜霉病、疫病等可用瑞毒霉·锰锌、霜疫立克、轮腐灵、普力克、好生灵、疫霜灵等喷雾，于始花期左右用药4次左右（每次用药间隔期5 d），并对中后期真菌性病害为害起到一定的预防作用。

2.细菌性病害预防

如青枯病是茄果类蔬菜生产大敌，多数于始花期前后发生，花期前可用农药链霉素、可杀得、新植霉素等灌根或喷雾预防，连续用药4次左右（每次用药间隔期5 d）；另外，十字花科黑腐病和软腐病在生长中前期可采用以上用药进行喷雾预防，连续用药3次左右（用药间隔期5 d）；高温高湿时，瓜类细菌性角斑病、豆类疫苗（火烧叶）容易发生，使用可杀得、加瑞农等预防作用明显。

3.病毒病预防

防治方法同苗期预防，用药为复混药，即病毒病用药加防刺吸性昆虫用药，适加叶面肥同喷，防治效果更加好。

4.虫害预防

主要针对顽性害虫，如豆类蛀虫（豆荚螟、野螟）、夜蛾（斜纹、银纹、甜菜夜蛾）、小菜蛾（又称吊丝虫）等鳞翅目类害虫，用药可用乐斯本·辛、兴农、阿维菌素、锐劲特、乐斯本·氯等，要求轮换用药（注：豆荚螟防治喷药要求在豆荚花蕾早上开花时进行）。

（六）后期预防

采果型蔬菜主要预防炭疽病、疫病（含早晚疫等）及一般品种叶部预防叶斑病（含轮纹、褐斑、红斑、灰霉等）、白粉病、锈病等为主。炭疽病、疫病、叶斑病预防可用大生M45、甲基托布津、安扑菌、福美双、轮腐灵、疫霜灵等；白粉病、锈病预防可用乐必耕、加收米（春雷霉素）、乐克霉、粉锈宁（三唑铜）等。

【评价反馈】

(一)自我评价

1. 瓜蚜在刺吸植物汁液过程中,可同时向体外排放出大量含糖量较高的蜜露,因而会导致所谓的______的产生。

2. 瓜蚜的生活史中,由______产生的有翅蚜被称为迁移蚜。

3. 黄守瓜的幼虫由于可在土中咬食瓜根,严重时可造成瓜苗整株枯死,因而俗称"______"。

4. 瓜类白粉病在发病部位的病征为______,病菌借助______传播扩大危害。

5. 黄瓜霜霉病的症状是______,叶背产生______。

6. 黄瓜炭疽病的病原菌是( )。

A. 真菌　　B. 寄生性种子植物

C. 细菌　　D. 线虫

7. 在适宜发病的条件下,黄瓜霜霉病有( )。

A. 多次再侵染　　B. 无再侵染

C. 再侵染不重要　　D. 1～2 次再侵染

8. 瓜类白粉病不可能产生的病征是( )。

A. 白粉状物,小黑点　　B. 白粉状物

C. 菌脓　　D. 小黑点

9. 瓜类白粉病的典型症状是什么?影响发病的因素有哪些?

10. 黄瓜炭疽病在植株不同部位的症状是什么?

11. 简述瓜类炭疽病菌的发病规律。

12. 试述葫芦科蔬菜主要害虫及其为害特点。

13. 如何防治瓜蚜?

(二)小组评价

从学习态度、学习方法、团队合作和学习能力的提升等方面评价。

序号	评价项目	评价情况
1	与其他同学口头交流学习内容是否流畅	
2	是否尊重他人	
3	学习态度是否积极主动	
4	是否服从教师的教学安排	

5	着装是否符合标准	
6	能否按照安全和规范的规程操作	
7	能否辨别工作环境中哪些是危险的因素	
8	是否合理规范地使用工具和仪器	
9	是否能保持学习环境的干净整洁	
10	是否遵守学习场所的规章制度	
11	是否有工作岗位的责任心	
12	是否达到全勤	
13	团队学习中主动与合作的情况如何	
14	能否主动参与教学场所的清洁和整理工作	

参与评价的同学签名＿＿＿＿＿＿＿＿＿＿

（三）综合评价

1．教师评价

（1）对整个学习内容的小结归纳

（2）对学习过程的总体评价

教师签名＿＿＿＿＿＿＿＿

2．学生评价

（1）对教师授课效果的评价

（2）对学习效果的评价

学生签名＿＿＿＿＿＿＿＿

项目六　豆科蔬菜病虫害

【学习目标】

1. 了解为害豆科蔬菜的主要病虫害种类及其发生特点
2. 识别当地为害较重的豆科蔬菜病害和害虫
3. 掌握豆科蔬菜生产中病虫害防治技术

【项目任务描述】

本项目分为豆类蔬菜病害的诊断、豆类蔬菜虫害的识别和豆类蔬菜病虫害综合防治方案制定及实施3个任务。通过本项目任务的操作与学习，能让学员认识豆类蔬菜生产中常见的病害和虫害，学会现场诊断、识别方法；通过实训室里的标本观察、田间诊断、识别和防治试验等，来增强学员对本项目的学习兴趣，培养查阅资料、观察分析、调查研究、勤于总结和沟通协作等能胜任岗位工作的职业素质。

【项目结构】

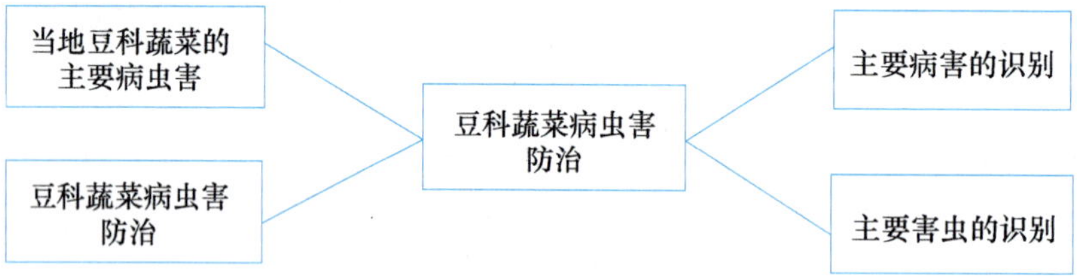

工作任务 1　豆科蔬菜病害的诊断

【任务准备】

一、知识准备

豆科蔬菜是指豆科一年生的草本植物，常见的有菜豆、豇豆、蚕豆、豌豆、刀豆和扁豆等，以食用其嫩荚为主。豆科蔬菜在我国各地均有栽培，可进行露地和保护地栽培，对蔬菜周年均衡供应有重要作用。豆科蔬菜前期长势弱、易感病、易被害虫为害、易受药害，做好豆科病虫害防治是搞好豆科蔬菜生产的根本保障。

1.菜豆锈病

【症状识别】锈病主要侵害叶片，严重时也危害叶柄和豆荚。发病初期叶片出现褪绿或淡黄色小斑点，稍突出叶表，后逐渐扩大并显出深黄褐色夏孢子堆。孢子成熟后表皮破裂，散出褐色粉末，即夏孢子；后在夏孢子堆上或四周生紫黑色疱斑，即冬孢子堆。有时叶面或背面可见略凸起白色疱斑，即病菌锈子腔(图 2-6-1)。

图 2-6-1　菜豆锈病

【发病原因】病菌以冬孢子在病残体上越冬。高温高湿是诱发菜豆锈病的主要因素。蔬菜表面上的结露和水滴是病菌孢子萌发和侵入的必要条件。夏孢子萌发的适宜温度为 16～22℃，侵入的适宜温度为 15～24℃。菜豆锈病多发生在夏秋之际，特别是开花期，气候凉爽、昼夜温差大、叶片经常结露，有利于夏孢子的萌发和侵染，病害容易流行。菜豆不同品种存在抗性差异，一般矮生品种较蔓生品种抗病。在华北地区，每年 7～8 月份高温高湿容易流行发生此病。

【防治方法】

(1)选用抗病品种　如鲁芸豆 2 号、芸丰架豆、春风 4 号、新秀 1 号、九粒白、紫秋豆、福三长丰、秋抗 6 号、细花、蒙阴秋不老、莱阳九粒白等品种，对锈病有较强的抵抗能力。

(2)农业防治　轮作制度是防治锈病的有效手段，不选上茬是豆类蔬菜的地块进行栽培；选择地势高、排水良好的地块种植；加大行距，便于通风；合理布局，秋菜豆最好远离夏菜豆地种植。及时摘除中心病叶、收获后及时清除田间病残体，集中做深埋或烧毁处理。

(3)药剂防治　发病初期喷洒 50%萎锈灵乳油 800 倍液，或 50%硫黄悬浮剂 200 倍液，或 40%福星乳油 8 000 倍液，或 15%粉锈宁可湿性粉剂 2 000 倍液，或 50%甲基托布津可湿性粉剂 800 倍液，每 10 d 左右防治 1 次，连续防治 2～3 次。

2. 菜豆枯萎病

【症状识别】感病症状：菜豆枯萎病的典型症状是病株地下部根系发育不良，侧根少，容易拔起。一般花期开始发病，病害由攀援茎基部叶片先变黄，并逐渐向上发展，病叶叶脉变褐，叶肉发黄，继而全叶干枯或脱落。发病中后期，往往引起茎的一侧或全茎变为暗褐色，凹陷。掰开茎会发现维管束变为黄褐色。受害株结荚量显著减少，豆荚背部及腹缝合线也逐渐变为黄褐色。急性发病时，病害由茎基向上急剧发展，引起整株青枯(图 2-6-2)。

图 2-6-2　菜豆枯萎病

【发病原因】以菌丝体在病残体、土壤和带菌肥料中越冬，种子也能带菌。通过伤口或根毛顶端细胞侵入，主要靠水流进行短距离传播。当日均气温在 20℃以上时，田间开始出现发病植株，当日均气温升至 24～28℃时，田间发病严重。华北南部的春播菜豆一般在 6 月中旬开始出现症状，7 月上旬为发病高峰期，进入花期后病叶大量枯死脱落。如果结荚期遇连续阴雨后突然暴晴或时晴时雨的天气，病害发展较快。低洼地、肥料不足、又缺磷钾肥、土质黏重、土壤偏酸、施用未腐熟肥料、施用氮肥过多、造成植株徒长、密度过大、田间通透性差、重茬严重、发病较重。

【防治方法】

(1)选用抗病品种　丰收 1 号、丰收 2 号、春丰 1 号、春丰 2 号和秋抗 19 号等品种较抗枯萎病。

(2)种子消毒　播前用种子重量 0.3%的 50%多菌灵可湿性粉剂加上 0.3%的 50%福美双可湿性粉剂拌种(包衣种子不用拌种)。

(3)合理轮作　与白菜类或葱蒜类实行多茬轮作，忌与豆类蔬菜连作。

(4)高垄栽培　施足充分腐熟的优质有机肥，增施磷、钾肥。低洼地可采取高垄地膜覆盖栽培，禁止大水漫灌，雨后及时排除积水，保持土壤有较好的水气比例。

(5)药剂防治 在发病初期可以用药剂进行灌根治疗，如96%“天达恶霉灵”粉剂3 000倍液+“天达-2116”1 000倍液，或75%百菌清可湿性粉剂600倍液，或43%好力克悬浮剂3 000倍液，或70%甲基托布津可湿性粉剂500倍液，或50%多菌灵可湿性粉剂500倍液，或10%双效灵水剂250倍液等，每株灌250 mL，每10 d灌1次，连续灌根2～3次。

(6)搞好菜园卫生 及时清理病残株，带出田外，集中烧毁或深埋。

3.菜豆根腐病

【症状识别】菜豆根腐病主要为害根部及埋在土内的茎部。病部产生形状不规则的褐色或黑色斑点，病斑稍凹陷，有时斑表面开裂，并深入皮层内。病株易拔出，病根维管束呈红褐色，病情扩展后向茎部延伸，主根全部染病后，地上部茎叶萎蔫或枯死(图2-6-3)。

图2-6-3 菜豆根腐病

小贴士

菜豆根腐病与菜豆枯萎病不同的是病部往往局限于根及根茎基部，主根腐烂后才引起地上部的萎蔫枯死症状。种子不带菌。

【发病原因】传播途径和发病条件：病菌主要以菌丝体和厚垣孢子在土壤上或病残体中存活，借助农具、风雨和灌溉水进行传播。从寄主地下伤口侵入使皮层腐烂。发病适温24～28℃，相对湿度80%。高温、高湿条件有利于发病，特别是在土壤含水量高时有利于病菌传播和侵入。地下害虫多、根系伤口多、也有利于病菌侵入、引起发病；地势低洼、排水不良和土质黏重、疏水性差的菜地，特别是连作地通常发病重。华北地区6～8月份高温季节发病严重。

【防治方法】

(1)选用抗病品种 秋抗6号、春丰4号、丰收1号对根腐病有较强抵抗能力。

(2)实行轮作 与白菜、葱蒜等轮作2年以上。有条件的地区可实行水旱轮作。

(3)降低土壤湿度 采用深沟高垄、地膜覆盖栽培，生长期合理运用肥水，不能大水漫灌，浇水后及时浅耕、灭草、培土，以促进发根。注意排除田间积水，及时清除田间病株残体,发现病株及时拔除,并向四周撒石灰消毒。

(4)根腐病　是土传病害,一定要提前灌药预防,在发病后用药,效果较差。在发病初期,可采用5%丙烯酸・恶霉・甲霜水剂800～1 000倍液,或20%二氯异氰尿酸钠可溶性粉剂400～600倍液,或20%甲基立枯磷乳油1 000倍液+70%敌磺钠可溶性粉剂800倍液,或70%福・甲・硫黄可湿性粉剂800～1 000倍液,对水灌根,每株灌250 mL药液,隔5～7 d再灌1次,视病情连续2～4次。

4.菜豆炭疽病

【症状识别】菜豆炭疽病是菜豆的重要病害,发生较为普遍。叶、茎、豆荚均可感病。幼苗发病时,子叶上出现红褐色近圆形病斑,凹陷成溃疡状。幼茎上生锈色小斑点,后扩大成短条锈斑,常使幼苗折倒枯死。成株发病,叶片上病斑多发生在叶背的叶脉上、常延叶脉扩成多角形小条斑,初为红褐色,后为黑褐色。叶柄和茎上病斑凹陷龟裂。果荚染病,上生褐色小点,可扩大至直径1 cm的大圆形病斑,中心黑褐色,边缘淡褐色至粉红色,稍凹陷,湿度大时病斑中央有粉红色黏液分泌出来(图2-6-4)。

图2-6-4　菜豆炭疽病

【发病原因】传播途径和发病条件:病菌以菌丝体在种皮下或随病残体在土壤中越冬。条件适宜时借风雨、昆虫传播。该病菌发育最适宜温度为20～25℃,空气相对湿度为100%。温度低于13℃,高于27℃,相对湿度在90%以下时,病势停止发展。因此,在天气凉爽,多雨、多露、多雾的季节发病重。地势低洼,连作、密度过大、土壤黏重也会加重发病。

【防治方法】

(1)种子消毒　选播无病种子,并在播前用药剂处理种子。播种前用45℃温水浸种10 min,或用50%多菌灵或福美双可湿性粉剂,按种子重量0.3%～0.4%拌种后播种。还可以用 60%防霉宝超微粉 600 倍液浸种 30 min，取出洗净、晾干播种。

(2)合理轮作　实行与十字花科或百禾科蔬菜 2～3 年轮作。

(3)科学施肥　结合深翻，增施有机肥料、磷钾肥和微肥，适量施用氮肥，改善土壤结构，提高保肥保水性能，促进根系发达，植株健壮。

(4)加强田间管理　改进栽培技术用地膜或稻草等覆盖栽培，可防止或减轻土壤病菌传播，低洼地采用高畦栽培及雨后及时中耕，降低土壤含水量，可有效降低该病为害。

(5)药剂防治　在发病初期可喷施 96%天达恶霉灵 1 000 倍液，苯醚甲环唑 1 500 倍液，或 75%百菌清可湿性粉剂 600 倍液，或 50%多菌灵可湿性粉剂 500 倍液，或 50%甲基托布津可湿性粉剂 500 倍液，或 80%炭疽福美可湿性粉剂 500 倍液等。一般每隔 5～7 d 喷 1 次药，连喷 2～3 次。喷药要周到，应特别注意叶背面，喷药后遇雨应及时补喷。

5.菜豆病毒病

【症状识别】感病症状：菜豆病毒病种类比较多，表现的症状也各不相同。但多表现系统性症状，一般可表现为植株矮化，叶片上出现明脉，斑驳，或绿色部分深浅不均，凸凹不平，有时叶片皱缩，扭曲畸形。病株一般开花迟缓或花蕾脱落。豆荚上症状不明显，一般较正常豆荚略短，有时出现褪绿色斑点。侵染病原属病毒，有菜豆普通花叶病毒、菜豆黄花叶病毒及黄豆花叶病毒菜豆系等(图 2-6-5)。

图 2-6-5　菜豆病毒病

【发病原因】传播途径和发病条件：菜豆病毒主要通过蚜虫、白粉虱等昆虫传播。因此，病害发生与蚜虫的关系密切。有利于蚜虫繁殖及迁飞的环境条件，及有利于病毒在菜豆体内增殖的环境条件，都有利于菜豆病毒病的发生。一般温度 26℃以上，光照强度大，土壤肥力差，生长期长期干旱少雨，蚜虫发生量大，病害发生重。当温度超过 28℃，或低于 18℃，症状表现较轻。

【防治方法】

(1)选用抗病品种　早熟 14 号、芸丰、春丰 4 号、优胜者、早白羊角等品种比较抗病，各地可因地制宜选用。

(2)加强田间管理　施足基肥和种肥，培育健壮幼苗，提高抗病力。铲除田边及附近的越冬寄主，如豆科杂草等，减少毒源。

(3)药剂防治　发病初期可用 20%吗啉胍·乙铜可湿性粉剂 500～700 倍液加常用叶面肥喷雾，共使用 2～3 次。同时进行灭蚜喷药保护，每隔 7～10 d 喷药 1 次，连用 1～3 次，具体视病情发展而定。在蚜虫迁飞期要及时喷洒杀虫剂防治蚜虫(方法见菜蚜防治部分)。

6. 菜豆细菌性疫病

【症状识别】又叫火烧病，是菜豆常见的主要病害之一，而且来势凶猛，发展快。该病可侵染叶、茎蔓、豆荚和种子。种子感病时，幼苗出土后，子叶呈红褐色溃疡；叶片染病，在叶缘处产生暗绿色油浸状小斑点，后逐渐扩大成不规则形病斑，病斑红褐色，周围有黄色晕圈，干枯变薄，半透明状，干燥时易破裂。严重时病斑相连，全叶枯干，似火烧一样，病叶一般不脱落。高湿高温时，斑面常有淡黄色的菌脓溢出，形成白色或黄色菌膜；豆荚上初生油浸状斑马点，继而产生稍凹陷的圆形或不规则形褐色斑。潮湿时，病部有无色透明的菌脓溢出(图 2-6-6)。

图 2-6-6　细菌性疫病

【发病原因】病菌主要在病残体在土壤中越冬，也可附着在种子上越冬。植株发病后产生菌脓，借风雨、昆虫传播。一般是从寄主的伤口，气孔和水孔等处侵入，使病害扩大蔓延。该病发病最适宜温度温为 24～32℃，植株表面湿润或有水珠，有利于病菌侵染。高温高湿有利于发病和蔓延。夏、秋遇暴风雨病势明显加重。结荚期多雾、排水不良、播种过晚等情况下发病较重。

【防治方法】

(1)种子消毒　病菌主要在种子上越冬。播种前可用55℃温汤浸种15 min后捞出放在凉水中冷却,晾干后播种;或用高锰酸钾1 000倍液浸种10～15 min,或用硫酸链霉素500倍液浸种24 h效果较好。

(2)合理轮作　与非豆科蔬菜行2年以上的轮作。加强田间管理,及时中耕除草和防治害虫。合理密植,增加植株通风透光度,避免田间积水,不可大水漫灌。雨后及时排水,避免大水漫灌,摘除植株下部病叶,除草灭虫,有助减轻为害。在多发地块可采用春早播避开高温高湿天气栽培;加大株行距等均可有效降低该病为害程度。

(3)药剂防治　发病初期可使用72%农用链霉4 000倍液,或新植霉素200 mg/kg,或50%加瑞农,或70%可杀得,或75%百菌清400倍液,每隔7 d喷药一次,连续3～4次。

7.菜豆白绢病

【症状识别】感病后在茎基部呈暗褐色,表面密生白色丝状菌丝束,后期在菌丝层上结生茶褐色圆形菌核。在豆荚或茎上初现辐射状扩展的白色绢丝状菌丝体,后在其上形成油菜籽状褐色菌核,致豆荚腐烂,茎基部皮层变褐腐状,最后植株萎蔫死亡(图2-6-7)。

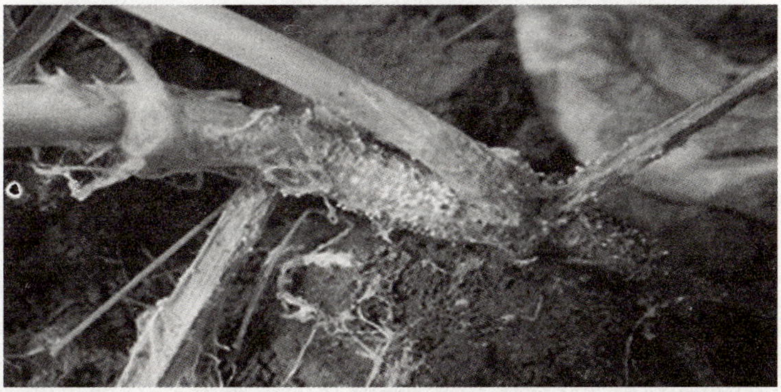

图2-6-7　菜豆白绢病

【发病原因】病菌以菌核或菌丝体随病残体或在种子上越冬。一般从根茎部直接侵入或从伤口侵入。再侵染由发病根茎部产生的菌丝蔓延至邻近植株,也可借助雨水、农机具操作传播蔓延。病菌生长适宜温度28～32℃,最佳相对湿度为100%。在6～7月份高温多雨天气,或时晴时雨天气发病严重。秋季随着气温降低,病害减轻。酸性土壤,连作地,种植密度大时,发病较重。

【防治方法】

(1)农业防治　与禾本科的作物进行轮作;发现病株,及时收集病残株集中深埋或烧毁,并向病穴内撒施石灰粉消毒;施用腐熟有机肥,定植前要进行深耕,加强田间管理,避免果实直接与地面接触。雨后及时排水,防止地面积水。

(2)药剂防治　发病初期施用15%粉锈宁可湿性粉剂或40五氯硝基苯,或20%甲基立枯磷可湿性粉剂1份,兑细土100～200份,撒在病部根茎处,有较好防治效果。必要时也可喷洒20%三唑酮乳油1 500倍液,或20%甲基立枯磷乳油1 000倍液,隔7～10 d喷1次,连喷2～3次。

8. 菜豆角斑病

【症状识别】该病一般发生在盛花期开始发病,主要危害叶片。叶片感病后受叶脉限制呈褐色角状斑,开始较细小,横径1～4 mm,病情发展后数个病斑常连合为大小不等的褐色斑块,致叶片局部焦枯。潮湿时斑面隐现暗褐色霉层病征,此有别于细菌性角斑病。严重时为害荚果,荚上现出直径1 cm或稍大的大块霉斑,斑边缘紫褐色,中间黑色,后期密生灰紫色霉层,病斑不凹陷别于炭疽病,严重时可使种子霉烂(图2-6-8)。

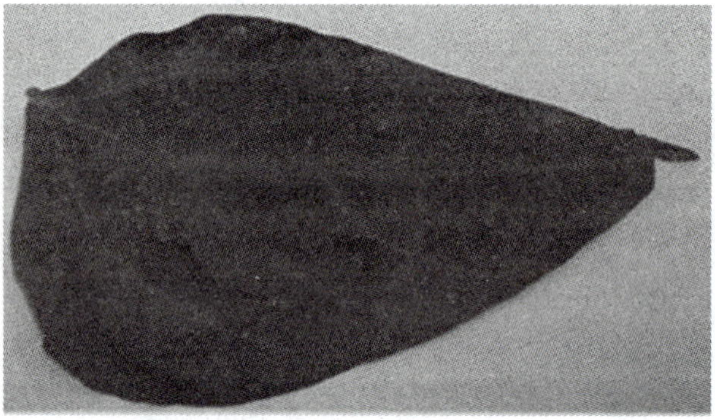

图2-6-8　菜豆角斑病

【发病原因】病菌常在病残体上或随病残体在土壤中越冬,或以菌丝块或分生孢子在种子上越冬,成为翌年初侵染源。病菌在田间主要借风雨传播,从伤口或直接穿透表皮侵入,循环再侵染。当气温在26～30℃,相对湿度90%以上适于发病。多雨、多雾、多露,病害易大发生。生长衰弱,病情加重。一般秋菜豆比春菜豆发病重。

【防治方法】

(1)种子消毒　45℃温水浸种10 min进行种子消毒,或用种子重量0.3%的

50%福美双，或0.2%的50%多菌灵拌种进行种子消毒。

(2)深耕轮作　对该病流行区域，要与葱蒜类蔬菜轮作，并进行深耕，以减少菌群，降低感染率。

(3)药剂防治　发病初期可喷洒75%百菌清600倍液，或77%可杀得可湿性微粒粉剂500倍液、64%杀毒矾可湿性粉剂500倍液，隔7～10 d再喷1次，连喷2～3次。

9.菜豆白粉病

【症状识别】菜豆白粉病主要为害叶片，也可侵害茎蔓以及豆荚。叶片感病后，首先在叶背面出现黄褐色斑点，后扩大呈白色霉斑，霉斑很快发展为白色粉斑，并连合为粉斑块，其上覆盖一层稀薄的白粉，后期病斑沿叶脉发，白粉布满全叶，终致叶片变黄干枯，早发病的蔓梢及荚果除被白粉斑所覆盖外，还可呈扭曲畸形。一般温暖多湿且日夜温差大的天气有利于发病，但由于病菌耐旱力特强，高温干旱的天气亦可侵染致病(图2-6-9)。

图2-6-9　菜豆白粉病

【发病原因】病菌多以菌丝体或闭囊壳在病株残体上越冬，翌年春季产生子囊孢子，进行初侵染。叶片发病后，在感病部位再产生分生孢子，然后以分生孢子进行再侵染，并以此种方式在生长季节辗转侵染，至秋后，再产生子囊孢子或以菌丝体越冬。一般情况下，干旱年份或日夜温度差别大而叶面易于结露的年份，发病重。

【防治方法】

(1)农业防治　选用抗病品种；蔬菜收获后及时清除病株残体，集中烧毁或深埋。

(2)药剂防治　在发病初期可选用15%粉锈宁可湿性粉剂1 500～2 000倍液，或50%硫黄胶悬剂200～400倍液，或70%甲基托布津可湿性粉剂800倍液，或10%世高可湿性粉剂3 000倍液，或40%杜邦福星乳油8 000～10 000倍液等进行喷施。每7～10 d喷药1次，连喷2～3次。

10.豇豆锈病

【症状识别】豇豆锈病主要为害叶片，发生严重时也可为害叶柄、茎和豆荚。染病叶片先出现许多分散的褪绿小黄斑，后稍微隆起呈黄褐色疱斑，周围有黄色晕圈，疱斑表皮破裂散出锈褐色粉末，即病菌的夏孢子。一张叶片上的夏孢子堆常多得难于计数，致使叶片早枯脱落。茎染病，症状与叶片相似。叶柄或茎部染病，生褐色长条状疱斑，这是夏孢子堆，后转变为黑褐色的冬孢子堆。豆荚染病与叶片症状相似，病荚所结籽粒干瘪。最后突出表皮疱斑，表皮破裂后，散出褐色粉状物。

【发病原因】病菌以冬孢子随病残体在土壤中越冬。翌年春季，冬孢子萌发产生菌丝体，借气流传播产生芽管侵入豇豆叶片，成为初侵染源。然后在受害部位产生性孢子和锈孢子。锈孢子成熟后，借气流传播到豇豆健叶等部位，萌发后，产生芽管侵入为害，产生夏孢子堆。豇豆锈病的发生与环境条件密切相关。寄主表皮上的水滴，是锈病菌萌发和侵入的必要条件。发病最适气候条件为温度 23～27℃，相对湿度 95%以上。豇豆感病生育期在开花结荚到采收中后期。高温、多雨、潮湿的天气，尤其是在早晚露重雾大的季节有利于锈病的流行。种植地土质黏重，低洼和排水不良或种植过密、通风不良，以及过多施用氮肥，都利于诱发锈病。品种间抗病性有差异。

【防治方法】

(1)实行轮作　春秋茬豆地要隔离，采收后立即清洁田园，清除并销毁病残体，促使夏孢子死亡，减少菌源。

(2)选用抗病品种　粤夏 2 号为高抗品种，桂林长豆角、铁线青豆角为较抗品种。

(3)农业防治　扩大行距，高垄栽培，以降低田间湿度；，适当早播，使收获盛期避开雨季，可减轻发病。适当增施磷钾肥，提高植株抗性。

(4)药剂防治　感病初期可喷施 15%三唑酮可湿性粉剂 1 000～1 500 倍液或 50%萎锈灵乳油 800 倍液或 15%粉锈宁可湿性粉剂 1 500 倍液或 40%多硫悬浮剂 400 倍液。或 12%绿乳铜乳油 800 倍液，或 50%克菌丹可湿性粉剂 450 倍液等药剂喷雾防治，最好选其中两三种药交替使用，每隔 7～10 d 喷药 1 次，连续喷药 2～3 次即可基本控制病情。

11.豇豆病毒病

【症状识别】苗期至成株期都可染病，病株叶片出现黄绿相间的花叶、斑点，叶片皱缩、卷叶、畸形等；植株矮化，生长明显受到抑制。发病较轻的病株能结荚，但豆荚较少。发病重的病株常常绝收。豇豆病毒病以秋豇豆发病较重，豆粒上也产生黄绿花斑；有的病株生长点枯死，或从嫩梢开始坏死(图 2-6-10)。

【发病原因】传播途径和发病条件：病毒主要种子或随病残组织在田间越冬。播种带毒种子，出苗后即可发病，生长期主要通过蚜虫或蓟马传毒、植株间摩擦后伤口接触及农事操作传播。病毒喜高温干旱的环境，发病最适条件为温度20～35℃，相对湿度 80%以下。发病潜育期 10～15 d，遇持续高温干旱天气或蚜虫发生重，易使病害发生与流行。多年连作、地势低洼、缺肥、缺水、氮肥施用过多的田块发病重。与带毒寄主植物相邻的地块发病重。豆地肥水条件差，管理粗放，植株生长不良，发病重。品种间抗性有差异，一般蔓生品种较矮生品种发病重。

图 2-6-10　豇豆病毒病

【防治方法】

(1)选用抗病品种和无病毒种子　如之豇 28-2、红嘴燕、柳叶青、张塘豆角等品种较抗病毒病；播种前用 10%磷酸三钠浸种 20～30 min，洗净药液后播种，可预防病毒病。

(2)农业防治　多施腐熟优质有机肥，增施磷、钾肥，促进植株健壮生长。及早铲除田间杂草，早期防蚜避蚜，减少传毒媒介。

(3)药剂防治　发病初期可喷施 20%病毒宁、20%病毒 A_{500} 倍液等药剂防治，同时加入杀虫剂兼治蚜虫，再加入叶面宝、芸薹素等叶面肥催进光合作用。每隔 7～10 d 喷 1 次，连喷 2～3 次。

12. 豇豆煤霉病

【症状识别】本病仅发生在叶片上。最初在叶的两面生赤色或紫褐色斑点，后扩大为直径 1～2 cm 的近圆形至多边形淡褐色或深褐色斑，边缘不明显，湿度大时病斑表面生暗灰色或灰黑色煤烟状霉，尤以叶背密集。病害严重时，病叶曲屈、干枯早落，仅存梢部幼嫩叶片。侵染病原属真菌，半知菌亚门，菜豆假尾孢菌(图 2-6-11)。

图 2-6-11　豇豆煤霉病

【发病原因】传播途径和发病条件：病菌以菌丝块附在病残体上或以分生孢子随同病叶于田间越冬，翌年春遇适宜条件，菌丝块上产出分生孢子借气流传播到菜株的叶片上侵入危害。随后在发病部位产出分生孢子，在菜株生长期间不断进行再侵染。

豇豆苗期很少染病，豇豆的最易感病生育期为开花结荚期到采收中后期，病害多发生在老叶或成熟的叶片上，顶端嫩叶或上部叶片发病轻或不发病。病菌发育的最适温度为25～32℃。相对湿度90%～100%。发病潜育期5～10 d。因而田间高湿或高温多雨是发病的重要条件，连作地或播种过晚的菜田发病重。春豇豆比秋豇豆发病重，其中尤以春播较晚的豇豆发病重。

【防治方法】

(1)选用抗病品种　如之青3号、之豇矮蔓、湘豇3号、4号等。

(2)农业防治　与非豆科蔬菜进行轮作；拉秧时及时清除病残体，集中烧毁或深埋；发病初期及时摘除病叶。可减轻病害蔓延。喷施促花王3号抑制植株疯长，促进花芽分化，同时在开花结荚期适时喷施菜果壮蒂灵增强花粉受精质量，提高循环坐果率，促进果实发育，无畸形、整齐度好、品质提高、使菜果连连丰产。

(3)药剂防治　在发病初期及时拔除病株并带出集中烧毁，并喷洒70%甲基托布津可湿性粉剂1 000倍液，或78%科博可湿性粉剂500倍液，或50%甲霜铜可湿性粉剂600倍液，或72%克露可湿性粉剂600～800倍液，72%克抗灵可湿性粉剂600倍液，每隔7 d左右1次，最好交替使用以上农药，连续喷施2～3次。

二、工作准备

(一)实施场所

蔬菜生产基地、多媒体实训室。

(二)资料准备

①利用图书馆或资料室以及报刊、网络，查找有关豆类蔬菜病害的信息资料。

②教材、资料单、PPT、影像资料、相关图书、关于豆类蔬菜病害的相关文章等。

(三)材料仪器准备

①豆类蔬菜虫害挂图、照片或标本；体视镜、解剖刀、镊子、放大镜、常用杀菌剂、喷雾器、记载用具等。

②教师设计相关识别诊断表格。

【任务设计与实施】

一、任务设计

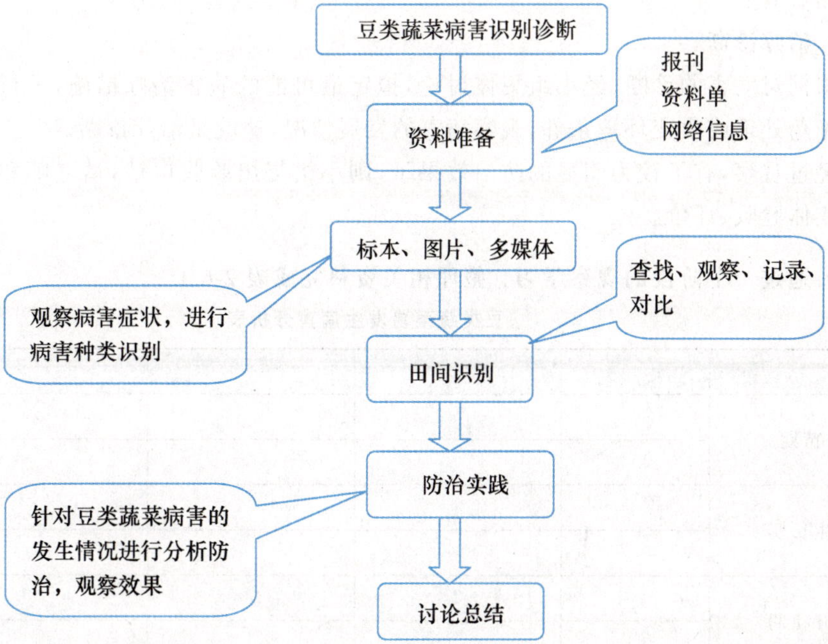

二、任务实施

(一)豆类蔬菜病害标本观察

对当地豆类蔬菜病害，通过标本观察(没有标本的可通过多媒体课件、观看视频、查阅教材等)方法，熟知豆类蔬菜病害的主要种类及其主要特征识别。

(二)豆类蔬菜病害诊断

1.现场观察和调查

现场的观察要细致、周到，由整株到根、茎、叶、花、果等各个器官，注意颜色、形状和气味的异常；由病株到病区，由病区到全田，由全田到邻田；注意病株或病区在田间的位置、地形、地貌、邻作或邻田的影响。病害的调查要注意区分不同的症状，尽可能排除其他病害的干扰；分析病害在设施内的分布类型。向当地气象部门了解发病前后一段时间气象因子的变化，向种植者了解相关的农事操作等。

2.病害诊断

基于上述情况的了解,结合病害症状,对照教材或参考读物,先判断是否发生了病害?再诊断出是哪种类型的病害?同时采集发病标本保存或拍照,为下步治疗诊断做对照。

3.治疗诊断

根据对病害的诊断,经小组集体讨论,拟定最可能的病害治疗措施,进行针对性的施药处理或改变环境条件,观察病害的发展情况,这就是治疗诊断。

经过观察,有了较为明显的防治效果了,则小组提出验收申请,请老师和全班同学集体验收、评价。

4.通过一个阶段的观察学习,整理相关资料完成表2-6-1

表2-6-1 豆类蔬菜易发生病害分析表

生长时期	病害种类	病害症状	病害发生条件	防治措施
苗期				
生长期				
开花期				
结果、收获期				

【任务拓展】

疑似病害——玉米除草剂对豆类蔬菜生产的危害

在华北地区,露地春菜豆或春豇豆抽蔓初期,正是玉米喷除草剂的时候。玉米田喷施除草剂随风漂移往往给豆类蔬菜造成药害。风力越大漂移越远,离得越近药害越重。很多菜农把这种药害当作病害防治,不仅起不到应有的防治效果,而且还延误了防治时机。

症状表现:在玉米田喷施除草剂后,起初是豆角老叶干枯,茎蔓仍为绿色,随着豆角的生长,新生叶片出现畸形,叶面皱缩不平。如豆角处于结荚期,出现落花。植株生长不良,严重影响产量。

防治方法：

(1)农户喷洒除草剂的时期　一般为 7～10 d，在此期间要经常用水喷洒豆角茎叶，减少除草剂在豆角茎叶上药剂残留量。

(2)及时追肥　追肥以碳酸氢铵或尿素为主，也可适当配合部分磷钾肥。追肥数量应根据药害轻重和豆角长势而定。追肥后及时浇水，以促进肥效尽快发挥和降低豆角体内有害物质的相对浓度。

(3)叶面喷施肥　以芸薹素 7 500 倍液加叶面肥混合喷施效果较好，或施赤霉素 20～30 mg/kg 和铁锌微肥等。根据药害程度，每隔 5～7 d 喷 1 次，可连喷 1～3 次。

芸豆花期对农药较敏感，常易发生药害，以嘧霉胺类药害最重。因此，菜豆用药时，一定不能选择含有嘧霉胺、代森锰锌、炭疽福美、乙霉威成分的药剂，铜制剂也应减半使用。喷用此类药剂不仅会造成叶片发黄，严重时还会造成落花落荚。另外，在用药时，还应注意药液浓度配比要科学合理，一般花期应停止喷药，以免发生药害，导致芸豆落花落荚的大发生。

工作任务 2　豆科蔬菜虫害的识别

【任务准备】

一、知识准备

1. 豆蚜

【为害特点】豆蚜危害寄主常群集于嫩茎、幼芽、顶端嫩叶、心叶、花器及荚果处吸取汁液。受害严重时，植株生长不良，叶片卷缩，影响开花结实。又因该虫大量排泄“蜜露”，而引起煤污病，使叶片表面铺满一层黑色霉菌，影响光合作用，结荚减少，品质下降(图 2-6-12)。

【发生规律】我国除西藏外，其余各省区均有分布，主要为害各种豆科作物。以若虫在豆科植物心叶或叶背处越冬。当月平均温度 8～10℃时，豆蚜在冬寄主上开始正常繁殖。4 月下旬至 5 月上旬，成、若蚜群集于留种紫云英和蚕豆嫩梢、花序、叶柄、荚果等处繁殖危害；5 月中下旬以后，随着植株的衰老，产生有翅蚜迁向夏、秋豆、豇豆、扁豆、花生等豆科植物上寄生繁殖；10 月下旬至 11 月间，随着气温下降和寄主植物的衰老，又产生有翅蚜迁向紫云英、蚕豆等冬寄主上繁殖并在其

图 2-6-12 豆蚜

上越冬。在 22～26℃下，若虫历期仅 4～6 d。每头无翅胎生雌蚜可产若蚜 100 多头，因此极易造成严重危害。豆蚜对黄色有较强的趋性，对银灰色有忌避习性。全年有 2 个发生高峰期，春季 5～6 月份、秋季 10～11 月份。

【防治方法】

(1)黄板诱蚜　可杀灭迁飞的有翅蚜，也可作为虫情预测预报使用。

(2)药剂防治　在适宜蚜虫繁殖的季节里，当田间蚜虫为害率达到 40%，每株有 3～5 片叶被为害时，可进行药剂防治。可选用 12.5%吡虫啉 2 500 倍液或 10%高效氯氰菊酯乳油 2 000 倍液，或 2.5%功夫菊酯乳油 2 500 倍液，或 50%抗蚜威可湿性粉剂 2 000 倍液进行喷雾防治，用药间隔期为 7～10 d，交替连续用药 2～3 次。

2. 豆荚螟

【为害特点】以幼虫蛀荚为害。幼虫孵化后在豆荚上结一白色薄丝茧，从茧下蛀入荚内取食豆粒，造成瘪荚、空荚，也可为害叶柄.花蕾和嫩茎。豆荚螟为害先在植株上部，渐至下部，一般以上部幼虫分布最多。幼虫在豆荚籽粒开始膨大到荚壳变黄绿色前侵入时，存活显著减少。幼虫除为害豆荚外，还能蛀入豆茎内为害。老熟的幼虫，咬破荚壳，入土作茧化蛹，茧外粘有土粒，称土茧(图 2-6-13)。

【发生规律】该虫为寡食性，寄主仅限于豆科植物。成虫昼伏夜出，白天多躲在豆类蔬菜叶片背面、茎上或杂草上，傍晚开始活动，趋光性不强。成虫羽化后当日即能交尾，隔天就可产卵。每荚一般只产 1 粒卵，少数 2 粒以上。其产卵部位大多在荚上的细毛间和萼片下面，初孵幼虫先在荚面爬行 1～3 h，再在荚面吐丝结一白色薄茧(丝囊)躲藏其中，经 6～8 h，咬穿荚面蛀入荚内。幼虫进入荚内后，即蛀入

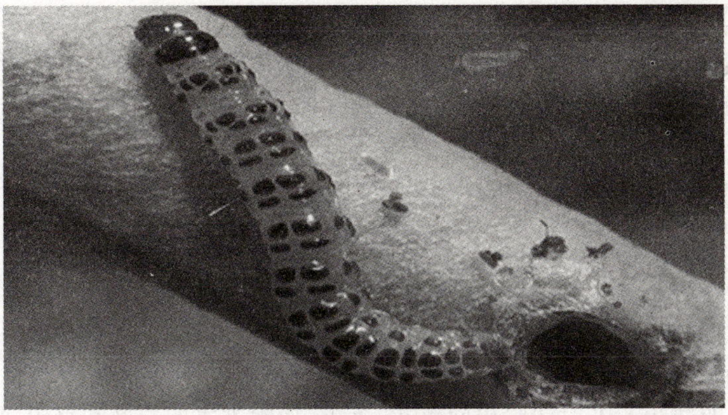

图 2-6-13 豆荚螟

豆粒内为害，3 龄后才转移到豆粒间取食，4～5 龄后食量增加，每天可取食 1/3～1/2 粒豆，1 头幼虫平均可吃豆 3～5 粒。在一荚内食料不足或环境不适，可以转荚为害，每一幼虫可转荚为害 1～3 次。

豆荚螟喜干燥，雨量多湿度大则虫口少，雨量少湿度低则虫口大；豆科植物连作田受害重。豆荚螟的天敌有豆荚螟甲腹茧蜂、小茧蜂、豆荚螟白点姬蜂、赤眼蜂等。

【防治方法】

(1)农业防治　合理轮作，避免豆科植物连作，减轻豆荚螟的为害。在秋、冬灌水数次，提高越冬幼虫的死亡率。

(2)生物防治　产卵始盛期释放赤眼蜂，对豆荚螟的防治效果可达 80%以上；老熟幼虫入土前，田间湿度高时，可施用白僵菌粉剂，减少化蛹幼虫的数量。

(3)化学防治　发蛾盛期和卵孵盛期，对处于花期的豇豆、菜豆，可选用 5%抑太保乳油1 500倍液，或 48%乐斯本乳油1 000倍液，或 1.5%甲维盐水分散粒2 000倍液，或 2.5%功夫乳油3 000倍液，或 1.8%阿维菌素乳油5 000倍液，或 2.5%溴氰菊酯乳油3 000倍液喷雾。

3. 豆野螟

【为害特点】幼虫孵出后即蛀入花蕾和嫩荚，被害蕾易脱落，被害荚的豆粒被虫咬伤，蛀孔口常有绿色粪便，虫蛀荚常因雨水灌入而腐烂。幼虫为害叶片时，常吐丝把两叶粘在一起，躲在其中咬食叶肉、残留叶脉，叶柄或嫩茎被害时，常在一侧被咬伤而萎蔫至凋萎。2～3 龄幼虫能转株为害，亦可以随落地花再转株为害，转株时间多于早、晚进行。受害严重的田块，蛀荚率 70%以上，可减产 30%～50%，严重影响产量和品质。

【发生规律】生活习性:豆野螟以蛹在土壤中越冬,在华北南部于次年 6 月中旬出蜇,其后 1 月 1 代,1 年 3～4 代。成虫昼伏夜出,成虫趋光性强,喜欢产卵在花蕾及花上,也有产于嫩荚或叶背,在 28～29℃时卵期 2～3 d。幼虫共 5 龄。老熟幼虫吐丝下坠地面以细土、枯枝、落叶缀结土室,再在其中作茧化蛹。

豆野螟对温度的适应范围广,7～31℃都能生长发育,但最适温为 28℃,相对湿度为 80%～85%。

【防治方法】

(1)物理防治　在成虫发生期可用黑光灯诱杀成虫,既可作为预测预报,又能起到杀灭成虫的作用。

(2)农业防治　及时清除田间落花、落荚,摘除被害的卷叶和豆荚,集中烧毁。

(3)生物防治　野螟的天敌有卵和幼虫的寄生蜂、寄生蝇等十余种,在 8～9 月份,卵的被寄生率有时可达 50%。此外,蜘蛛、蠼螋也是田间常见的捕食性天敌,应予注意保护。

(4)化学防治　在往年豆野螟为害重的地块,在豇豆始花期和盛花期各喷 1 次药。可选用 2.5%保得乳油 2 000～4 000 倍液或 5%锐劲特悬浮剂 2 000 倍液或 20%绿得福微乳剂 800 倍液或 20%杀灭菊酯乳油 2 000～4 000 倍液或 2.5%功夫乳油 2 000～4 000 倍液或 2.5%天王星乳油 2 000～4 000 倍液喷雾。

4.豌豆象

【为害特点】豌豆象属全球性害虫,主要通过被害种子的调运进行传播。豌豆象属单食性害虫,危害豌豆、菜豆、野豌豆等植物。豌豆象以成虫取食豌豆的花瓣、花粉、花蜜,主要以幼虫蛀食豆粒危害,每粒只一头幼虫,将豆粒蛀空。引起霉菌侵入变质,味道变苦,严重影响豌豆的产量、品质和发芽率。

【发生规律】豌豆象在华北地区一年一代,以成虫在为害蔬菜的枯枝落叶、树皮裂缝、松土内等处越冬。第二年豌豆开花初期飞至春豌豆地,经 6～14 d 取食豌豆花蜜、花粉、花瓣或叶片,进行补充营养后才开始交配、产卵。卵一般散产于豌豆荚两侧,多为植株中部的豆荚上,每雌可产卵 700～1 000 粒,产卵盛期一般在 5 月中下旬。卵期 7～9 d。幼虫孵化后即蛀入豆荚,幼虫期约 37 d,老熟时在豆粒内化蛹。化蛹盛期在 7 月上中旬,蛹期 8～9 d,成虫羽化后经数日待体壁变硬后钻出豆粒,飞至越冬场所,或不钻出就在豆粒内越冬。成虫寿命可达 330 d 左右。成虫飞翔力强,可达 3～7 km,以晴天下午活动最盛。成虫有假死性。

【防治方法】

(1)农业防治　豌豆收获后,及时耕翻灭茬;豌豆脱粒后,摊 3～5 cm 厚进行暴晒，每半小时翻动一次，连续保持4～6 h，粮食温度越高，杀虫效果越好。晒粮时需在场地四周距离粮食2 m处洒触杀类农药毒土带，防止害虫窜逃。

(2)检疫　严禁从疫区调运种子，必须调运的须经检疫及处理合格后才可调运。

(3)开水浸烫　将生虫的蚕豆、豌豆放入开水中浸泡25～28 s后(边泡边搅拌)，迅速取出，入凉水中冷却，摊开晾凉，等豆粒充分干燥后，再贮存。此法可完全杀死豆粒内的豌豆象、蚕豆象，且不影响发芽力。

(4)熏蒸　在秋季豌豆收获后，在场上或院内用塑料搭一小拱棚，放入磷化铝，用量30 g/m^3，密闭熏蒸。室温20℃以上密闭4～5 d。

(5)药剂防治　因豌豆象成虫有很强的迁飞能力，在豌豆种植区的各户要进行联防联治，在成虫产卵盛期(一般在豌豆结荚盛期)及幼虫孵化盛期进行喷药防治。可选用4.5%高效氯氰菊酯乳油1 000～1 500倍液，或0.6%灭虫灵1 000～1 500倍液，或90%敌百虫晶体1 000倍液，或90%万灵可湿性粉剂3 000倍液或功夫乳油50 mL对水10～15 kg等进行喷雾，并尽量使每个豆荚均匀着药以提高防治效果。间隔7～10 d再喷，连续2～3次。

5.蚕豆象

【为害特点】孵化后即侵入豆荚蛀入豆粒中，被贮豆粒表面留有1个小黑点。每个豆粒一般有虫1～6个。蚕豆收获后，幼虫在粒内被带到仓内继续为害。成长幼虫约于7月上旬在豆粒内化蛹，7月中旬羽化为成虫，即进入越夏、越冬阶段。被害豆粒易受霉菌感染，使豆粒发黑而有苦味，不能食用；如伤及胚部，则影响发芽率，质量大大降低。幼虫随豆粒收获如仓，继续在豆粒内取食为害，造成严重损失(图2-6-14)。

【发生规律】在我国分布广泛，是国内植物检疫对象之一。1年发生1代，以成虫在豆粒内、仓库内角落、包装物缝隙以及在田间、晒场、作物遗株内、杂草下越冬。越冬成虫于翌年3月下旬开始活动，飞到田间取食豆叶、花瓣、花粉，随后交配产卵。卵散产于嫩豆荚上，经10 d左右孵化后，幼虫吃穿豆荚，蛀入豆粒为害。蚕豆收获时，幼虫开始老熟，在豆粒内化蛹、蛹在豆粒内将种皮咬成一个圆形而种皮不破穿的羽化孔。蚕豆在贮藏期蛹进入羽化阶段，羽化的成虫仍在豆粒内越冬，如果豆粒被移动，成虫则从豆粒内出来，飞到房角及其他缝隙中越冬。成虫寿命长达230 d左右。成虫飞翔能力强，有假死习性。

【防治方法】

(1)农业防治　与非豆科作物实行2年以上的轮作；播前精细选种，高温浸种或药剂拌种，适期早播。播种地块冬前进行犁地晒垡，消灭土壤中越冬成虫。

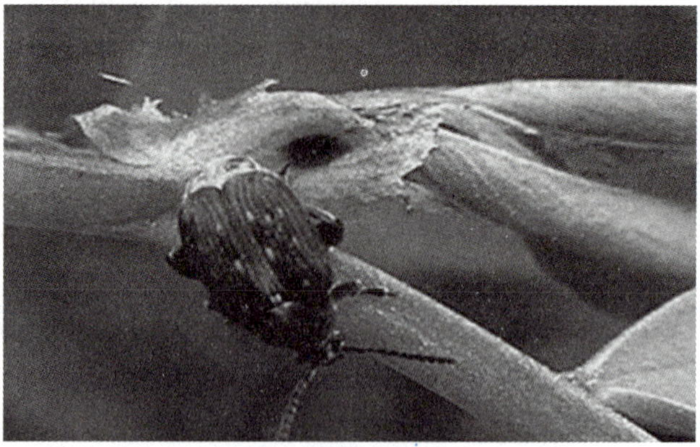

图 2-6-14 蚕豆象

(2)药剂防治 在蚕豆开花初期可喷施 90%敌百虫原粉 1 000 倍液或 90%灭多威可湿性粉剂 3 000 倍液或 4.5%高效氯氰菊酯乳油 1 000 倍液或 0.6%阿维菌素乳油 1 000 倍液或 48%毒死蜱乳油每亩 100 mL。每隔 7 d 再喷 1 次,连续防治 2～3次。

6.白条芫菁

【为害特点】国内广泛分布。主要为害大豆(毛豆)及其他豆科植物,尤喜食幼嫩部位。将叶片咬成孔洞或缺刻,成虫群集吃食叶片和花瓣,严重时豆叶只剩叶脉或食光全叶,致使豆株不能结实。有的还吃豆粒,使其不能结实,对产量影响大。也会为害马铃薯、番茄、茄子、辣椒等(图 2-6-15)。

图 2-6-15 白条芫菁

【发生规律】白条芫菁成虫为植食害虫,但幼虫为肉食性,以蝗卵为食。幼虫孵出后分散觅食，如无蝗虫卵可食，则饥饿而死。一般一个蝗虫卵块可供1头幼虫食用。白条芫菁在华北每年发生一代，以蛹在土中越冬，于次年春化蛹羽化。越冬代成虫于5～6月间发生，集中为害早播大豆，以后转害蔬菜。第一代成虫为害大豆最重，以后数量逐渐减少，并转至蔬菜上为害。成虫多在白天活动取食，以中午最盛，群居性强，成群迁飞，有时数十头群集在一株上，很快将整株成片的叶子吃光；偶遇惊扰，即迅速逃避或堕落，并分泌出一种含芫菁素的黄色液体，能引起人体皮肤红肿、起疱。成虫产卵于土中约5 cm处，每穴70～150粒卵。

【防治方法】

①冬季深翻土地，使越冬虫蛹暴露于土表冻死或被天敌吃掉，减少次年虫源基数。

②利用成虫群集为害的习性，可于清晨用网捕成虫，集中消灭。但应注意勿接触皮肤。

③在成虫发生期喷药，可选用80%敌敌畏乳油，或用90%晶体敌百虫1 000～1 500倍液，或用20%杀灭菊酯乳油，或2.5%溴氰菊酯2 000～2 500倍液等进行喷雾防治。一般年份连续用药2到3次即可控制危害。

7.蜗牛

【为害特点】蜗牛食性杂，主要为害豆科、十字花科和茄科蔬菜以及粮、棉、果树等多种作物。初孵幼贝为害时仅食叶肉，留下表皮，稍大后用齿舌刮食叶茎，造成孔洞或缺刻，严重者将苗咬断，造成缺苗断垄，近似于甘蓝夜蛾和菜青虫为害症状，但爬行过的地方有白色黏液带。植株被其排出的粪便及黏液所污染，易诱发病害，严重影响蔬菜品质。

【发生规律】在华北地区蜗牛一年繁殖1代，以成贝或幼贝在菜田、绿肥田、灌木丛及作物根部、草堆石块下及房前屋后等潮湿阴暗处越冬，壳口有白膜封闭。第二年3月底越冬蜗牛逐渐开始取食为害，5月成贝交配产卵，并为害多种蔬菜。蜗牛喜温暖潮湿的环境。气温在15～25℃，阴天及细雨天，其活动频繁，为害较重。昼伏夜出，最怕阳光直射，对强光刺激敏感。气温10℃以下或35℃以上，干旱少雨时蜗牛便隐蔽起采，常分泌黏液形成蜡状白膜将壳口封住，暂时不食不动。环境适合时，蜗牛又恢复活动，继续为害蔬菜，10月下旬进入越冬状态。一般地势低洼的地块，多年种植的老蔬菜地，常发地块，靠近水沟、渠、河的地块或者大量使用未腐熟作物秸秆的田块发生重。

蜗牛是雌雄同体异体受精，有时亦可自体受精繁殖。蜗牛一生可产卵多次，每成贝可产卵80～235粒，卵粒成堆，多产于潮湿疏松的土里或枯叶下，卵期14～

31 d。

蜗牛的发生还受天敌的影响。蜗牛的天敌已知有步行虫、沼蝇、青蛙和蜥蜴等。如步行虫在 20 min 内能捕食两个成贝，留下空壳。

【防治方法】

（1）农业防治　地膜覆盖栽培明显减轻蜗牛的危害；通过清除田间、地头、垄沟旁边的杂草来破坏蜗牛栖息和产卵场所。初冬上冻前及时深翻土壤，可使部分越冬成贝、幼贝暴露于地面冻死或天敌啄食。

（2）人工诱捕　利用蜗牛昼伏夜出，黄昏为害的特性。在田间设置瓦块、菜叶、树叶、杂草，或扎成把的树枝，白天蜗牛常躲在其中，可集中捕杀。

（3）撒施石灰　当见到田间为害初期点片发生之时，在田间地头、沟边或蔬菜行垄间撒施石灰，每 667 m^2 撒施 5～7.5 kg，可起到保苗作用。

（4）药剂防治　蜗牛属软体动物，不是昆虫，一般杀虫剂对其没有杀灭作用。

毒饵诱杀：用四聚乙醛配制成含 2.5%～6%有效成分的豆饼（磨碎）或玉米粉等毒饵，在傍晚时，均匀撒施在菜田垄上进行诱杀。

毒土灭杀：用 8%灭蛭灵颗粒剂或 10%四聚乙醛颗粒剂，每 667 m^2 用 1 kg，与 10～15 kg 细干土混合，均匀撒施。

喷洒药液：当清晨蜗牛未潜入土中时，可用灭蛭灵 800～1 000 倍液喷洒或 6%密达颗粒剂，或 20%灭旱螺颗粒剂，或 40.75%除螺灵颗粒剂或灭螺净可湿性粉剂 4.2 kg/hm^2，每隔 7～10 d 喷 1 次，连喷 2～3 次。

二、工作准备

（一）实施场所

蔬菜生产基地、多媒体实训室。

（二）资料准备

①利用图书馆或资料室以及报刊、网络查找有关豆类蔬菜害虫的信息资料。

②教材、资料单、PPT、影像资料、相关图书、关于瓜类蔬菜病害的相关文章等。

（三）仪器材料准备

豆类蔬菜害虫挂图、照片或标本；光学显微镜、载玻片、盖玻片、香柏油、刀片、解剖针、镊子、调查记录表等。

【任务设计与实施】

一、任务设计

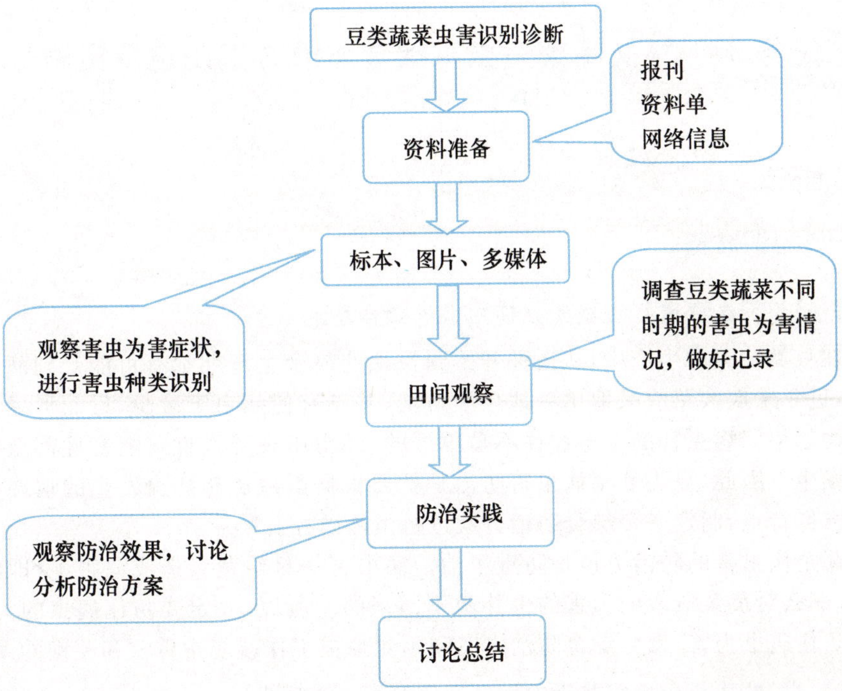

二、任务实施

(一)豆类蔬菜害虫标本观察

对当地豆类蔬菜的主要害虫进行标本观察(没有标本的可通过多媒体课件、观看视频、查阅教材等)方法，熟知豆类蔬菜害虫的主要种类及其主要的形态特征。

(二)豆类蔬菜主要害虫田间识别与观察

到实习农场或种菜大户的田间，进行虫害的观察和害虫标本采集。观察虫害发生特点，天气状况、品种及地块间是否存在差异。

(三)豆类蔬菜虫害的防治实践

通过走访调查，对虫害发生较重的地块，制定防治方案(施药方法、施药面积、药剂浓度或剂量、施药次数、施药间隔期等)，然后施药防治或用其他方法防治(小组间可采取不同的农药或方法)，调查防治效果。经过观察，有了较为明显地防治效果了，则小组提出验收申请，请老师和全班同学集体验收、对比、考核。

（四）写出当地豆类蔬菜主要害虫发生的情况及防治措施

工作任务3　豆类蔬菜病虫害综合防治方案制定及实施

【任务准备】

一、知识准备

（一）为什么要进行豆类蔬菜病虫害的综合防治

在豆类蔬菜的生产中，从播种开始到拉秧的整个生育期都有可能受到病虫的为害，近年来广大菜农采取单一地化学防治，并没有使病虫害减少，反而形成连年加重的趋势。病虫害的发生往往不是单一的，经常出现并发性与继发性甚至病虫混合发生。因此，豆类蔬菜病虫害防治是就要根据当地历年病虫发生的情况和当年的气候特点，制定一个综合防治方案进行整体防控。

蔬菜病虫害的防治应该是防重于治。病虫害一旦给蔬菜造成危害了，即使治住了，那么对蔬菜造成的为害的也补救不回来的。所以，一定要防住病虫的为害，而预防住病虫为害，做好综合防治方案和预测预报工作就非常重要和关键的了。

（二）豆类蔬菜病虫害防治方案的原则和要求有哪些

①制定豆类蔬菜病虫害防治方案要贯彻“预防为主、综合防治”的原则，病虫害的防治要以无公害防治为根本出发点，同时要保证服务、服从于豆类蔬菜高产、优质、高效益的生产目标。

②充分利用农业生态系统中各种自然因素的调节作用，因地制宜地将各种防治措施，如植物检疫、农业防治、物理机械防治、生物防治和化学防治等纳入当地豆类蔬菜生产技术措施体系中，以获得最高的产量，最好的产品质量，最佳的经济、生态和社会效益。

③从实际出发，体现可操作性。目的明确，内容具体，语言简明、流畅。

（三）应如何制定豆类蔬菜病虫害综合防治方案

对于豆类蔬菜病虫害防治，需要从病原物及害虫的历年发生情况、发生规律和气候环境等因素进行综合考虑。有针对性地提出经济、高效、无公害的防治目的。

制定豆类蔬菜病虫害综合防治方案包括选育无病苗、选择适宜的田块、根据物候进行农事操作以及采用合理的栽培方式等方面，在进行综合防治过程中主要应考虑以下几个方面。

1.种子消毒

豆类蔬菜的大多数病害和部分害虫是可以通过种子传播的，因此，对种子进行消毒处理是豆类蔬菜病害综合防治的重要组成部分。

2.配制育苗基质

豆类蔬菜一般是采用直播栽培，但近年来菜农为了延长上茬作物的收获期，也开始采用育苗移栽了。在育苗基质的配制上既要保证其理化性质符合要求，又要确保杀灭有害的病原物和害虫或虫卵等。

3.移栽处理

秧苗出圃前一天要喷杀菌剂和杀虫剂，菜农称为“陪嫁药”。避免出现秧苗带病虫入园。以保证苗齐、苗壮、无病害、活力强、缓苗快。

4.田块选择

栽培豆类蔬菜的茬口最好选择葱蒜类、瓜类及白菜类，尽量避免与其他豆类蔬菜作物轮作。如果不具备轮作条件，要对土壤进行必要的清理和消毒处理。消毒处理可选择熏蒸处理或高温闷棚及施用微生物菌肥等措施。

5.田间管理

根据菜园地势和栽培季节灵活采用高畦、平畦或垄栽；并依据地势选择畦的走向。基肥一定要施足量充分腐熟的有机肥，种肥要采用菌肥与有机肥相结合。有条件的在栽培中采取滴灌系统并铺地膜(地膜可以有效隔离土壤与地上部的联系，有效降低病虫的传播与为害)，可有效控制病虫害的发生；另外，地势低洼的地块要配备良好的排水系统。在山东、辽宁、江苏等蔬菜出口基地，普遍采取网棚栽培，可隔离害虫的进入为害，达到有机生产的目的。目前生产推荐应用的适应目数为24～30目，丝径14～18 mm，幅宽1.0～1.8 m，以白色网为主。但要完全隔离蚜虫，需用40目的防虫网。网目过细，虽隔离效果好，但通风透光效果差，各地可根据虫情需要进行选择。

6.病虫害的防治

在整个生长期都需要注意施用药物对病虫害进行预防，特别是做好病虫害的预测预报，及时进行预防。在农药的选择上要注意使用低毒低残留的农药，尤其以植物源农药和昆虫激素类农药为好，同时还应控制用药与采收的时间间隔，确保产品的安全。

二、工作准备

(一)资料准备

①利用现有的图书馆和阅览室,查阅有关豆类蔬菜病虫害防治的信息资料。

②利用网络浏览中国蔬菜网、中国农资网、中国蔬菜病虫害防治协作网等专业网站,查找有关豆类蔬菜病虫害综合防治方面的信息资料。

③走访当地菜农,掌握当地豆类蔬菜的主要病虫害及常规防治方法。

④教师准备的资料单、关于豆类蔬菜病虫害综合防治的相关文章等。

(二)仪器材料准备

①当地气象资料、栽培品种介绍、栽培技术措施方案和病虫害种类及分布情况等资料。

②教师拟定豆类蔬菜病虫害综合防治方案模板。

【任务设计与实施】

一、任务设计

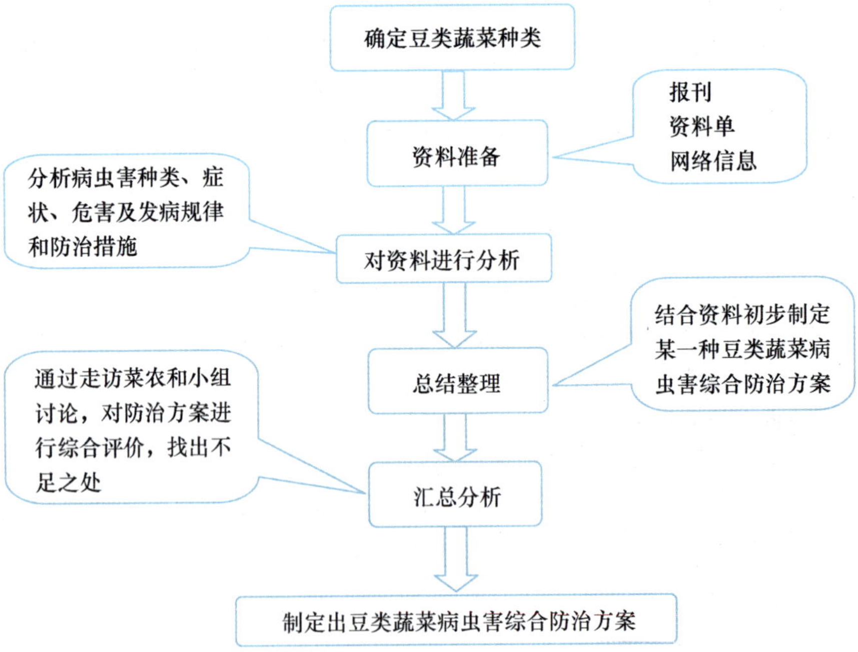

二、任务实施

(一)当地豆类蔬菜病虫害调查

组织学生了解当地豆类蔬菜种类、品种、栽培技术等，以小组为单位，采用走访农户、深入蔬菜田实地调查等方式，调查当地主要豆类蔬菜病虫害发生种类、危害程度以及主要采用的防治方法等，掌握当地豆类蔬菜主要病虫害及常发生病虫害的种类、发生情况和发生规律，填写豆类蔬菜病害调查表 2-6-2。

表 2-6-2 豆类蔬菜病害调查表

调查人： 调查时间： 年 月 日

调查地点：		
病虫害名称：	发病率(虫株率)：	
田间分布情况：		
寄主植物名称：	品种：	种子来源：
土壤性质：	肥沃程度：	含水量：
栽培特点：	施肥情况：	灌、排水情况：
病虫害发生前温度和降雨：	病虫害盛发期温度和降雨：	
防治方法：	防治效果：	
群众经验：		
其他病虫害：		

(二)制定某一种豆类蔬菜病虫害综合防治方案

在进行当地豆类蔬菜病虫害调查的基础上，了解当地某一种豆类蔬菜病虫害发生种类，以小组为单位，制定出某一种豆类蔬菜病虫害综合防治方案，可以以一种豆类蔬菜为对象，如制定“菜豆病虫害综合防治方案”，也可以以一种主要病虫害为对象，如制定“豆荚螟综合防治方案”。

方案制定后进行小组讨论进一步修改完善；然后各组一一展示所制定的防治方案，引导学生分析每组展示的防治方案的优缺点、可行性，是否能达到预期防治效果等，再进一步完善防治方案。

(三)实施所制定的某一种豆类蔬菜综合防治方案中的某项防治措施

根据实验室条件、当地所种植豆类蔬菜种类、病虫害种类、物候期等，根据本组制定的防治方案选择一项防治措施组织学生实施，如实施种子处理技术、某一种病虫害化学防治技术等，调查防治效果，验证所制定的防治方案可行性，再完善防治方案。

【任务拓展】

露地春豇豆病虫害综合防治方案

由于豇豆在我地区种植面积较大，复种指数进一步增加，品种更加丰富，导致蔬菜病虫害的发生呈逐年加重趋势，且防治难度加大。当病虫害进入大面积为害或较高程度为害时，防治难度和成本相应提高。因此，蔬菜病虫害的防治应以预防为主，防治结合，综合控制，将病虫害的为害控制在较低程度，降低防治成本，同时也可保证蔬菜产品的质量和安全。

1.合理安排茬口

选用抗病品种，与非豆科作物(最好与葱蒜类蔬菜轮作)实行3年以上轮作，采用高垄栽培，增施磷钾肥，合理密植，注意通风透光，雨后及时排除田间渍水，发现病株及时拔除并深埋或烧毁等。

2.种子处理

病菌可潜伏、依附种子体或少量种子携带病毒，种子萌发时开始为害，通过种子处理可有效杀死以上病源，提高种子生产的安全性。

晒种　播种前晒种1～2 d，不仅可以提高发芽率和发芽势，而且可以杀死附着在种子表皮的病菌和虫卵。

温汤浸种　用温度55℃左右、种子量5～6倍温水浸种1 h左右，可有效杀菌和促进发芽。

药液浸种或拌种　用消菌灵1 500倍液将种子浸泡15～20 min，用清水洗净播种；或用种子重量0.3%福尔马林药液浸种20 min，然后用清水冲洗干净，晾干后播种。对病毒病发生严重的地区，播种前将种子用10%磷酸三钠浸种30 min，然后清水冲净，晾干备播。

3.定植预防

土壤处理　清洁菜园，把上茬作物的秸秆落叶等清理干净后深耕，基肥一定要充分腐熟，通过高温杀灭里面的病菌和害虫。

对于上茬是豆类作物且病虫害较重的田块，定植前5 d左右亩用生石灰粉100 kg左右撒施于畦面泥土耙匀，对土传性病害病源有一定的抑制和灭杀作用。

定植水配制　对土传病害较重的地区，在定植时要用药水灌根。可用70%敌克松500倍液，或50%壮苗安1 000倍液、70%甲基托布津500倍液、95%绿亨1号3 000倍液、50%福美双600倍液等淋根定植，可有效预防猝倒病、立枯病、根腐病、枯萎病等，

4.苗期预防

豆类蔬菜种子和幼苗营养丰富、组织细嫩，抗病能力弱，是最易受病虫为害的时期，此期要注意观察，发现病虫为害要及时预防。

病害防治　豆类蔬菜从发芽到幼苗期主要有猝倒病、立枯病和根腐病等病害，发现后，可用甲基托布津、根腐灵、壮苗安、农抗120、绿亨1、2号、福美双等，按说明对水进行喷淋，直至将根部淋透。在检查过程中发现病毒苗，及时拔除并进行补苗。

虫害的防治　在这一时期的虫害主要有蛴螬、蝼蛄、小地老虎和金针虫等地下害虫及蓟马、蚜虫、白粉虱等，它们一方面直接为害幼苗，造成缺苗断垄，一方面还是病毒病的传播媒介。对地下害虫可进行诱杀，叶面害虫可采用粘虫板诱杀或采用吡虫啉、奥虱克、阿维菌素、乐斯本·辛等农药进行交替喷施，7～10 d后视虫情可补喷一遍。

5.中期预防

在豇豆的生长中期，主要预防菜豆锈病、菜豆根腐病、菜豆炭疽病、菜豆细菌性疫病和豇豆煤霉病等病害，以及叶螨、豆荚螟、豆野螟、白条芫菁等。

真菌性病害预防　如豆类蔬菜的菜豆锈病、菜豆根腐病、菜豆炭疽病、菜豆细菌性疫病和豇豆煤霉病等，可用50%萎锈灵乳油800倍液，或50%硫黄悬浮剂200倍液，或62.25%仙生可湿性粉剂600～800倍液，或15%粉锈宁可湿性粉剂1 500倍液，25%敌力脱乳油3 000倍液，或12.5%烯唑酮（速保利）可湿性粉剂2 000倍液等，于发病初期进行防治，或于始花期进行保护性用药，每隔10 d喷1次，连喷2次。

细菌性病害预防　豇豆细菌性疫病是豇豆生产重要病害，严重威胁豇豆的生产。在发病初期，可用72%农用链霉素可湿性粉剂3 000～4 000倍液喷雾防治，或用新植霉素可湿性粉剂4 000倍液均匀喷雾防治，每隔7～10 d喷1次，交替用药2～3次。病情基本能得到有效控制。

病毒病预防　该病为系统性症状，叶片出现深绿、浅绿相间的花叶，有时可见叶绿素聚集，形成深绿色脉带和萎缩、卷叶等症状。病毒在田间主要通过蚜虫、蓟马等进行传播，病株汁液摩擦接种及农事操作传播。防治方法上主要以早期治蚜虫、蓟马和螨虫为主，特别是干旱年份。选用1.5%植病灵乳油800倍液，或20%病毒必克可湿性粉剂600倍液，10%混合脂肪酸水剂100倍液等，分别在幼苗期、抽蔓期及初花期对植株各喷洒1次，或在发病初期每隔7～10 d，连续防治3次，对病毒病可起到一定的预防和抑制作用。同时，配喷施宝等叶面肥喷施，此外加强田间管理，增强植株抗病力。

虫害预防　豆荚螟、蚜虫、蓟马、豆芫菁等是豇豆生产的主要害虫，10%吡虫啉可湿性粉剂 1 500 倍液，2.5%菜喜悬浮剂 1 000 倍液，5%锐劲特悬浮剂 2 500 倍液或 60%乙基多杀霉素悬浮剂1 500倍等，每隔 4～5 d 喷 1 次，连续喷 3～4 次，喷雾重点在幼嫩组织如花、幼果、顶尖及嫩梢等部位。针对豆野螟发生严重的地区，可采取下面几种方式综合防治：

①要及时清除田间落花、落荚，并摘除被害卷叶和豆荚，以减少虫源。

②在豆田架设黑光灯或频振式杀虫灯，诱杀成虫。

③药剂防治的策略是"治花不治荚"，即在豇豆始花期第 1 次用药，以后间隔 7～10 d 1 次，连续 2～3 次。喷药时间以早晨 8 时前花瓣张开时为好，此时虫体可充分接触药液；药剂可选用菊酯类及其复配制剂，如敌杀死、速灭杀丁、灭杀毙、21%增效氰·马乳油、20%氰戊菊酯乳油、农地乐浮油、44%速凯乳油、5%抑太保乳油等。可用辛·唑或抑太保或 55%毒·氯乳油或氯虫苯甲酰胺悬浮剂防治效果好。

④提倡使用防虫网防治豆野螟。

6.后期预防

豇豆采摘后期的病虫害可参照中期的方法进行综合防治，由于后期天气较热、湿度较大，豇豆生长势渐衰，可适当加大药剂用量。每次喷药前要清一次果实，在喷药后 10 d 内不能采摘销售。

7.注意事项

由于豇豆等连续开花结荚，豆荚生长时期短，从开花到采收，仅 7～10 d 时间，大量开花结荚期间，几乎天天都有豆荚采收，必须采用无公害方法防治豆荚螟，才能防止污染豆荚，保证食用安全，不危害人体健康。不同药剂要交替轮换使用，防止害虫产生抗药性。严格掌握农药安全间隔期。喷药时一定要均匀喷到植株的花蕾、花荚、叶背、叶面和茎秆上，喷药量以湿有滴液为度。注意对农药包装等废弃物的回收处理，防止污染环境。

【评价反馈】

(一)自我评价

1.菜豆疫病如何识别？如何防治？

2.豆类蔬菜病毒病如何识别？如何防治？

3.豆野螟与豆荚螟在形态上有什么区别？在防治上有何共同之处？

4.简述豇豆锈病的发病规律与防治方法。

5.简述菜豆炭疽病的为害症状。

(二)小组评价

从学习态度、学习方法、团队合作和学习能力的提升等方面评价。

序号	评价项目	评价情况
1	与其他同学口头交流学习内容是否流畅	
2	是否尊重他人	
3	学习态度是否积极主动	
4	是否服从教师的教学安排	
5	着装是否符合标准	
6	能否按照安全和规范的规程操作	
7	能否辨别工作环境中哪些是危险的因素	
8	是否合理规范地使用工具和仪器	
9	是否能保持学习环境的干净整洁	
10	是否遵守学习场所的规章制度	
11	是否有工作岗位的责任心	
12	是否达到全勤	
13	团队学习中主动与合作的情况如何	
14	能否主动参与教学场所的清洁和整理工作	

参与评价的同学签名______________________________

(三)综合评价

1.教师评价

(1)对整个学习内容的小结归纳

(2)对学习过程的总体评价

教师签名________________

2.学生评价

(1)对教师授课效果的评价

(2)对学习效果的评价

学生签名________________

项目七　白菜类蔬菜病虫害

【学习目标】

1. 掌握白菜类蔬菜的主要病害和虫害的主要识别特征
2. 掌握白菜类蔬菜的主要病害和虫害的诊断和防治方法
3. 掌握白菜类蔬菜的病虫害综合防治技术

【项目任务描述】

本项目分为白菜类蔬菜病害的诊断、白菜类蔬菜虫害的识别和白菜类蔬菜病虫害综合防治方案制定及实施3个任务。通过本项目任务的操作与学习，能让学员认识白菜类蔬菜生产中常见的病害和虫害，学会现场诊断、识别方法；通过实训室里的标本观察、田间诊断、识别和防治试验等，来增强学员对本项目的学习兴趣，培养查阅资料、观察分析、调查研究、勤于总结和沟通协作等能胜任岗位工作的职业素质。

【项目结构】

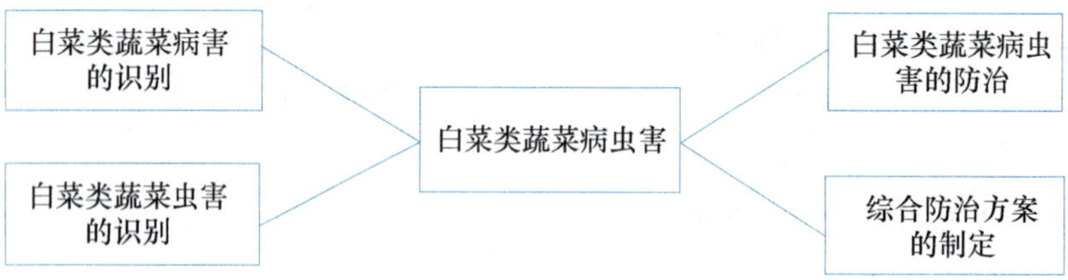

工作任务1 白菜类蔬菜病害的诊断

【任务准备】

一、知识准备

(一)什么是白菜类蔬菜

白菜类蔬菜在植物分类学上都是十字花科芸薹属的植物。它们分属于三个不同的种。

白菜,叶片薄、绿色、无明显的蜡粉、叶缘波状。包括大白菜、小白菜、乌塌菜、菜薹、薹菜等。

甘蓝,叶片厚、蓝绿色、有明显的蜡粉、叶缘波状。包括芥蓝、结球甘蓝、皱叶甘蓝、抱子甘蓝、球茎甘蓝、花椰菜、木立花椰菜、白花芥蓝等。

芥菜,叶片薄、绿色、无明显的蜡粉、叶缘锯齿状。包括叶用芥菜、茎用芥菜等。

在栽培学上,以绿叶为产品的小白菜、乌塌菜、菜薹、薹菜、芥蓝等是绿叶菜类。这一属还有以肉质直根为产品的芜菁、芜菁甘蓝、根用芥菜等则是根菜类。

(二)白菜类蔬菜生产上都有哪些常见的病害

白菜类蔬菜病害可以分为非侵染性和侵染性病害两大类。非侵染性病害是由不良环境条件引起植株出现多种生理障碍如变形、变色或死亡。侵染性病害由真菌、细菌、病毒、线虫等病原物侵染 引起,主要病害有:病毒病、霜霉病、白斑病、软腐病、炭疽病、细菌性角斑病、菌核病。

(三)如何识别白菜类蔬菜主要病害?怎样防治

1.白菜霜霉病

【症状识别】白菜霜霉病是十字花科蔬菜三大病害之一,所有的十字花科蔬菜均可受害。其主要寄主有大白菜、青菜、甘蓝、油菜、菜花、萝卜等。白菜霜霉病从苗期的包心期或种株开花到结荚期均易发病,危害子叶、真叶、花及种荚。苗期发病子叶或嫩茎变黄后枯死。真叶发病多始于下部叶背,初生水浸状淡黄色周缘不明显的斑,水浸状持续较长时间后,病部在湿度较大时,长出白霉。一般品种先在叶面出现淡绿色斑点,逐渐变成黄褐色,病斑受叶脉限制呈不整形或多角形,直径5~12 mm不等。花梗受害,有的稍弯曲,有的畸形肿胀,扭曲似龙头,种荚染病长出白色稀疏霉层严重受害的种荚细小变曲,结实少或不结实(图2-7-1)。

图 2-7-1 白菜霜霉病

【发病原因】该病由霜霉属十字花科霜霉菌侵染引起的真菌病害。病菌主要以卵孢子在病残体或土壤中越冬,或以菌丝体在采种母株上越冬。孢子囊萌发要求有水滴或露水。平均温度 16℃左右,相对湿度高于 70%,连续阴雨天气或结露时间长,有感病品种和菌源,该病易流行。苗期发育阶段不同,对霜霉病抵抗力不同。苗期子叶易感病,真叶较抗病。进入包心期后,随着植株加速生长,外叶开始衰老,也易感病。播期迟早、品种抗病性、田间管理状况等与感病程度也有关系。

【防治方法】

(1)选用抗霜霉病的品种　如 83-24、青麻叶、83-1、冀菜 3 号、小杂 55 等。

(2)种子消毒　播种前用种子重量 0.3%的 25%甲霜灵或 90%三乙膦酸铝可湿性粉剂拌种。

(3)农业防治　适期播种。实行 2 年以上轮作。收获后清除病叶及时深翻。适时追肥并定期喷施增产菌,每亩 30 mL,对水 75 L,或植宝素 6 000～9 000 倍液。

(4)药剂防治　可选用 90%三乙膦·酸铝可湿性粉剂800 倍液,或 58%甲霜灵·锰锌可湿性粉剂500 倍液,或 70%乙锰·可湿性粉剂500 倍液,或 75%百菌清可湿性粉剂 500 倍液,于发病初期喷雾防治,每隔 7～10 d 1 次,连续防治 2～3 次。

2.白菜软腐病

【症状识别】白菜软腐病是十字花科蔬菜三大病害之一,所有十字花科蔬菜均可受害。白菜软腐病,从莲座期到包心期均易发病,尤以包心期发病较重。初发病时病株在烈日下表现萎蔫,早晚恢复。随着病情发展,病株整株萎蔫,早晚不能恢复并脱帮,叶球外露,稍摇动即全株倒地。病部由叶基向根茎发展,使茎部腐烂。腐烂的组织呈黏滑软腐状。有的发生心腐,从茎基部向上发生腐烂。在干燥的条件下,腐烂的病叶经日晒逐渐失水变干,呈薄纸状,紧贴叶球。腐烂处均产生硫化氢恶臭味,为本病重要特征,别于黑腐病(图 2-7-2)。

【发病原因】该病是由欧氏杆菌属病菌侵染引起的细菌性病害。病菌主要在土

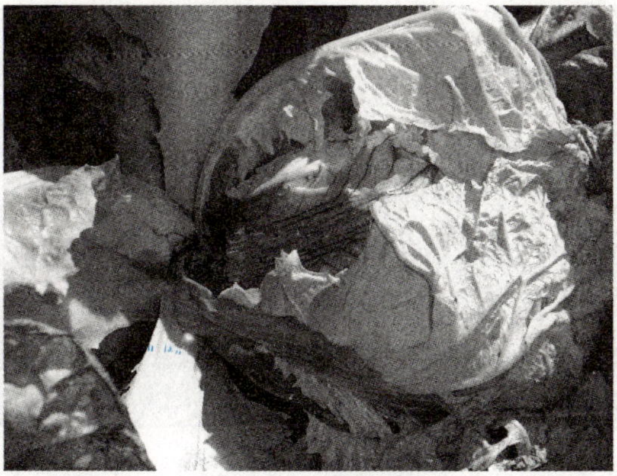

图 2-7-2 白菜软腐病

壤中腐生或在病残体上越冬，通过昆虫、雨水或灌溉水传播蔓延。由伤口、根毛尖端侵入引起发病。在高温高湿条件下，细菌可借雨水及灌溉水传播引起再侵染，使病害进一步扩展蔓延。病菌发育最适温度 25～30℃致死温度 51℃。播种过早发病较重。平畦及地势低洼易造成积水田块，大水漫灌的地块，植株长势较弱，由于农事操作和虫害原因造成较多伤口的，发病均较重。

【防治方法】

(1)选用青帮类型或耐热抗软腐病品种　采用高垄直播，搞好排灌系统，雨后及时排水，防止大水漫灌或田间积水。适期播种，施足基肥，肥料要充分腐熟，同时要避免因施肥、打药等农事操作造成人为伤口。

(2)药剂处理　发病初期喷药，常用药剂有 72％农用硫酸链霉素可溶性粉剂 3 000～4 000 倍液，新植霉素 4 000 倍液，14％络氨铜水剂 350 倍液，47％加瑞农可湿性粉剂 700～750 倍液。每隔 10 d 防治 1 次，连续 2～3 次。

3.白菜病毒病

【症状识别】又叫孤丁病，白菜生育期均可受害。苗期被害后，叶片出现明脉和沿叶脉褪绿，然后产生花叶，叶片皱缩不平，心叶扭曲，生长缓慢，有时叶脉上产生褐色的坏死斑点或条斑，严重时，病株早期枯死。成株期被害，叶片皱缩、凹凸不平，呈黄绿相间的花叶，在叶脉上也有褐色的坏死斑点或条纹，严重时，植株停止生长，矮化，不包心，病叶僵硬扭曲皱缩成团(图 2-7-3)。

【发病原因】病原主要为 TuMV(芜菁花叶病毒)、CMV (黄瓜花叶病毒)、RMV(烟草花叶病毒)。寄生范围很广，除为害大白菜、小白菜、菜心、油菜、芥菜、芜菁、甘蓝、花椰菜、萝卜、西洋菜等外，还能侵染菠菜、茼蒿以及荠菜、车前草等杂草。病毒在窖藏的白菜、甘蓝的留种株上越冬，或者在田间的寄主植物活体上越

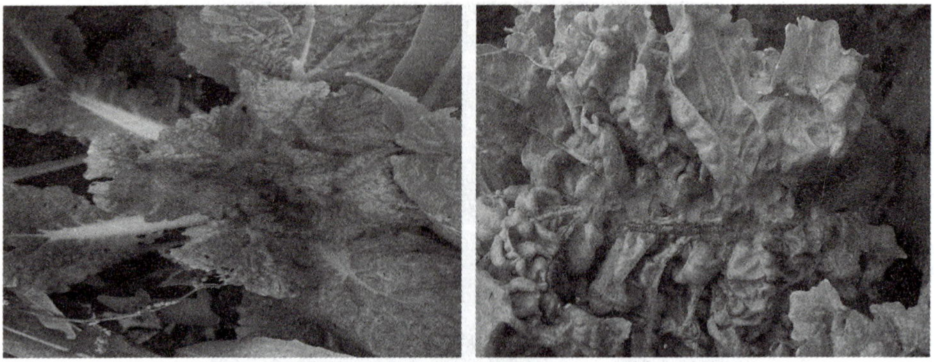

图 2-7-3　白菜病毒病

冬，还可在越冬菠菜和多年生的杂草的宿根上越冬。翌年春天，主要靠蚜虫把病毒传到春季种植的十字花科蔬菜上。

一般高温干旱利于发病，在 28℃时，芜菁花叶病毒的潜育短，只有 3～14 d。相对湿度在 80%以上时，不利于发病，若相对湿度在 75%以下时，病毒病一般容易发生。苗期，一般 6 片真叶以前容易受害发病，被害越早，发病越重。6 片真叶以后受害明显减轻。播种早的秋白菜一般发病重，与十字花科蔬菜邻作，管理又粗放，缺水、缺肥的田块，发病也重。

【防治方法】

从灭蚜、栽培管理和种植抗病品种等综合进行。

(1)选种抗病品种　如北京新 4 号、京春早、京绿 4 号、抱头青、晋菜 3 号、山东 1 号、塘沽青麻叶、冀白菜 3 号、冀白菜 6 号、石绿 85、石丰 88、晋菜 3 号、城阳青等品种比较抗病，各地可因地制宜选用抗病品种。

(2)农业措施　首先，深耕细作，彻底清除田边地头的杂草。其次，病株应及时拔除，带出田外深埋或烧毁，可以减少毒源，减轻病害。要施用充分腐熟的粪肥作为底肥，并增施磷、钾肥，还要及时追肥，氮肥要做到多次少量，前少后多，分次追施，包心球时可每隔 7～8 d 喷 1 次 0.3%磷酸二氢钾水溶液叶面肥，既提高产量，又提高植株抗病力。

适期播种，播种早了发病重，播种晚了又影响产量，所以，要根据当地气候适时播种。间苗时，应除掉弱小病苗。为了防止人工操作传播病毒，操作前和碰到病苗后，要用肥皂水清洗消毒。

③药剂防治　可用病毒 A 可湿性粉剂 500 倍液，或 0.5%抗毒剂 1 号水剂 300 倍液，或 20%病毒净 500 倍液，或 20%病毒 A_{500} 倍液，或 20%病毒克星 500 倍液，或 5%菌毒清水剂 500 液，或 20%病毒宁 500 倍液，或抗病毒可湿性粉剂 400～600

倍液，或 1.5%的植病灵乳剂 1 000 倍液等药剂喷雾。每隔 5～7 d 喷 1 次，连续 2～3 次。

4.白菜炭疽病

【症状识别】该病分布很广，以长江流域各省危害较重。主要危害叶片、花梗及种荚。发病初期叶片上出现苍白色或褪绿色水渍状小斑点，扩大后为圆形灰褐色病斑，病斑中央略下陷，呈薄纸状，边缘隆起，直径 1～3 mm；发病后期病斑灰白色，半透明，易穿孔。在叶背主要危害叶脉，形成凹陷的条状褐斑。叶梗发病形成长圆或纺锤形至梭形凹陷褐色至灰褐色斑，湿度大时病斑有赫红色黏状物(图 2-7-4)。

图 2-7-4 白菜炭疽病

【发病原因】该病为真菌性病害，病原菌随病残体遗落土中或种子上越冬，第二年春天借风或雨水飞溅传播初侵染。潜育期 3～5 d，发病后病部能产生病原菌进行再侵染。该病为高温、高湿型病害，早播、种植、地势低洼、通风透光差的田块，大白菜发病重。

【防治方法】

(1)种子处理　用种子重量 0.4%的 50%多菌灵可湿性粉剂拌种。也可在播前用 50℃温水浸种 10 min。

(2)农业措施　与非十字花科蔬菜隔年轮作；种植抗病品种；注意清洁田园；发病较重的地区应适期晚播，避开高温多雨季节，控制莲座期的水肥；选择地势较高，排水良好的地块栽种；增施磷、钾肥，收获后及时深翻土地，加速病残体的腐烂。

(3)药剂防治　发病初期喷药，常用药剂有 25%炭特灵可湿性粉剂 500 倍液，30%绿叶丹可湿性粉剂 500 倍液，70%甲基硫菌灵可湿性粉剂 1 000 倍液加 75%百菌清可湿性粉剂 1 000 倍液，80%炭疽福美可湿性粉剂 800 倍液。每隔 7～10 d 防治 1 次，连续防治 2～3 次。

二、工作准备

(一)实施场所

蔬菜生产基地、多媒体实训室。

(二)资料准备

①利用图书馆或资料室以及报刊、网络等,查找有关瓜类蔬菜病害的信息资料。

②教材、PPT、材料单、相关图书、教师准备关于白菜类蔬菜病害的相关文章等。

(三)仪器材料准备

白菜类蔬菜病害挂图、照片或标本;光学显微镜、载玻片、盖玻片、香柏油、刀片、解剖针、镊子、调查记录表等。

【任务设计与实施】

一、任务设计

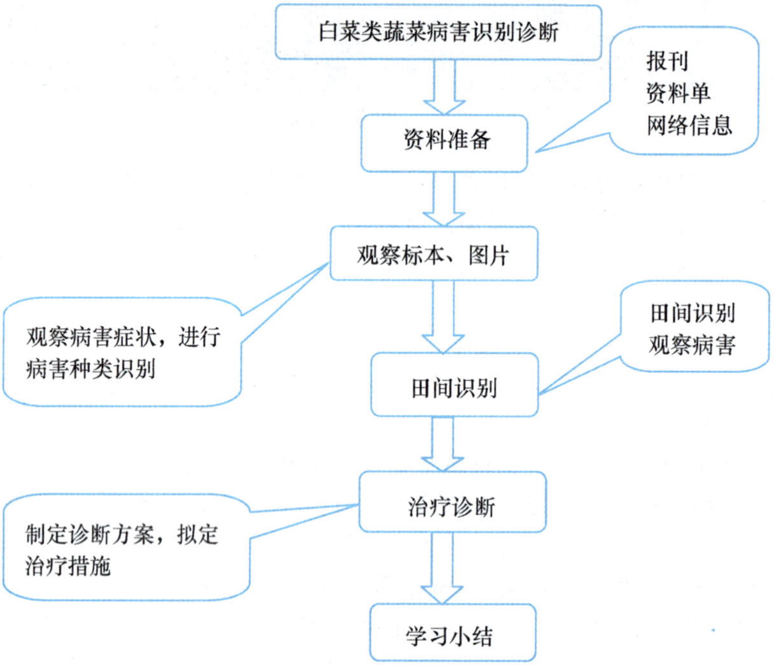

二、任务实施

(一)白菜类蔬菜病害标本观察

认真观察已准备好的各种白菜类蔬菜病害标本及图片，能否见到病害病征？能否根据病害的病状区别开各类病害？对观察到的各种作物病害标本记录其病状特点与发病原因。

(二)白菜类蔬菜病害田间识别与诊断

1.现场观察和调查

现场的观察要细致、周到，由整株到根、茎、叶、花、果等各个器官，注意颜色、形状和气味的异常；由病株到病区，由病区到全田，由全田到邻田；注意病株或病区在田间的位置、地形、地貌、邻作或邻田的影响。病害的调查要注意区分不同的症状，尽可能排除其他病害的干扰；分析病害在设施内的分布类型。向当地气象部门了解发病前后一段时间气象因子的变化，向种植者了解相关的农事操作等。

2.病害诊断

基于上述情况的了解，结合病害症状，对照教材或参考读物，先判断是否发生了病害？再诊断出是哪种类型的病害？同时采集发病标本保存或拍照，以为下步治疗诊断做对照。

3.治疗诊断

根据对病害的诊断，经小组集体讨论，拟定最可能的病害治疗措施，进行针对性的施药处理或改变环境条件，观察病害的发展情况，这就是治疗诊断。

经过观察，有了较为明显的防治效果了，则小组按照任务分工完成白菜类蔬菜病害分析表 2-7-1。

表 2-7-1　白菜类蔬菜________易发生病害分析表

生长时期	病害种类	病害症状	病害发生条件	防治措施
苗期				
生长期				
结球期、收获期				

工作任务 2　白菜类蔬菜虫害的识别

【任务准备】

一、知识准备

(一)白菜类蔬菜有哪些常见害虫

白菜类蔬菜的虫害较多,常见的害虫主要有:蚜虫、粉虱、斑潜蝇、菜螟、菜粉蝶、甘蓝夜蛾、小夜蛾、黄条跳甲等。

(二)如何识别白菜类蔬菜常见害虫?有哪些防治措施

1.菜螟

【为害特点】以初龄幼虫蛀食幼苗心叶,吐丝结网,轻则影响菜苗生长,重者可致幼苗枯死,造成缺苗断垅;高龄幼虫除啮食心叶外,还可蛀食茎髓和根部,并可传播细菌软腐病,引致菜株腐烂死亡。该虫广泛分布于全国各蔬区,尤以萝卜、白菜、甘蓝受害为重(图 2-7-5)。

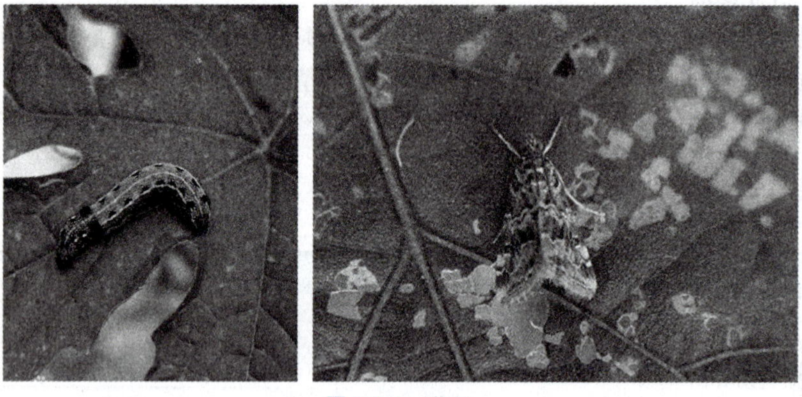

图 2-7-5　菜螟

【发生规律】白菜类 4～11 月份均受害较重。凡秋季天气高温干燥,有利于菜螟发生,如菜苗处于 2～4 叶期,则受害更重。成虫昼伏夜出,稍具趋光性,产卵于叶茎上散产,尤以心叶着卵量最多。初孵幼虫潜叶危害,3 龄吐丝缀合心叶,藏身其中取食危害,4～5 龄可由心叶、叶柄蛀入茎髓危害。幼虫有吐丝下垂及转叶危害习性。老熟幼虫多在菜根附近土面或土内作茧化蛹。

【防治方法】

(1)结合管理,人工捕杀 在间苗、定苗时,如发现菜心被丝缠住,即随手捕杀。

(2)及时喷药 应在幼虫孵出初期和蛀心前(或心叶有丝网时)喷施21%灭杀毙,或40%氰戊菊酯5 000～6 000倍液,或2.5%功夫,或20%杀灭菊酯4 000倍液,或40%菊杀乳油,或40%菊马乳油3 000倍液,或50%辛硫磷,或50%巴丹可湿粉1 500倍液,或90%敌百虫晶体、80%敌敌畏乳油1 000倍液,或Bt乳剂、或杀螟杆菌、或青虫菌粉剂(微生物农药)1 000倍液。交替喷施2～3次,每隔7～10 d喷1次,喷匀喷足。

2. 甘蓝夜蛾

【为害特点】主要是以幼虫危害作物的叶片,初孵化时的幼虫围在一起于叶片背面进行为害,白天不动,夜晚活动啃食叶片,而残留下表皮,到大龄的(4龄以后),白天潜伏在叶片下,菜心、地表或根周围的土壤中,夜间出来活动,形成暴食。严重时,往往能把叶肉吃光,仅剩叶脉和叶柄,吃完一处再成群结队迁移为害,包心菜类常常有幼虫钻入叶球并留了不少粪便,污染叶球,还易引起腐烂(图2-7-6)。

图2-7-6 甘蓝夜蛾

【发生规律】甘蓝夜蛾的发生往往出现年代中的间歇性暴发,在冬季和早春温度和湿度适宜时,羽化期早而较整齐,易于出现暴发性灾年。具体地讲,当日平均温度在18～25℃、相对湿度70%～80%时最有利于它的发育。高温干旱或高温、高湿对它的发育不利。所以夏季是个明显的发生低潮。与其他害虫不同的重要一点是成虫需要补充营养。成虫期,羽化处附近若有充足的蜜、露,或羽化后正赶上有大量的开花植物，都可能引起大发生。

【防治方法】

(1)做好预测预报　根据以上提供的时间和数据，应做好预测预报，特别是春季预报。

(2)农业防治　包括秋季发生地块的后处理，即认真耕翻土地，消灭部分越冬蛹，及时清除杂草和老叶，创造通风透光良好环境，以减少卵量。

(3)糖醋液诱杀　利用成虫喜糖醋的习性。抓住良机进行诱杀。鉴于雌成虫产卵量大的习性，诱杀成虫的意义特别重要，在方法上可采用精：醋：水＝6：3：1的比例，再加入少量甜而微毒的敌百虫原药。认真诱杀成虫。

(4)生物防治　赤眼蜂、松毛虫、寄生蝇、草蛉等都是有效的天敌，应充分利用。

(5)药剂防治　可选用4 000倍液的杀灭菊酯或2 000倍液的二氯苯酸菊酯或1 000倍液的辛硫磷，根据预测预报提供的材料，及时进行防治。

3. 黄条跳甲

【为害特点】以成虫和幼虫危害。成虫咬食叶片成无数小孔，影响光合作用，严重时致整株菜苗枯死，还可加害留种株的嫩荚，影响留种；幼虫在土中危害菜根，蛀食根皮等，咬断须根，严重者造成植株地上部叶片萎蔫枯死。该虫除直接危害菜株外，还可传播细菌性软腐病和黑腐病，造成更大的危害(图2-7-7)。

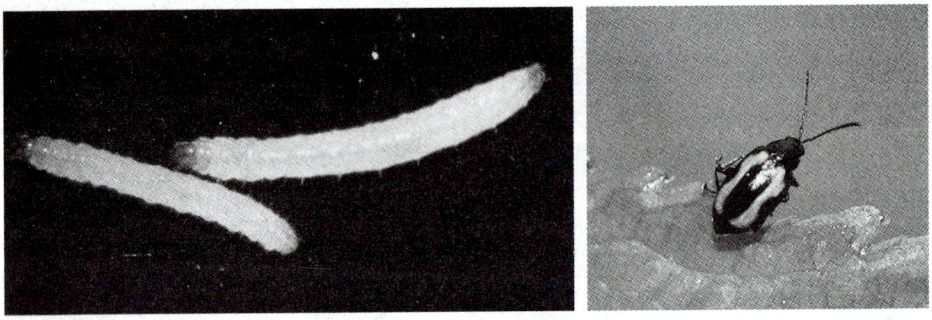

图 2-7-7　黄条跳甲

【发生规律】1年发生世代各地有异：黑龙江2代/年；华北地区4～5代/年；江浙4～6代/年；南昌5～7代/年；广州7～8代/年，世代重叠。以成虫在茎叶、杂草中潜伏越冬，翌春气温10℃以上开始取食，20℃时食量大增，32～34℃时食量最大，超过34℃则食量大减，对低温抵抗力亦强。广州地区成虫无明显越冬期，一年中以4～5月(第一代)危害最烈。成虫寿命可长达1年，善跳跃，遇惊扰即跳到地面或田边水沟，随即又飞回叶上取食。晴天中午高温烈日时(尤其夏季)多隐藏在叶背或土缝处,早晚出来危害。成虫具趋光性,对黑光灯尤为敏感。成虫产卵于泥土下的菜根上或其附近土粒上,孵出的幼虫生活于土中蛀食根表皮并蛀入根内。老熟后在上中作室化蛹。

【防治方法】

(1)农业防治　清洁田园,深翻晒土。收获后彻底收集残株落叶,铲除杂草烧毁,并进行播前深翻晒土,以消灭部分虫蛹,恶化虫子越冬及食料基地环境,可减轻危害。加强幼苗期肥水管理,促菜株早生快长,以缩短或度过幼株受害危险期。

(2)物理防治　铺设地膜,避免成虫把卵产在根上。

(3)药剂防治　在重危害区,播前或定植前后用撒毒土、淋施药液法处理土壤,毒杀土中虫蛹。可用80%敌百虫可溶性粉配成毒土撒施土表浅松土药∶土＝1∶(50～100);或淋施90%敌百虫结晶1 000倍液或80%敌敌畏1 500～2 000倍液,或50%辛硫磷2 000～3 000倍液,或20%速灭杀丁3 000～4 000倍液,或2.5%敌杀死3 000倍液,或21%灭杀毙3 000～4 000倍液,或40%菊马乳油2 000～3 000倍液,或10%氯氰菊酯乳油2 000～3 000倍液。1～2次,要淋透。当成虫开始活动而尚未产卵时用上述有机磷或菊酯类药剂或52%农地乐800～1 000倍或5%卡死克1 000～2 000倍喷施。

4. 菜粉蝶

【为害特点】幼虫咬食寄主叶片,2龄前仅啃食叶肉,留下一层透明表皮,3龄后蚕食叶片孔洞或缺刻,严重时叶片全部被吃光,只残留粗叶脉和叶柄,造成绝产,易引起白菜软腐病的流行。菜青虫取食时,边取食边排出粪便污染。幼虫共5龄,3龄前多在叶背为害,3龄后转至叶面蚕食,4～5龄幼虫的取食量占整个幼虫期取食量的97%(图2-7-8)。

图2-7-8　菜粉蝶

【发生规律】菜粉蝶各地普遍发生，各地年生代数不同。东北、华北 1 年发生 4～5 代，上海 5～6 代，长沙 8～9 代，广西 7～8 代。各地均以蛹越冬。越冬场所多在受害菜地附近的篱笆、墙缝、树皮下、土缝里或杂草及残株枯叶间。菜粉蝶成虫白天活动，尤以晴天中午更活跃。成虫多产卵于叶背面，偶有产于正面。散产，每次只产 1 粒，每头雌虫一生平均产卵百余粒，以越冬代和第一代成虫产卵量较大。初孵幼虫先取食卵壳，然后再取食叶片。1～2 龄幼虫有吐丝下坠习性，幼虫行动迟缓，大龄幼虫有假死性，当受惊动后可蜷缩身体坠地。幼虫老熟时爬至隐蔽处，先分泌黏液将臀足粘住固定，再吐丝将身体缠住，再化蛹。菜粉蝶发育最适温为 20～25℃，相对湿度 76%左右。在适宜条件下，卵期 4～8 d；幼虫期 11～22 d；蛹期约 10 d(越冬蛹除外)；成虫期约 5 d。

【防治方法】

(1)清洁田园　十字花科蔬菜收获后，及时清除田间残株老叶和杂草，减少菜青虫繁殖场所和消灭部分蛹。深耕细耙，减少越冬虫源。

(2)注意天敌的自然控制作用　保护广赤眼蜂、微红绒茧蜂、凤蝶金小蜂等天敌。在绒茧蜂发生盛期用每克含活孢子数 100 亿个以上的青虫菌，或 Bt 可湿性粉剂 800 倍液喷雾。

(3)低龄幼虫防治　发生初期，喷洒苏芸金杆菌 800～1 000 倍液或菜粉蝶颗粒体病毒每亩用 20 幼虫单位，对菜青虫有良好的防治效果，喷药时间最好在傍晚。

幼虫发生盛期，可选用 20%天达灭幼脲悬浮剂 800 倍液、10%高效灭百可乳油 1 500 倍液、50%辛硫磷乳油 1 000 倍液、20%杀灭菊酯 2 000～3 000 倍液、21%增效氰马乳油 4 000 倍液或 90%敌百虫晶体 1 000 倍液等喷雾 2～3 次。

3 龄以后的幼虫食量加大、耐药性增强。因此，施药应在 2 龄之前，药剂可选用 40%新农宝乳油 1 000 倍液，或 3.5%锐丹乳油 800～1 500 倍液，或 2.5%敌杀死乳油 3 000 倍液，或 2.5%保得乳油 2 000 倍液，或 25%广治乳油 600～800 倍液，或 52.25%农地乐乳油 1 000 倍液。

二、工作准备

(一)实施场所

蔬菜生产基地、多媒体实训室。

(二)资料准备

①利用图书馆或资料室以及报刊、网络等，查找有关白菜类蔬菜虫害的信息资料。

②教材、PPT、相关图书、影像资料、资料单、关于白菜类蔬菜虫害的相关文章等。

(三)仪器材料准备

①白菜类蔬菜虫害挂图、照片或标本;体视显微镜、解剖刀、镊子、采集瓶、捕虫网、放大镜、各种杀虫剂、喷雾器、记载用具等。

②教师设计相关识别诊断表格。

【任务设计与实施】

一、任务设计

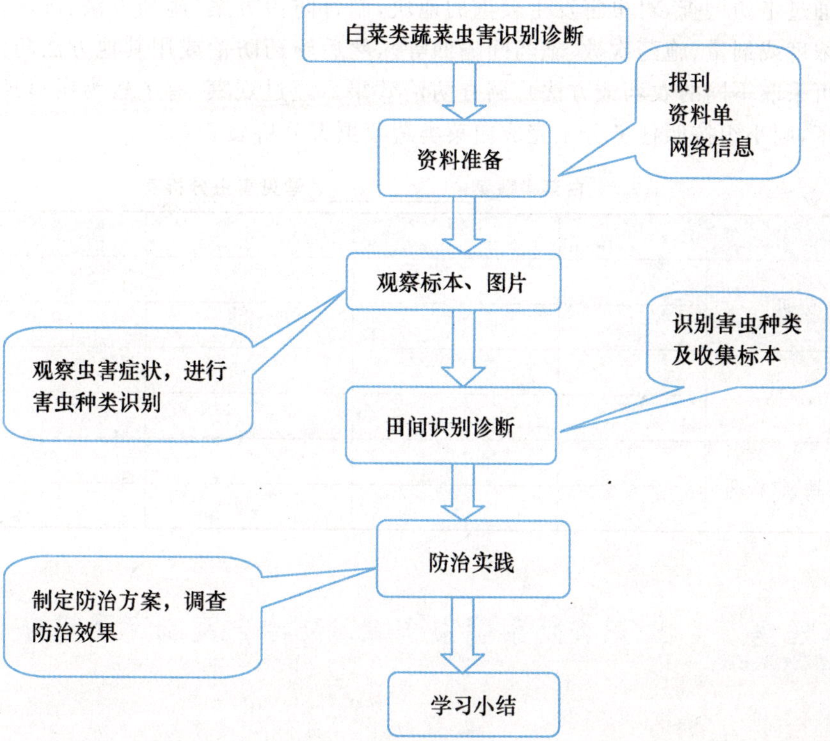

二、任务实施

(一)白菜类蔬菜虫害标本观察

安排学生课前预习白菜类蔬菜虫害相关知识。在教师的指导下,观看白菜类蔬菜主要害虫标本及危害图片。熟知白菜类蔬菜害虫的主要种类及其主要的形态特征，能将各种害虫识别出来。

(二)田间识别与观察

引导学生在课前以小组为单位到蔬菜生产基地或者附近农田，寻找白菜类蔬菜害虫，以备本工作任务的实施。

对所找的白菜类蔬菜害虫进行认真、细致地观察其形态特征与为害状，然后对照教材或参考读物查询到是哪一种或哪一类？能否在周围发现其他虫态？可否观察到这种害虫的一些重要习性？发生规律、为害特点等。同时给害虫及为害状进行拍照，采集害虫各虫态的标本。

(三)防治实践

通过走访调查，对虫害发生较重的地块，制订防治方案(施药方法、施药面积、药剂浓度或剂量、施药次数、施药间隔期等)，然后施药防治或用其他方法防治(小组间可采取不同的农药或方法)，调查防治效果。经过观察，有了较为明显地防治效果了，则小组按照任务分工完成白菜类蔬菜虫害分析表2-7-2。

表2-7-2 白菜类蔬菜＿＿＿＿＿＿＿常见害虫分析表

生长时期	害虫种类	危害症状	虫害发生条件	防治措施
苗期				
生长期				
结球期、收获期				

工作任务3 白菜类蔬菜病虫害综合防治方案制定及实施

【任务准备】

一、知识准备

(一)为什么要进行白菜类蔬菜病虫害的综合防治

在白菜类蔬菜的生产中，从播种开始到收获，几乎都受到病虫的侵害，并且由于病虫害的发生受多种因素的影响，每年病虫害发生的种类和时间都有一定程度的差异，给防治工作带来了很大的困扰。白菜类蔬菜的病害与病害之间可以相互影响，比如大白菜在感染病毒病后，往往很容易再得霜霉病和软腐病。而虫害与病害也是相互影响的，比如被菜青虫咬食过的伤口，容易被软腐病病菌所侵染，导致病害流行。再比如，病毒病由病毒侵染引起，而蚜虫是传播病毒的主要媒介，因此，预防病毒病，，必须先防止蚜虫的危害。

(二)如何制定白菜类蔬菜病虫害综合防治方案

对于白菜类蔬菜病虫害防治，需要从作物、病原物、病虫害发生历史、环境条件、劳动力等因素进行综合考虑。只有进行综合分析后才能很好地发现问题，所提出的综合防治措施也才能更有效与经济。

合理制订白菜类蔬菜病虫害综合防治方案对高产高效生产至关重要，包括使用健康的种苗、选择适宜的田块、采用恰当的农事操作等，在进行综合防治过程中主要应注意以下几个方面。

农业防治　农业防治就是说，创造有利于蔬菜生长而不利于害虫发生的环境条件，保持农田良好的生态平衡。这是防治措施中的基础。

1.选择适当品种

在选择品种时，除了要选择丰产性能好、适合当地食用习惯的品种外，针对当地容易发生的病害，选用对应的抗病性强的品种也很重要。对于大白菜来说，通常青帮大白菜比白帮大白菜抗病，疏心直筒型白菜比包心型圆筒型白菜抗病。

2.合理布局

白菜类蔬菜最好与非十字花科蔬菜实行 2～3 年的轮作，这样可以减少土壤中病菌的来源，同时减少害虫的过渡寄主。可选择瓜类、茄果类、葱蒜类、豆类及小麦等作物的茬口。为了减少病虫害传播，也要避免与十字花科蔬菜邻作，提倡与玉米等作物间作、套作。

3.适时播种

对于大白菜来说，秋季直播的话，一般早播病重，晚播病轻，但是如果播期过晚，大白菜包心不实、产量低，因此，应根据当地气象预报和品种特性选择适宜的播期。使幼苗期能避开高温干旱不利的条件。

3.种子消毒

白菜类蔬菜的多种病害均可通过种子传播，因此，适当地进行种子处理可以消灭种子本身所带的病菌，比如防治霜霉病、黑斑病可用 75%百菌清可湿性粉剂按种子量的0.4%拌种。

4.整地

白菜类蔬菜要避免在低洼、黏重地块栽培。另外，平整土地千万不能草率行事。做畦前要精细整地，使土壤疏松、田块平整、肥力均匀，地面平整便于灌溉和排水，而浇水均匀，可使作物生长一致。

对于大白菜来说，如果平畦栽培的话，既不利于排水，也不容易引水灌溉。而且很容易诱发软腐病和霜霉病。因此，大白菜实行高畦栽培比较好，这样排灌方便，通风良好，既可以随时满足大白菜对水分的需要，又能避免因灌水而造成的潮湿现象，从而减少病害的发生。另外，高畦还加深了耕层，有利于根系的发育。

5.田间管理

在定植或移栽后进行地膜覆盖，可防雨、防旱，有效地控制土壤的水分，降低田间的湿度，减轻霜霉病的危害，能提高土温，有利于结球，还不需要中耕除草和追肥，节省了劳动力。

苗期要及时间苗、定苗，严格剔除病苗，播种过密、间苗过迟的容易引发霜霉病。根据天气、土壤和苗情掌握蹲苗时间，干旱年份缩短蹲苗期。

要根据蔬菜不同生育期的需要，结合天气和土壤的湿度，科学浇水，防止干旱缺水或菜地积水。

及时中耕松土，防止土壤板结，促进根系发育，松土时要避免伤根和造成机械伤口。注意铲除田间以及周边杂草，造成不利于害虫的生存环境。及时追施氮磷钾复合肥，防止后期脱肥，增强后期抗病力。追肥不及时，特别是在大白菜包心期脱肥的话，容易造成营养不良、抗病力下降，引发霜霉病。施肥时要力求均匀，以免烧根引发软腐病。及时清除园内的病叶、老叶，并做集中处理。

物理防治 在小菜蛾、夜蛾等成虫羽化期，利用害虫的趋光性，在田间安装黑光灯，利用灯光诱杀成虫，这种方法安全环保，使用简便，杀虫效率高，对降低害虫密度具有很好的效果。除此之外，利用害虫的趋避性进行诱杀，在田间悬挂色板等也比较有效，比如悬挂黄板可以诱杀蚜虫。另外，使用防虫网防治小菜蛾、菜青虫的效果也不错。

化学防治 目前，防治病毒病的药剂不少，但效果都不太明显，因此，对病毒病一定要本着早发现、早治疗的原则。在发病早期，可用盐酸吗啉胍·乙酸铜可湿性粉剂500倍液药剂喷雾，每隔5～7 d喷1次，连续2～3次。

对于细菌性病害，一些含铜的制剂和抗生素类药物都比较有效，比如说，在软腐病、黑腐病发病初期，我们可以选用77%氢氧化铜可湿性粉剂500～800倍液，或72%农用链霉素可溶性粉剂4 000～5 000倍液等，每7～10 d喷1次，共喷2～3次。

防治霜霉病、黑斑病，可用58%甲霜灵·锰锌可湿性粉剂500倍液，或75%百菌清500倍液喷雾。每隔7 d喷1次，连续防治2～3次。

防治大白菜干烧心，可从大白菜的莲座期到包心期，叶面喷施0.7%的氯化钙溶液，每10 d喷施1次，连喷4次。

对于危害白菜类蔬菜的害虫来说，要勤查早治，把幼虫消灭在低龄期，做到早发现、早预防。

防治蚜虫，可喷施10%吡虫啉可湿性粉剂2 000倍液。防治菜青虫、小菜蛾，可用1.8%阿维菌素乳油3 000～4 500倍液，或25%灭幼脲悬乳剂1 000倍液喷雾防治。防治甘蓝夜蛾的化学药剂有除虫脲2 500倍液、灭幼脲2 000倍液等。防治斑潜蝇可选择灭蝇胺、阿维菌素及菊酯类药剂等。

在进行化学防治时，一定要根据防治对象的特点选择药剂。同时，为了防止害虫产生抗药性，各种药剂最好交替施用，要严格掌握施药量、施药次数和安全间隔期，严禁使用高毒、高残留农药，另外，一些白菜品种对链霉素等较为敏感，要注意防止药害。

由此可见，在白菜类蔬菜的生产过程中为了达到理想的防治效果，或者说保证生产的顺利进行，都需要制订详细的病害综合防治方案，常常需要多种措施的合理配合，往往需要综合考虑与综合处理。

二、工作准备

(一)资料准备

①利用图书馆或资料室以及报刊、网络等，查找有关白菜类蔬菜病虫害防治的信息资料。

②教材、相关图书、关于白菜类蔬菜病虫害综合防治的相关文章。

(二)仪器材料准备

①当地气象资料、栽培品种介绍、栽培技术措施方案和病虫害种类及分布情况等资料。

①教师拟定白菜类蔬菜病虫害综合防治方案模板。

【任务设计与实施】

一、任务设计

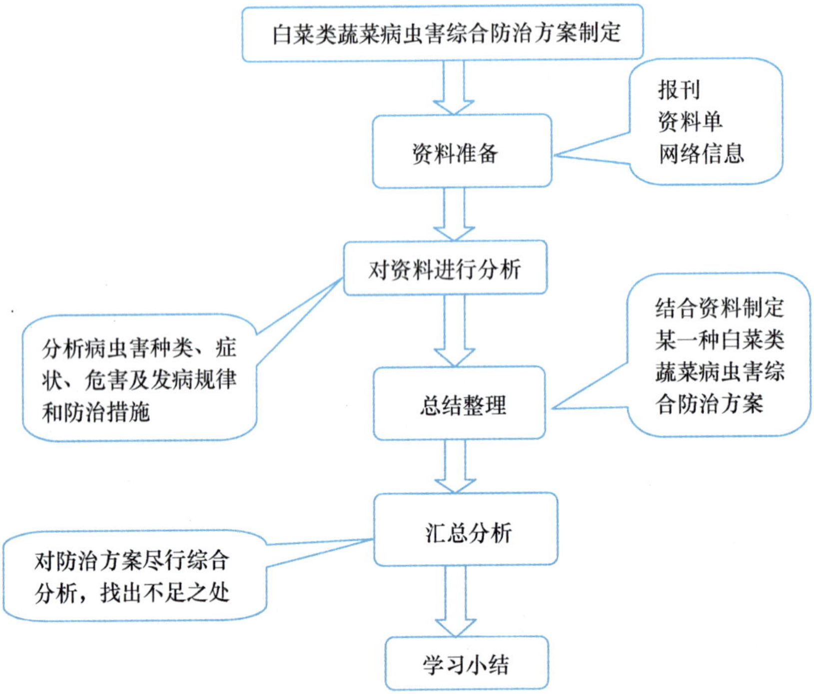

二、任务实施

(一)当地白菜类蔬菜病虫害调查

组织学生了解当地白菜类蔬菜种类、品种、栽培技术等，以小组为单位，采用走访农户、深入蔬菜田实地调查等方式，调查当地主要白菜类蔬菜病虫害发生种类、危害程度以及主要采用的防治方法等，掌握当地白菜类蔬菜主要病虫害及常发生病虫害的种类、发生情况和发生规律。

表 2-7-3 白菜类蔬菜病害调查表

调查人： 调查时间： 年 月 日

调查地点：		
病虫害名称：	发病率(虫株率)：	
田间分布情况：		
寄主植物名称：	品种：	种子来源：
土壤性质：	肥沃程度：	含水量：
栽培特点：	施肥情况：	灌、排水情况：
病虫害发生前温度和降雨：	病虫害盛发期温度和降雨：	
防治方法：	防治效果：	
群众经验：		
其他病虫害：		

(二)制定某一种白菜类蔬菜病虫害综合防治方案

在进行当地白菜类蔬菜病虫害调查的基础上，了解当地某一种白菜类蔬菜病虫害发生种类，以小组为单位，制定出某一种白菜类蔬菜病虫害综合防治方案，可以以一种白菜类蔬菜为对象，如制定“大白菜病虫害综合防治方案”，也可以一种主要病虫害为对象，如制定“菜粉蝶综合防治方案”。

方案制定后进行小组讨论进一步修改完善；然后各组一一展示所制定的防治方案，引导学生分析每组展示的防治方案的优缺点、可行性，是否能达到预期防治效果等，再进一步完善防治方案。

(三)实施所制定的某一种白菜类蔬菜综合防治方案中的某项防治措施

根据实验室条件、当地所种植白菜类蔬菜种类、病虫害种类、物候期等，根据本组制定的防治方案选择一项防治措施组织学生实施，如实施生物防治技术、某一种病虫害化学防治技术等，调查防治效果，验证所制定的防治方案可行性，再完善防治方案。

【任务拓展】

蔬菜病虫害生物防治

生物防治系指以菌治虫、以虫治虫、以抗生素防治病虫害或以各种生物制剂防治病虫害，可直接取代部分化学农药。由于生物防治经济安全，对蔬菜及环境无污染且不伤害天敌，害虫不易产生抗药性，近年来受到人们的普遍重视。

目前在生产实践中已得到成功运用的有：用苏云金杆菌(Bt)制剂防治多种鳞翅目害虫已取得实效，用菜青虫颗粒体病毒防治菜青虫或与苏云金杆菌混用防效更好，或用斜纹夜蛾核形多角体病毒防治斜纹夜蛾，用丽蚜小蜂防治温室白粉虱，用烟蚜茧蜂防治桃蚜、棉蚜，释放广赤眼蜂防治菜青虫、棉铃虫等鳞翅目害虫，用10%阳霉素乳油防治螨类、美洲斑潜叶蝇，小菜蛾、菜青虫等，用楝素、苦参、藜芦碱、茴蒿素、烟碱等多种植物源农药防治多种害虫，用农抗120或武夷菌素防治瓜类白粉病、炭疽病、灰霉病、枯萎病、叶霉病、黄瓜黑星病等多种病害，用新植霉素、农用链霉素等防治多种细菌性病害，多抗霉素能防治黄瓜霜霉病、白粉病、番茄晚疫病，菜丰宁拌种可防治白菜软腐病，用弱毒疫苗N14、卫星拉糖核酸S52防治茄果类病毒病，用5406细胞分裂素拌种或喷雾，对大白菜、黄瓜等蔬菜有防病增产的效果。

利用生物工程技术进行作物茎尖脱毒快繁既可有效防治病毒病，也可加快作物繁育速度，这项技术已在马铃薯、草莓、大蒜、苹果等作物上推广应用。通过瓜类嫁接、茄果类嫁接可有效防治多种土传病害。

【评价反馈】

(一)自我评价

1. 甘蓝夜蛾各地均以__________在__________越冬。

2. 白菜蚜的生活史中，由__________产生的有翅蚜被称为迁移蚜。

3. 菜螟主要以__________在土里吐丝，将周围的土粒、枯叶缀合成丝囊，在内越冬。

4. 引起十字花科蔬菜病毒病的主要病毒有__________、__________和__________，病毒越冬的场所为__________和__________。

5. 白菜霜霉病主要为害部位是__________，越冬场所是__________和__________，适宜发病的气候条件是__________、温度__________，昼夜温差__________。

6. 下列大白菜病害中有“脱帮子”、“烂疙瘩”之俗称的病害是(　　)。

　A. 大白菜霜霉　　B. 大白菜软腐病
　C. 大白菜病毒病　　D. 大白菜干烧心

7. 白菜病毒病的感病期是(　　)。

　A. 苗期　　B. 包心期　　C. 莲座期　　D. 成株期

8. 菜粉蝶的越冬虫态是(　　)。

　A. 卵　　B. 幼虫　　C. 蛹　　D. 成虫

9.怎样识别白菜主要病害?入侵途径传播方式有何不同?

10.白菜类蔬菜主要会发生哪些病虫害?

11.简述白菜类炭疽病菌的发病规律。

12.以菜青虫为例,制定害虫的综合防治措施。

13.试述白菜病毒病的防治方法。

(二)小组评价

从学习态度、学习方法、团队合作和学习能力的提升等方面评价。

序号	评价项目	评价情况
1	与其他同学口头交流学习内容是否流畅	
2	是否尊重他人	
3	学习态度是否积极主动	
4	是否服从教师的教学安排	
5	着装是否符合标准	
6	能否按照安全和规范的规程操作	
7	能否辨别工作环境中哪些是危险的因素	
8	是否合理规范地使用工具和仪器	
9	是否能保持学习环境的干净整洁	
10	是否遵守学习场所的规章制度	
11	是否有工作岗位的责任心	
12	是否达到全勤	
13	团队学习中主动与合作的情况如何	
14	能否主动参与教学场所的清洁和整理工作	

参与评价的同学签名____

(三)综合评价

1. 教师评价

(1)对整个学习内容的小结归纳

(2)对学习过程的总体评价

教师签名________________

2. 学生评价

(1)对教师授课效果的评价

(2)对学习效果的评价

学生签名________________

项目八　葱蒜类蔬菜病虫害

【学习目标】

1. 了解为害葱蒜类蔬菜的主要病虫害种类
2. 识别当地为害较重的葱蒜类蔬菜病害和害虫
3. 掌握葱蒜类蔬菜生产中病虫害无公害防治技术

【项目任务描述】

本项目分为葱蒜类蔬菜病害的诊断、葱蒜类蔬菜虫害的识别和葱蒜类蔬菜病虫害综合防治方案制定及实施 3 个任务。通过本项目任务的操作与学习，能让学员认识葱蒜类蔬菜生产中常见的病害和虫害，学会现场诊断、识别方法；通过实训室里的标本观察、田间诊断、识别和防治试验等，来增强学员对本项目的学习兴趣，培养查阅资料、观察分析、调查研究、勤于总结和沟通协作等能胜任岗位工作的职业素质。

【项目结构】

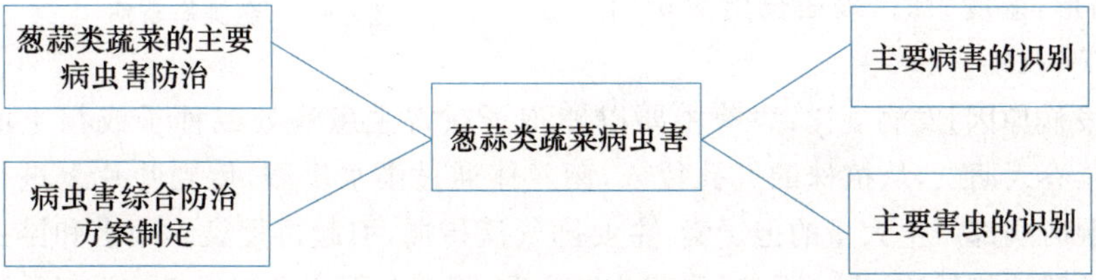

工作任务1 葱蒜类蔬菜病害的诊断

【任务准备】

一、知识准备

葱蒜类蔬菜主要包括大葱、洋葱、大蒜、韭菜等蔬菜，以食用其茎叶为主。葱蒜类蔬菜在我国各地均有栽培，韭菜可保护地生产，大葱、洋葱、大蒜幼苗越冬，来年生长。做好葱蒜类病虫害防治是搞好葱蒜类蔬菜生产的根本保障。

1.葱类霜霉病

葱类霜霉病是大葱、洋葱上的重要病害，条件适宜时病害则迅速蔓延，造成严重损失。除为害大葱、洋葱之外，还为害大蒜、韭菜等作物。

【症状识别】洋葱霜霉病主要为害叶片和花梗。发病轻的病斑呈黄白色或苍白绿色长椭圆形，严重时波及上半叶，植株发黄或枯死，病斑呈倒“V”字形。花梗染病同叶部症状，易由病部折断枯死。湿度大时，病部长出白色至紫灰色霉层，即病菌的孢囊梗及孢子囊。鳞茎染病后变软，外部的鳞片表面粗糙或皱缩。植株矮化，叶片扭曲畸形，湿度大时，表面长出大量白霉(图2-8-1)。

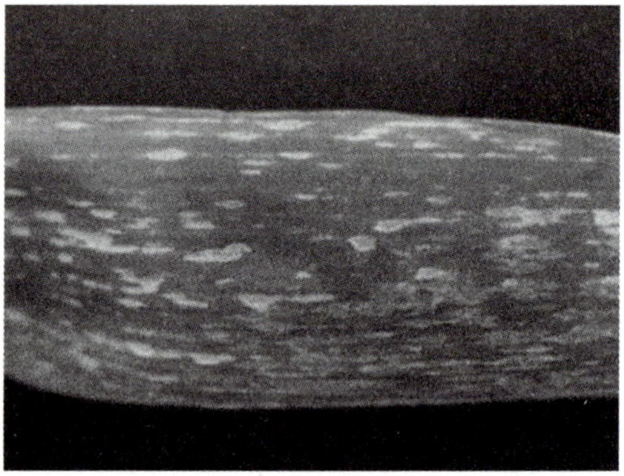

图2-8-1 葱类霜霉病

【发病原因】发病规律:病菌主要以卵孢子在寄主患病处或种子或在土壤中越冬，次年春天萌发，从植株的气孔侵入，菌丝体通过雨水反溅，传到叶片上进行初侵染，潮湿时病部产生大量的孢子囊，主要随气流传播，引起再侵染。雨水和昆虫也能传播，一般地势低洼、排水不良、重茬地发病重，阴凉多雨或常有大雾的天气易流行。

【防治方法】

(1)种子处理 选无病地块留种，采用无病菌种子。对新买的种子用0.5%的福尔马林溶液，浸种20～25 min;或用0.2%的高锰酸钾溶液浸种0.5 h，再用清水漂净;或将种子放入65℃左右的温水中烫种20～30 min，并不断搅动等。这些措施都可杀死种子所带病菌。

（2）加强田间管理　选地势高，排水好，并与葱类以外的作物实行 2～3 年轮作。施足肥料，增施磷钾肥。合理灌水，不使葱地过湿。发现病株，及时拔除埋掉。收获后彻底清除病残体，集中处理，并进行深耕，减少菌源。

（3）药剂防治　发病初期喷药防治，每隔 7～10 d 喷 1 次，连喷 3～4 次，常有的药剂有 70%乙膦铝锰锌可湿性粉剂 600～800 倍液，或 64%杀毒矾可湿性粉剂 500 倍液，或 72.2%普力克 800 倍液，或 75%百菌清可湿性粉剂 600 倍液。

2. 葱类紫斑病

【症状识别】感病症状：紫斑病主要危害叶和花梗。多从叶尖和花梗中部发病向上蔓延，出现紫褐色小斑点或纺锤形稍凹陷斑。病斑初期呈水渍状白色小点，后变为淡褐色圆形或纺锤形，继续扩大呈褐色或暗紫色。湿度大时病部长满深褐色或黑灰色霉状物，呈粉色，常排列成同心轮纹状。病斑继续扩展，数个病斑交接形成长条形大斑，叶片和花梗受病部位软化易折断，严重时叶大量枯死（图 2-8-2）。

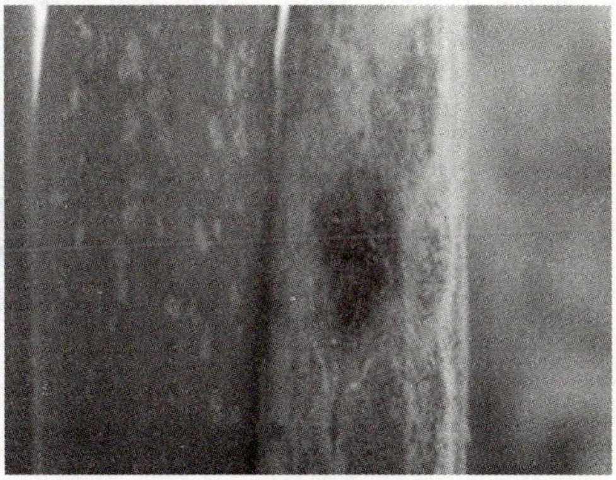

图 2-8-2　葱类紫斑病

【发病原因】在我国北方地区病菌以菌丝体在寄主体内或随病残体或在土壤中越冬，种子也可带菌。翌年分生孢子通过气流和雨水传播，从伤口、气孔或表皮直接侵入致病。病菌孢子形成、萌发和侵入均需有水滴存在，故温暖多湿的夏季有利于发病。此外沙质土、旱地，或肥水不足，或葱蓟马猖獗的田块，往往发病严重。早苗、老苗发病也较重。品种间抗病性差异较大。

【防治方法】

（1）田间管理　选择地势平坦、排水方便的壤土种植，在施足腐熟优质有机肥作底肥的基础上，适当增施磷钾肥和控制灌水，以增强作物抵抗力。并实行 2 年以上轮作。

（2）选用无病种子并进行种子消毒　播种子可用 40%甲醛 300 倍液浸种 3 h 进行消毒，浸后及时洗净。鳞茎可用 40～45℃温水浸 90 min 消毒。

（3）药剂防治　重茬地移栽前使用农抗 120，或百菌清、多菌灵等喷雾后带药移栽。田间发病始期可选用 75%百菌清可湿性粉剂 500～600 倍液，或 64%杀毒矾可湿性粉剂 500 倍液，或 70%代森锰锌可湿性粉剂 500 倍液，或 50%扑海因可湿性粉剂1 500倍液，或2%多抗霉素可湿性粉剂30 mg/kg防治，每隔7～10 d喷1次，连续喷2～4次。

(4)搞好菜园卫生　经常检查病害发展情况，及时拔除病株或摘除老叶、病叶、病花梗，并将其深埋或烧毁，收获后及时清除病残体并深耕。

3. 韭菜灰霉病

【症状识别】主要危害叶片，发病初期在叶面产生白色至淡灰色斑点，随后扩大为椭圆形或梭形，后期病斑常相互联合产生大片枯死斑，使半叶或全叶枯死。湿度大时病部表面密生灰褐色霉层。有的从叶尖向下发展，形成枯叶，还可在割刀口处向下呈水渍状淡褐色腐烂，后扩展为半圆形或“V”字形病斑，黄褐色，表面生灰褐色霉层，引起整株溃烂，严重时成片枯死(图2-8-3)。

图2-8-3　韭菜灰霉病

【发病原因】病菌以菌丝体或菌核的形式随病残体在土壤中越冬，也可以分生孢子在鳞茎表面越冬。但在气候温暖地区，多以分生孢子在病残体上越冬。翌年春天条件适宜时产生分生孢子。分生孢子借气流或雨水反溅传播，病菌从气孔或伤口等侵入叶片，引起初侵染。病部产生的分生孢子随气流、雨水和农事操作等传播，进行再侵染。深埋土下15 cm的菌核，经21个月，成活率仍达79%。病菌喜冷凉、高湿环境，发病最适气候条件为温度15～21℃，相对湿度80%以上。韭菜灰霉病的感病生育期在成株期。地势低洼、排水不良、种植密度过大、偏施氮肥、生长不良的田块发病重。年度间冬春低温、多雨年份危害严重。病菌随病残体在土壤中及病株上越冬，随气流、雨水、灌溉水传播，进行初侵染和再侵染，温度高时产生菌核越夏。低温高湿发病重。在早春或秋末冬初，遇到连阴雨天气，相对湿度95%以上，易造成流行。

【防治方法】

(1)选用抗病品种　如寒青韭霸、中韭2号、独根红、马韭、大青根、红根韭、雪韭791、平顶2号等。

(2)农业防治　施足腐熟有机肥，增施磷钾肥，提高作物抗病性；整地前清除病残体，每次收割后要把病株清除出田外深埋或烧毁，减少病源。

(3)通风降湿是防治该病的关键　播种或定植密度要适当；在华北地区最好是

南北向栽植，便于通风散湿。

(4)药剂防治 每次收割后及发病初期，可喷50%速克灵或50%农利灵1 000倍液或50%多菌灵800倍液。棚室可选用烟雾剂或粉尘剂防治。

4. 韭菜疫病

【症状识别】韭菜疫病可侵害叶片、花薹、假茎、鳞茎和根等部位，患部初呈暗绿色沸水烫状，后因失水而明显收缩，叶片花薹下垂、湿腐；检视假茎、鳞茎和根盘，其组织亦变浅褐色湿腐状，植株生长明显受抑制，新叶抽生力弱，甚至全株枯死。潮湿时叶片、花茎等患部表面长出稀疏白色霉，此即为本病病征。根部染病变褐腐烂，根毛明显减少，影响水分吸收，致根寿命大为缩短(图2-8-4)。

图2-8-4 韭菜疫病

【发病原因】病菌主要以菌丝体随遗落在土表或土层中的病残体越冬，或以卵孢子随病残体在土中越冬。病菌借助灌溉水、雨水、气流及农事操作等途径传播，以有性态卵孢子直接萌发芽管或卵孢子萌发产生无性态孢子囊及其萌发产生的游动孢子作为初次侵染接种体，从气孔侵入致病。发病后，病部形成的孢子囊及游动孢子，又借助雨水溅射或气流等传播，不断进行再次侵染，使病害得以蔓延。阴雨连绵的天气与高湿的植地环境为本病发生流行的必要条件，特别是棚室等保护地栽培环境，如不注意通风降湿，往往较露地栽培更易诱发病害和受害更为严重，大棚漏雨的地方往往容易形成发病中心。肥水管理不善，尤其植地偏施过施氮肥或植地过湿等会加重发病。在炎夏、高温、高湿、地势低洼，排水不良及植株生长差、收割过多、营养不良时发病严重。

【防治方法】

(1) 种子消毒 选用抗病品种791雪韭、独根红、平韭四号、克霉1号、汉中冬韭、豫韭菜1号(平韭二号)等。种子在播种前用新高脂膜拌种，隔离病毒感染，加强呼吸强度，提高韭菜发芽率。

(2) 农业防治 栽培地和育苗地均应选择3年内未种过葱蒜类蔬菜的地块；平整土地及时整修排涝系统，大雨后畦内不积水，消灭涝洼坑。培育健壮植株 如采取栽苗时选壮苗，剔除病苗，注意养根，勿过多收获，收割后追肥，入夏后控制灌水等栽培措施，可使植株生长健壮；同时应注意增施有机肥，合理灌水，尤其要注意暴雨后及时排除积水，严防田间湿度过高。在高温高湿的雨季前应摘去下层黄叶，将绿叶向上拢起，捆扎，以免韭叶接触地面，这样植株之间可以通风，创造有利于抑制病害发生的生态环境，以防止病害发生。

(3) 药剂防治　7 月中旬至 8 月上旬的雨季前或雨中晴天选用 25%甲霜灵可湿性粉剂 600～800 倍液，或 64%杀毒矾可湿性粉剂 500 倍液，或 72.2%普力克水剂 600 倍喷雾，隔 7～10 d 再喷 1 次，连喷 2～3 次。

二、工作准备

(一) 实施场所

蔬菜生产基地、多媒体实训室。

(二) 仪器与用具

体视显微镜、放大镜、常用杀菌剂、喷雾器、报告记录单等。

(三) 标本与材料

葱类霜霉病、葱类紫斑病、韭菜灰霉病、韭菜疫病等各种病害的标本和图片、多媒体资料等。

(四) 其他

教材、资料单、PPT、影像资料、相关图书、网上资源等。

【任务设计与实施】

一、任务设计

见下页。

二、任务实施

(一) 葱蒜类蔬菜害虫标本观察

对当地葱蒜类蔬菜的主要病害进行标本观察(没有标本的可通过多媒体课件、观看视频、查阅教材等)方法，熟知葱蒜类蔬菜病害的主要种类及其主要的形态特征。

(二) 葱蒜类蔬菜主要病害田间识别与观察

到实习农场或种菜大户的田间，进行病害的观察和病害标本采集。观察病害发生特点，天气状况、品种及地块间是否存在差异。

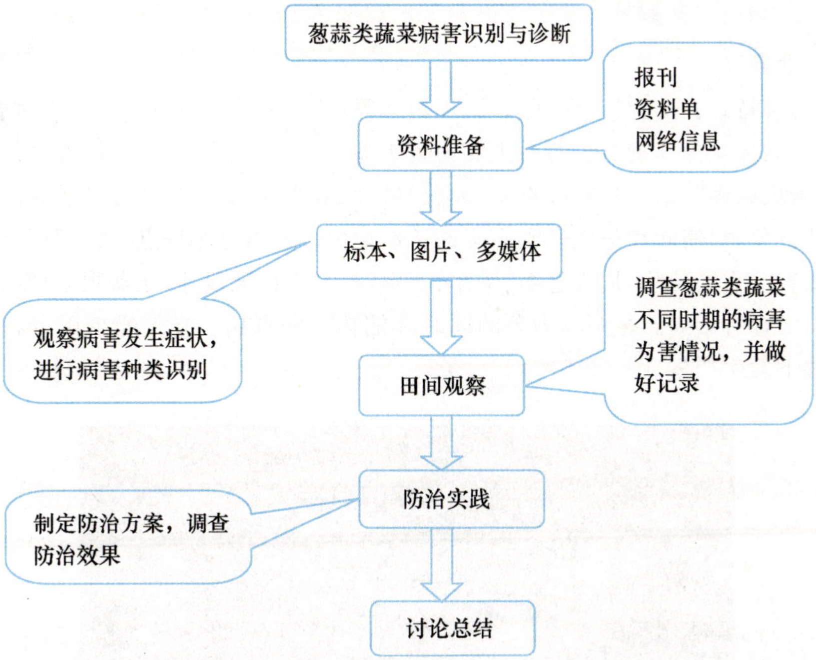

(三)葱蒜类蔬菜病害的防治实践

通过走访调查，对病害发生较重的地块，制定防治方案(施药方法、施药面积、药剂浓度或剂量、施药次数、施药间隔期等)，然后施药防治或用其他方法防治(小组间可采取不同的农药或方法)，调查防效。经过观察，有了较为明显地防治效果了，则小组提出验收申请，请老师和全班同学集体验收、对比、考核。

(四)写出当地葱蒜类蔬菜主要病害发生的情况及防治措施

工作任务2　葱蒜类蔬菜虫害的识别

【任务准备】

一、知识准备

(一)葱蒜类蔬菜有哪些常见害虫

葱蒜类蔬菜的虫害较多，常见的害虫主要有：葱蓟马、葱蚜虫、韭蛆、斑潜蝇等。

(二)如何识别葱蒜类蔬菜常见害虫？有哪些防治措施

1.葱蓟马

【为害特点】葱蓟马又名烟蓟马、棉蓟马等，危害大葱洋葱、蒜、韭菜等百合科蔬菜及烟草，棉花等作物。葱蓟马主要为害大葱、大蒜、洋葱、韭菜等蔬菜，葱蓟马的成虫、若虫以锉吸式口器锉吸寄主(大葱)叶片、花萼片等组织的表皮下液汁，产卵也能造成危害，使叶片呈现密密麻麻的长形黄白或灰白色小斑点，或呈胶状明亮斑点。受害严重的叶片，形成卷缩、皱缩、下垂，甚至干枯无顶芽，花器则早期凋谢，对生长结实都有影响。葱蓟马为害的同时并能传播病毒病。在干燥少雨、温暖的环境条件下发生严重(图 2-8-5)。

图 2-8-5　**葱蓟马及为害状**

【发生规律】在长江以北地区每年生 7～10 代，每代历时 20 d，于 6 月下旬至 7 月下旬进入为害盛期。各地受害率为 80%～100%。成虫白天多在叶背为害。6 月中旬韭菜上葱蓟马的数量最多，是为害严重期，6 月下旬虫量居次，7 月后进入高温季节，数量急剧下降。

【防治方法】

①清除残株落叶于田外烧毁，及时深翻土地，减少虫源。小水勤浇，防止干旱，增施磷钾肥。

②利用蓟马趋蓝色的习性，在田间设置蓝色黏板诱杀成虫，注意粘板高度与作物持平。

③掌握在其若虫发生为害盛期及时喷洒 10%吡虫啉可湿性粉剂 2 500 倍液或 10%除尽乳油 2000 倍液，或 48%毒死蜱乳油 1 300 倍液，或 1.8%爱福丁乳油 3 000倍液，或 17.5 蚜螨净可湿性粉剂 2 000 倍液，或 40%七星保乳油 600～800 倍

液，或 50%辛硫磷乳油 1 500 倍液等。间隔 1 周，再次喷药，连续防治 2～3 次。

2. 葱蚜

【为害特点】属同翅目蚜科，主要危害韭菜、野蒜、葱和洋葱等葱蒜类蔬菜。分布于北京、四川、台湾、贵州、云南、山西等地，是葱类蔬菜的常见害虫之一。以若虫、成虫在寄主上吸取汁叶，造成植株早衰，严重时枯黄萎蔫（图 2-8-6）。

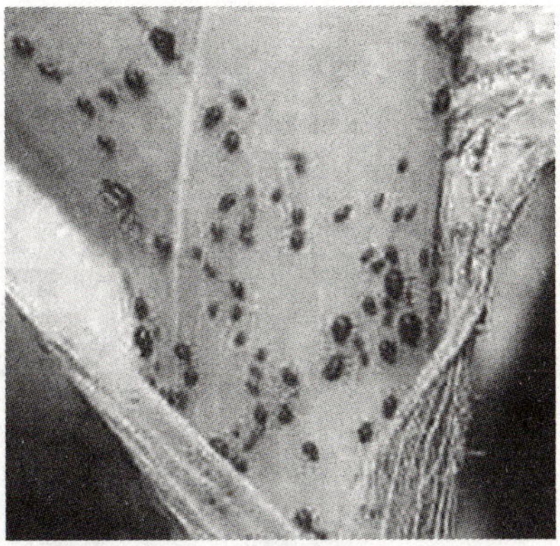

图 2-8-6　葱蚜

【发生规律】葱蚜一年发生 20～30 代，若温度适宜终年可繁殖危害。在北方以若虫在贮藏的圆葱或大蒜上越冬，在田间以春、秋发生量大，危害严重葱蚜具群集性，初期都集中在植株分蘖处，当虫量大时布满全株。此虫有假死性和趋嫩性。

【防治方法】

(1)物理防治　采用黄板诱杀、铺设银灰色反光塑料薄膜避蚜、防虫网覆盖栽培等。

(2)化学防治　防治蚜虫宜尽早用药，将其控制在点片发生阶段。药剂可选用 70%艾美乐水分散粒剂 3 000～4 000 倍液，或 20%康福多悬浮剂 4 000 倍液，或 10%蚜虱净可湿性粉剂 2 500 倍液，或 20%苦参碱可湿性粉剂 2 000 倍液，或 10%大功臣可湿性粉剂 2 500 倍液，或 50%抗蚜威可湿性粉剂 2 000～3 000 倍液，或 3.5%锐丹乳油 800～1 000 倍液等进行喷雾防治，喷雾时喷头应向上，重点喷施叶片反面。阿维菌素类药剂可兼治红蜘蛛、蓟马等害虫，特别是夏菜秧苗及茄子施用杀虫素较为理想。吡虫啉类药剂可兼治蓟马，但对葱蒜类、瓜类较敏感，高温季节慎用。

3. 韭蛆

【为害特点】主要危害韭菜、大葱、洋葱、小葱、大蒜等百合科蔬菜，偶尔也危害莴苣、青菜、芹菜等，是葱蒜类蔬菜的主要害虫之一。以幼虫聚集在韭菜地下部的鳞茎和柔嫩的茎部为害。初孵幼虫先为害韭菜叶鞘基部和鳞茎的上端，继而危害韭菜嫩茎及芽，咬断嫩茎并蛀入鳞茎内危害。露地栽培的韭菜田，韭蛆幼虫分布于距地面 2～3 cm 处的土中，最深不超过 5～6 cm。土壤湿度是韭蛆发生的重要影响因素，黏土田较沙土田发生量少。春、秋两季主要为害韭菜的幼茎，常引起腐烂，使韭叶枯黄而死。夏季幼虫向下活动蛀入鳞茎，重者鳞茎腐烂，整墩韭菜死亡（图 2-8-7）。

图 2-8-7 韭蛆

【发生规律】在华北南部一年发生 4～5 代，成虫分别发生于 5 月上旬、6 月中旬、8 月上旬及 9 月下旬，第一代发生整齐，从第二代起有世代重叠现象。7 月下旬至 8 月上旬是成虫和幼虫为害最重的季节，幼虫成群为害韭菜地下根茎；成虫喜阴湿环境，会飞也善走，特别活泼，常栖息在韭菜根周围的土块缝隙间。韭蛆老熟幼虫或蛹在韭菜鳞茎内及根际 3～4 cm 深的土中越冬。成虫畏光、喜湿、怕干，对葱蒜类蔬菜散发的气味有明显趋性。卵多产在韭菜根茎周围的土壤内。

【防治方法】

①与禾本科、十字花科或葫芦科蔬菜进行 3 年以上的间作，有条件的与水田作物轮作，较长时间的淹水可有效杀死韭蛆。

②有机肥在堆沤过程中，容易招至韭蛆成虫产卵，腐熟的有机肥可杀死藏在有机肥的虫卵。

③有机韭菜的生产，可以支棚扣罩 60 目的尼龙纱网。从 4 月上旬韭蛆羽化前开始支好，一直到 10 月底。60 目的尼龙纱网可阻断韭蛆飞入产卵，从而杜绝了韭蛆的发生与为害。

④利用韭菜蛆成虫的趋光趋黄性，在成虫羽化期可采用白天黄色诱虫板晚上用黑光高频灯进行诱杀；在成虫羽化期，用糖、醋、酒、水按 3∶3∶1∶10 的比例配成糖醋液进行诱杀，经过试验证明，韭蛆成虫非常喜欢这种糖醋的香味，而且效果也很好，大田连片种植防治的效果能达到 60%左右。

⑤山东韭菜产区采用臭氧发生器产生的臭氧，顺着塑料管，与灌溉用的水会合，随水进入土壤，对韭蛆防治效果明显。臭氧不仅能杀菌灭虫，它在分解的过程中还能起到疏松土壤的作用，而且对韭菜本身没有副作用。

⑥露地韭菜在春、秋两季韭蛆幼虫发生时连续浇水淹没根系 2～3 d，可有效降低韭蛆虫口密度。

⑦药剂防治。防治幼虫：可选用 50%辛硫磷乳油 1 000 倍液、48%乐斯本乳油 500 倍液、1.1%苦参碱粉剂 500 倍液灌根，每月 1 次。10%灭蝇胺水悬浮剂亩用 75 g、90 g 用高压喷雾器顺垄喷药，对韭蛆防治效果显著。蔬菜采收前半个月停止用药，以防农药残留。当田间发生幼虫危害时，结合浇水，每亩地随水追施碳酸氢铵 15～20 kg，据说可杀灭幼虫。另外，韭菜收割后每亩用硫酸铜 1 kg，加水150～200 kg，浇灌根部，防治效果可达 80.4%。防治成虫：成虫盛发期，顺垄撒施 2.5%敌百虫粉剂，每亩撒施 2～2.6 kg；或用 80%敌敌畏乳油或 40%辛硫磷乳油 800～1 000 倍液、2.5%溴氰菊酯或 20%杀灭菊酯乳油 2 000 倍液以及其他菊酯类农药如氯氰菊酯、氰戊菊酯、百树菊酯等，茎叶喷雾，上午 9～11 时为宜，因为此时为成虫的羽化高峰。韭菜周围的土表亦喷雾周到。尤其在秋季成虫发生集中、为害严重时应重点防治。

二、工作准备

(一)实施场所

蔬菜生产基地、多媒体实训室。

(二)仪器与用具

体视显微镜、解剖刀、镊子、采集瓶、捕虫网、镊子、放大镜、常用杀虫剂、喷雾器、报告记录单等。

(三)标本与材料

葱蓟马、葱蚜、韭蛆等各害虫的标本和图片、多媒体资料等。

(四)其他

教材、资料单、PPT、影像资料、相关图书、网上资源等。

【任务设计与实施】

一、任务设计

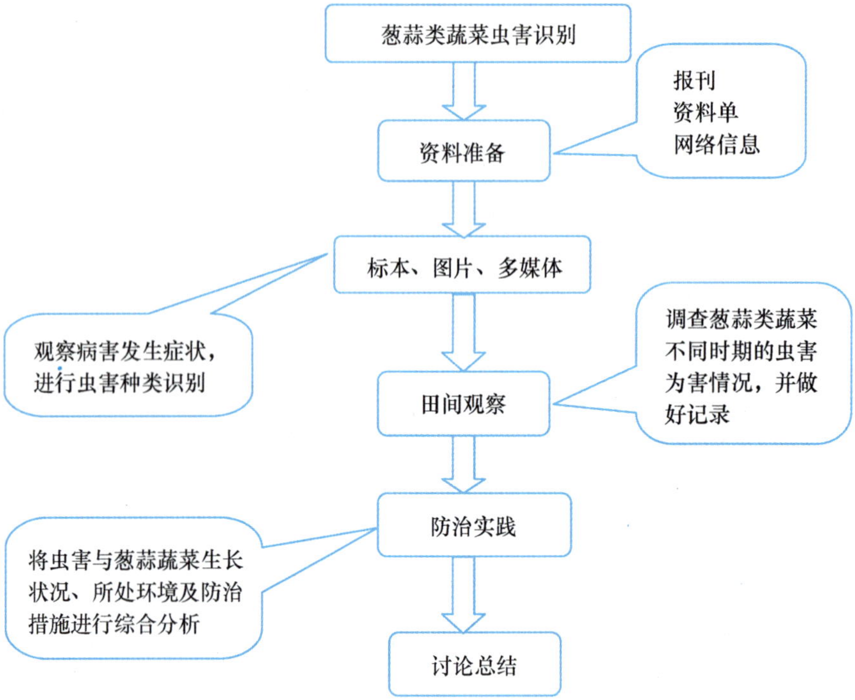

二、任务实施

（一）葱蒜类蔬菜虫害标本观察

对当地葱蒜类蔬菜的主要虫害进行标本观察（没有标本的可通过多媒体课件、观看视频、查阅教材等）方法，熟知葱蒜类蔬菜病害的主要种类及其主要的形态特征。

（二）葱蒜类蔬菜主要虫害田间识别与观察

到实习农场或种菜大户的田间，进行虫害的观察和害虫标本采集。观察病害发生特点，天气状况、品种及地块间是否存在差异。

（三）葱蒜类蔬菜病害的防治实践

通过走访调查，对虫害发生较重的地块，制定防治方案（施药方法、施药面积、药剂浓度或剂量、施药次数、施药间隔期等），然后施药防治或用其他方法防治（小组间可采取不同的农药或方法），调查防效。经过观察，有了较为明显地防治效果了，则小组提出验收申请，请老师和全班同学集体验收、对比、考核。

（四）小组进行讨论总结，写出当地葱蒜类蔬菜主要虫害发生的情况及防治措施

工作任务3 葱蒜类蔬菜病虫害综合防治方案制定及实施

【任务准备】

一、知识准备

（一）为什么要进行葱蒜类蔬菜病虫害的综合防治

在葱蒜类蔬菜的生产中，从播种开始到拉秧的整个生育期都有可能受到病虫的为害，近年来广大菜农采取单一地化学防治，并没有使病虫害减少，反而形成连年加重的趋势。病虫害的发生往往不是单一的，经常出现并发性与继发性甚至病虫混合发生。因此，葱蒜类蔬菜病虫害防治是就要根据当地历年病虫发生的情况和当年的气候特点，制定一个综合防治方案进行整体防控。

蔬菜病虫害的防治应该是防重于治。病虫害一旦给蔬菜造成危害了，即使治住了，那么对蔬菜造成的危害的也补救不回来的。所以，一定要预防住病虫的为害，或是在病虫为害前期及时介入进行控制。

（二）应如何制定葱蒜类蔬菜病虫害综合防治方案

对于葱蒜类蔬菜病虫害防治，需要从病原物及害虫的历年发生情况、发生规律和气候环境等因素进行综合考虑。有针对性地提出经济、高效、无公害的防治目的。

制定葱蒜类蔬菜病虫害综合防治方案包括选育无病种子和秧苗、选择适宜的田块、根据物候进行农事操作以及采用合理的栽培方式等方面，在进行综合防治过程中主要应考虑以下几个方面。

(1)种子消毒　葱蒜类蔬菜的大多数病害和部分害虫是可以通过种子传播的，因此，对种子进行消毒处理是葱蒜类蔬菜病害综合防治的重要组成部分。

(2) 科学轮作　栽培葱蒜类蔬菜的茬口最好选择大田作物类、瓜类或白菜类，尽量避免与其他葱蒜类蔬菜作物轮作。如果不具备轮作条件，要对土壤进行必要

的清理和消毒处理。消毒处理可选择药剂处理及施用微生物菌肥等措施。

(3)田间管理　根据菜园地势和栽培季节灵活采用高畦、平畦或垄栽；并依据地势选择畦的走向。基肥一定要施足量充分腐熟的有机肥，种肥要采用菌肥与有机肥相结合。地势低洼的地块要配备良好的排水系统。

(4)病虫害的防治　在整个生长期都需要注意施用药物对病虫害进行预防，特别是做好病虫害的预测预报，及时进行预防。在农药的选择上要注意使用低毒低残留的农药，尤其以植物源农药和昆虫激素类农药为好，同时还应控制用药与采收的时间间隔，确保产品的安全。

二、工作准备

(一)资料准备

①利用现有的图书馆和阅览室，查阅有关葱蒜类蔬菜病虫害防治的信息资料。

②利用网络浏览中国蔬菜网、中国农资网、中国蔬菜病虫害防治协作网等专业网站，查找有关葱蒜类蔬菜病虫害综合防治方面的信息资料。

③走访当地菜农，掌握当地葱蒜类蔬菜的主要病虫害及常规防治方法。

④关于葱蒜类蔬菜病虫害综合防治的相关文章、相关图书等。

(二)仪器材料准备

①当地气象资料、品种介绍、栽培技术措施方案和病虫害种类及分布情况等资料。

②教师拟定葱蒜类蔬菜病虫害综合防治方案模板。

【任务设计与实施】

一、任务设计

见下页。

二、任务实施

(一)当地葱蒜类蔬菜病虫害调查

组织学生了解当地葱蒜类蔬菜种类、品种、栽培技术等，以小组为单位，采用走访农户、深入蔬菜田实地调查等方式，调查当地主要葱蒜类蔬菜病虫害发生种类、危害程度以及主要采用的防治方法等，掌握当地葱蒜类蔬菜主要病虫害及常发生病虫害的种类、发生情况和发生规律。

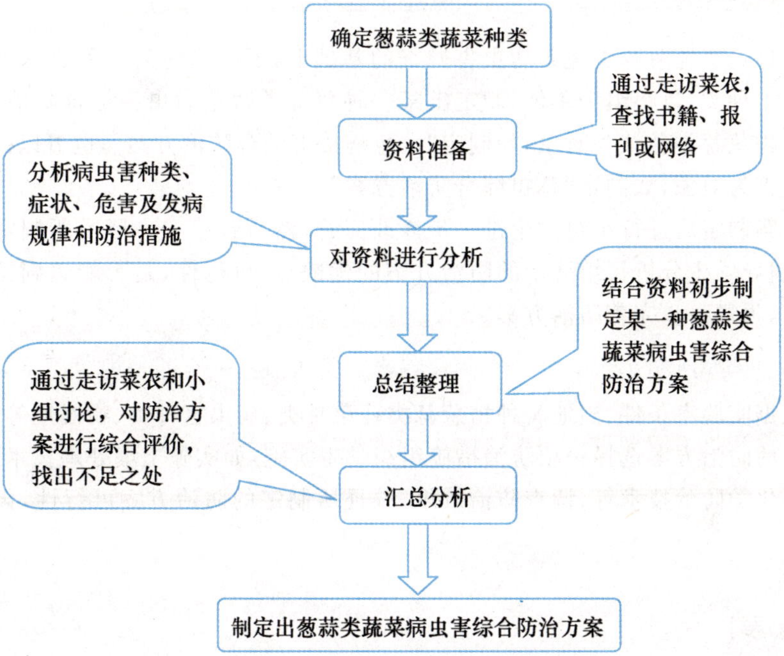

表 2-8-1　葱蒜类蔬菜病害调查表

调查人：　　　　　　　　　　　　调查时间：　年　月　日

调查地点：		
病虫害名称：	发病率(虫株率)：	
田间分布情况：		
寄主植物名称：	品种：	种子来源：
土壤性质：	肥沃程度：	含水量：
栽培特点：	施肥情况：	灌、排水情况：
病虫害发生前温度和降雨：	病虫害盛发期温度和降雨：	
防治方法：	防治效果：	
群众经验：		
其他病虫害：		

(二)制定某一种葱蒜类蔬菜病虫害综合防治方案

在进行当地葱蒜类蔬菜病虫害调查的基础上，了解当地某一种葱蒜类蔬菜病虫害发生种类，以小组为单位，制定出某一种葱蒜类蔬菜病虫害综合防治方案，可以以一种葱蒜类蔬菜为对象，如制定“大葱病虫害综合防治方案”，也可以以一种主要病虫害为对象，如制定“蒜蛆综合防治方案”。

方案制定后进行小组讨论进一步修改完善；然后各组一一展示所制定的防治方案，引导学生分析每组展示的防治方案的优缺点、可行性，是否能达到预期防治效果等，再进一步完善防治方案。

(三)实施所制定的某一种葱蒜类蔬菜综合防治方案中的某项防治措施

根据实验室条件、当地所种植葱蒜类蔬菜种类、病虫害种类、物候期等，根据本组制定的防治方案选择一项防治措施组织学生实施，如实施土壤处理技术、某一种病虫害化学防治技术等，调查防治效果，验证所制定的防治方案可行性，再完善防治方案。

【任务拓展】

露地韭菜病虫害综合防治方案

由于韭菜在我国北方地区种植面积较大，地下害虫为害严重且不容易根治，导致韭菜病虫害的发生呈逐年加重趋势，且防治难度加大。当病虫害进入大面积为害或较高程度为害时，防治难度难度增加，产品农药残留量也在幅度超标了。因此，韭菜病虫害的防治应以预防为主，防治结合，综合控制，将病虫害的为害控制在较低程度，降低防治成本，同时也可保证蔬菜产品的质量和安全。

(一)合理安排茬口

选用抗病品种，与豆科蔬菜、禾本科作物或瓜类蔬菜实行3年以上轮作；采用高垄栽培；增施磷钾肥，合理密植，注意通风透光，雨后及时排除田间渍水，发现病株及时拔除并深埋或烧毁等。

(二)种子处理

病菌可潜伏、依附种子体或少量种子携带病毒，种子萌发时开始为害，通过种子处理可有效杀死以上病源，提高种子生产的安全性。

1.晒种

播种前晒种1～2 d，每天3～4 h。通过晒种不仅可以活化种子内营养物质，提高发芽率和发芽势，而且可以杀死附着在种子表皮的病菌和虫卵。

2.温汤浸种

用温度55℃左右、种子量5～6倍温水浸种20 min左右，在浸种过程中要不断搅拌，使水温降到常温下时再进行浸泡，温汤浸种可有效杀菌和促进发芽。

3.药液浸种或拌种

用消菌灵1 500倍液将种子浸泡15～20 min，用清水洗净播种；或用种子重量0.3%福尔马林药液浸种20 min，然后用清水冲洗干净，晾干后播种。

（三）土壤处理

整地前把上茬作物的秸秆落叶等清理干净后深耕；基肥一定要充分腐熟，通过高温杀灭里面的病菌和害虫。对春季播种的地块，要在头年冬初灌大水淹3～5 d，10 d后犁而不耙，进行冬季晒垡。此法可有效降低土壤害虫的基数。

对于韭菜的老产区，土壤酸化、病虫害较重的田块，定植前5 d左右亩用生石灰粉100 kg左右撒施于畦面泥土耙匀，对土传性病害病源和土壤害虫有一定的抑制和灭杀作用。

加强田间管理，培肥根株，增强韭菜本身的抗病性。韭菜田应精细平整，防止地面低洼积水，夏季应及时排水，冬季应少浇水，防止湿度过大。施用的有机肥应充分腐熟，并开沟深施。

早春及秋季韭蛆幼虫发生时，连续灌水3次，灌水以淹没垄背为准，使部分根蛆窒息死亡。

（四）药剂防治

1.灰霉病

每亩用6.5%多菌・霉威（万霉灵）粉尘剂1 kg，7 d喷1次，连喷2次，安全间隔期为10 d。晴天用40%二甲嘧啶胺悬浮剂1 200倍液，或65%硫菌・霉威可湿性粉剂1 000倍液，或50%异菌脲可湿性粉剂1 000～1 600倍液喷雾，7 d喷1次，连喷2次，安全间隔期为10 d。

2.疫病

发病初期用60%甲霜酮可湿性粉剂600倍液，或72%霜霉威水剂800倍液，或60%烯酰吗啉可湿性粉剂2 000倍液，或60%琥・乙膦铝可湿性粉剂500～600倍液灌根或喷雾，10 d喷1次，交叉使用2～3次，安全间隔期为10 d。

3.白粉病

在发病初期用75%百菌清800倍液，或50%多菌灵500～800倍液，7～10 d

喷1次，连喷2～3次，安全间隔期为15 d。

4. 韭蛆

(1)糖醋液诱杀成虫 用糖、醋、酒、水和90%敌百虫晶体按3∶3∶1∶10∶0.6的比例配成溶液，每亩放置3～5盆，随时添加，保持不干，诱杀种蝇类害虫。

(2)地面施药 成虫盛发期，每亩顺垄撒施2.5%敌百虫粉剂2～2.6 kg，或在上午9～11时喷洒40%辛硫磷乳油1 000倍液，或2.5%溴氰菊酯乳油2 000倍液。

(3)灌根 早春和晚秋用40.8%毒死蜱乳油600 mL，或40%辛硫磷乳油1 000 mL，或20%吡·辛乳油1 000 mL，或辛硫磷-毒死蜱合剂(1+1)800 mL，稀释成100倍液，对准韭菜根部灌药，然后浇水。

5. 潜叶蝇

在产卵盛期至幼虫孵化初期，喷施1次75%灭蝇胺5 000～7 000倍液，或2.5%溴氰菊酯、20%氰戊菊酯农药1 500～2 000倍液。

(五)注意事项

①由于韭菜连续收割，尤其夏季生长时期短，必须采用无公害方法防治，才能防止韭菜，保证食用安全，不危害人体健康。

②不同药剂要交替轮换使用，防止害虫产生抗药性。

③严格掌握农药安全间隔期。

④喷药时一定要均匀喷透，喷药量以湿有滴液为度。

⑤注意对农药包装等废弃物的回收处理，防止污染环境。

【评价反馈】

(一)自我评价

1. 韭蛆的形态特征和为害症状是什么？如何进行无公害防治？

2. 如何防治蛴螬、蝼蛄、小地老虎和金针虫等地下害虫？

3. 大葱紫斑病的识别特征是什么？如何进行防治？

4. 葱类霜霉病的为害特征是什么？如何进行防治？

5. 韭菜灰霉病的识别与防治要点是什么？

(二)小组评价

从学习态度、学习方法、团队合作和学习能力的提升等方面评价。

序号	评价项目	评价情况
1	与其他同学口头交流学习内容是否流畅	
2	是否尊重他人	
3	学习态度是否积极主动	
4	是否服从教师的教学安排	
5	着装是否符合标准	
6	能否按照安全和规范的规程操作	
7	能否辨别工作环境中哪些是危险的因素	
8	是否合理规范的使用工具和仪器	
9	是否能保持学习环境的干净整洁	
10	是否遵守学习场所的规章制度	
11	是否有工作岗位的责任心	
12	是否达到全勤	
13	团队学习中主动与合作的情况如何	
14	能否主动参与教学场所的清洁和整理工作	

参与评价的同学签名____________________

(三)综合评价

1.教师评价

(1)对整个学习内容的小结归纳

(2)对学习过程的总体评价

教师签名________________

2.学生评价

(1)对教师授课效果的评价

(2)对学习效果的评价

学生签名________________

项目九　绿叶类蔬菜病虫害

【学习目标】

1. 掌握绿叶类蔬菜的主要病害和虫害的主要识别特征
2. 掌握绿叶类蔬菜的主要病害和虫害的诊断和防治方法
3. 掌握绿叶类蔬菜的病虫害综合防治技术

【项目任务描述】

本项目分为绿叶类蔬菜病害的诊断、绿叶类蔬菜虫害的识别和绿叶类蔬菜病虫害综合防治方案制定及实施3个任务。通过本项目任务的操作与学习，能让学员认识绿叶类蔬菜生产中常见的病害和虫害，学会现场诊断、识别方法；通过实训室里的标本观察、田间诊断、识别和防治试验等，来增强学员对本项目的学习兴趣，培养查阅资料、观察分析、调查研究、勤于总结和沟通协作等能胜任岗位工作的职业素质。

【项目结构】

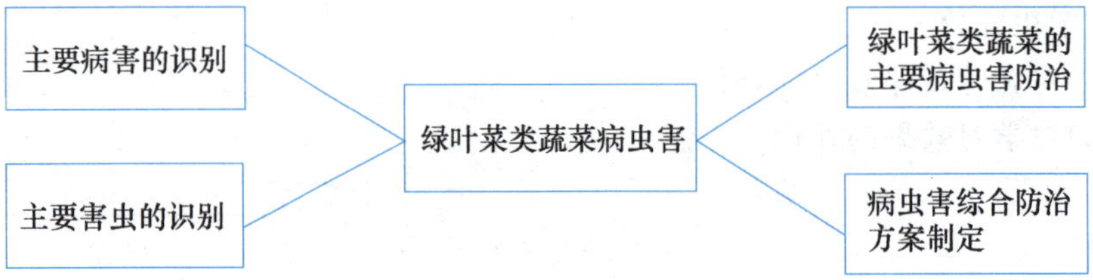

工作任务1 绿叶类蔬菜病害的诊断

【任务准备】

一、知识准备

(一)什么是绿叶类蔬菜

绿叶类蔬菜是指以食用嫩绿的叶片或茎的一类速生性蔬菜,包括的种类和品种很多,其中栽培较广、种植面积较大的有芹菜、菠菜、莴苣类、蕹菜、茼蒿、落葵、苋菜、芫荽、茴香等。绿叶类蔬菜产品柔嫩多汁,含有丰富的维生素、矿物质元素、蛋白质和碳水化合物,如菠菜中含有丰富的胡萝卜素,蛋白质含量也较高,500 g菠菜中约含蛋白质9~10 g,并含有较多的铁质和草酸,因此绿叶类蔬菜是人们非常喜爱的主要蔬菜。

图2-9-1 常见绿叶类蔬菜

(二)绿叶类蔬菜生产上都有哪些常见的病害

绿叶类蔬菜由于种类和品种多,形态结构各异,生长期较短,多次采收等特点,病害种类较多。芹菜主要病害有早疫病、斑枯病、软腐病、菌核病、叶柄开裂病、根结线虫病，莴苣主要病害有霜霉病、轮斑病、丝核菌基腐病、细菌性软腐病、细菌性黑腐病、花叶病，菠菜主要病害有霜霉病、根腐病、黑斑病、病毒病，蕹菜主要病害有褐斑病、白锈病、花叶病，落葵主要病害有鱼眼病、病毒病等。

(三)如何识别绿叶类蔬菜主要病害，怎样进行防治

1.芹菜早疫病

【症状识别】芹菜早疫病又称芹菜叶斑病、斑点病，是芹菜上发生普遍且严重的病害。主要为害叶片，病斑初为黄绿色水渍状，以后发展成圆形或不规则形黄褐色斑，边缘褐色不明显。病斑发展不受叶脉限制，严重时病斑连成片，最后叶片枯死。空气潮湿时病斑上密生灰白色绒状霉层。茎和叶柄上的病斑椭圆形，直径 3～7 mm，灰褐色，稍凹陷。病害严重时，全株倒伏，高湿时，长出灰白色霉层(图 2-9-2)。

图 2-9-2 芹菜早疫病

【发病原因】其病原为半知菌亚门尾孢属芹菜尾孢菌真菌。病菌喜高温高湿的环境，发育的适宜温度为 25～30℃，保护地白天温度高，夜间结露重，持续时间长，或植株生长不良，病害易发生严重。病菌以菌丝附着在种子或病株残组织上越冬，成为来年的初侵染源。分生孢子通过气流、灌溉水、农事操作等传播。

【防治方法】

(1)选用抗病或耐病品种　可使病害发生推迟或减轻发病，减少农药用量和次数，如津南实心芹 1 号较耐病。

(2)种子处理　种子用 48℃温水浸种 30 min，边浸边搅拌，然后捞出种子，再浸入冷水中冷却晾干，即可播种。

(3)加强田间管理　彻底清除病残株，深耕，减少初侵染源。控制湿度合理密植，科学浇水，保护地及时通风降湿。保护地芹菜，注意通风，白天温度控制在 15～20℃，夜间控制在 10～15℃，以缩小日夜温差，减少叶面结露，以减轻发病。

(4)化学防治　发病初期可喷 75%百菌清可湿性粉剂 600 倍液，或 50%扑海因可湿性粉剂 1 000 倍液、64%杀毒矾可湿性粉剂 500 倍液、47%加瑞农可湿性粉剂 500 倍液、铜氨合剂 400 倍液喷雾。每隔 7 d 左右喷 1 次，视病情连续喷药 2～3 次。保护地可选择 45%百菌清烟剂或 30%百菌清发烟弹熏烟，或用 5%百菌清粉尘剂喷粉等。

2.芹菜斑枯病

【症状识别】芹菜斑枯病又叫晚疫病、叶枯病，俗称“火龙”。主要为害叶片，发病叶片上产生两种类型的病斑，分别称为“大斑型”和“小斑型”。大斑型病斑近圆形，较大，直径 3～10 mm，病斑中部灰褐色，边缘褐色，与周围健康部分分界明显，后期病斑两面散生褪色小粒点。小斑型病斑较小，一般不超过 3 mm，灰褐色，后变灰白色，无明显边缘，有时病斑周围有绿色晕圈，病斑上密生黑色小粒点。叶柄及茎受害时，病斑长椭圆形，色稍深，微凹陷。病害严重时造成叶枯和茎秆腐烂。贮藏期可继续发展，损失往往重于田间(图 2-9-3)。

图 2-9-3 芹菜斑枯病

比一比

芹菜早疫病与斑枯病症状的共同点与不同点有哪些?

【发病原因】由芹菜壳针孢属真菌侵染引起。病菌主要以菌丝体潜伏在种皮内越冬。在冷凉和高温条件下易发生，气温 20～25℃，连阴雨、湿度大时发病重。

【防治方法】

(1)种子处理　种子消毒用 49℃温水保持恒温，浸种 30 min 后，投入凉水中散热。

(2)科学进行肥水管理　施足底肥，清洁田园，及时间苗改善株间通风透光条件。保护地栽培要注意降温排湿，缩小日夜温差，减少结露，切忌大水漫灌。

(3)化学防治　可选喷 75%百菌清可湿性粉剂 600 倍液，或用 50%敌菌灵可湿性粉剂 500 倍液、50%扑海因可湿性粉剂 1 000 倍液、50%硫悬浮剂 200 倍液、14%络氨铜水剂 400 倍液、77%可杀得微粒剂 500 倍液、47%加瑞农可湿性粉剂 500 倍液喷雾。保护地用 5%百菌清粉尘剂喷粉，每 10 000 m^2 每次用 15 kg，8～10 d 喷 1 次，视病情喷 4～6 次，或用 45%百菌清烟剂或 30%百菌清发烟弹熏烟。

3.芹菜软腐病

【症状识别】软腐病又名腐烂病，是芹菜上常见的细菌性病害。病害主要发生在叶柄基部或茎上。起初出现水渍状、淡褐色、纺锤形或不规则形的凹陷病斑，后内部组织腐烂，有恶臭味，最后仅残留表皮（图 2-9-4）。

图 2-9-4 芹菜软腐病

【发病原因】致病菌为欧氏杆菌胡萝卜软腐致病型细菌侵染所致。病原细菌在土壤中越冬。主要从芹菜的伤口侵入，借灌溉水传播蔓延。病菌发育生长的适宜温度为 25～30℃，在生长后期湿度大的条件下发病重，重茬地病重。

【防治方法】

（1）农业防治　要实行 2 年以上与非寄主作物轮作。加强管理，定植、松土等作业时要避免伤根，防止造成伤口。发现病株及时拔除，撒石灰消毒株穴，或洒 1∶20的 40％福尔马林液。灌水要小水勤灌，防止大水漫灌，雨后及时排水，发病时控制浇水。

（2）喷药防治　发病初期开始喷洒 72％农用硫酸链霉素可溶性粉剂 3 000 倍液，或用新植霉素 3 000 倍液、47％加瑞农可湿性粉剂 800 倍液、14％络氨铜水剂 350 倍液喷雾。

4. 芹菜菌核病

【症状识别】为害芹菜茎、叶。首先在叶片上发生，形成暗色的污斑，潮湿时，表面生白色霉层，后向下蔓延引起叶柄及茎发病。受害部位呈褐色水渍状，湿度大时形成软腐，表面长出白色菌丝，最后茎组织腐烂呈纤维状，茎内中空，形成鼠屎状黑色菌核（图 2-9-5）。

图 2-9-5 芹菜菌核病

【发病原因】由子囊菌亚门核盘菌属真菌侵染引起。以菌核在土壤中或混在种子中越冬，温度 15℃左右，相对湿度 85％以上，利于发病和流行，连作或与十字花科等蔬菜连茬易发病。

【防治方法】

（1）农业防治　应与其他蔬菜实行 3 年及以上轮作。采用地膜覆盖、灌水等杀死菌核；深翻病田，将表面菌核深埋 10 cm 以下的土中，加速菌核腐烂，使其不能萌发。

（2）种子处理　播前精选种子，剔除种间混杂的菌核，可用 10％盐水选种，然后用清水清洗几次再播种。

(3)加强田间管理　改善土壤的理化性状，以减少传病的机会；施足充分腐熟的有机肥，不用有菌核病的根、茎、叶去积肥；增施磷、钾肥，促进植株生长，增强抗病能力；合理密植，科学灌溉，及时排除积水，降低田间的湿度，降低发病机会。

(4)化学防治　发病初期喷洒50%速克灵可湿性粉剂1 500倍液，或用70%甲基托布津可湿性粉剂800倍液、60%防霉宝超微可湿性粉剂(多菌灵盐酸盐)600倍液、40%菌核净可湿性粉剂1 000倍液喷雾。用以上药剂之一，每隔7～10 d喷药1次，连续喷2～3次。保护地可用10%速克灵烟剂熏烟或6.5%甲霉灵粉尘剂等喷粉。

5.芹菜叶柄开裂

【症状识别】芹菜叶柄开裂是一种非侵染性病害，但造成的伤痕易被软腐细菌或灰霉病菌侵染，发生腐烂。叶柄上出现深浅不一的纵向裂口，嘴状、直线状或曲折状，叶片变黄(图2-9-6)。

图 2-9-6　芹菜叶柄开裂

【发病原因】关于叶柄开裂的发生原因有两种意见：一种意见认为，因水分关系失调而导致表皮胀裂。在干旱条件下叶柄的生长受抑制，大雨或多量灌溉后，叶柄薄壁组织充分膨大，胀破表皮而开裂。另一种意见认为，由缺硼引起。土壤中硼素缺乏或易流失造成植株缺硼。土壤干旱，水分供应不均匀，或氮、钾肥过多，硼不易被吸引利用，也可造成植株缺硼。

【防治方法】

(1)加强田间管理　精细整地，增施农家肥，促进根系发育，增强抗旱能力。根据墒情、天气与植株发育情况，科学灌溉，小水勤浇，雨后及时排水，田间不能积水。

(2)施用硼肥　若缺硼，硼砂1 kg/667 m^2与充分腐熟的农家肥混合均匀，施入田间，或叶面喷施0.1%～0.3%硼酸或硼砂水溶液。

6.芹菜根结线虫病

【症状识别】初在幼嫩的须根上危害，使须根上长出许多大小不等的根瘤。根瘤初呈乳白色，表面光滑，后变褐至黑褐色，表面龟裂，终至腐烂，植株根系多坏死。地上部植株发育受阻，叶色发黄，似缺水状，天气干燥时，植株萎蔫(图2-9-7)。

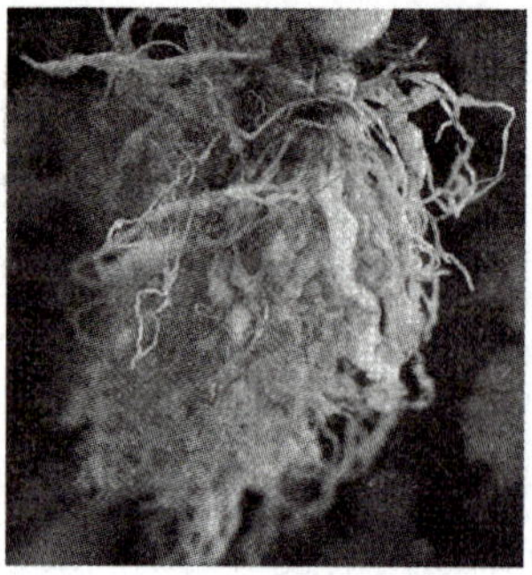

图 2-9-7 芹菜根结线虫病

特别注意

根结线虫的症状往往与生理病害相似,别被其假象所迷惑了!

【发病原因】致病线虫为几种根结线虫侵染而引起的。线虫以 2 龄幼虫或卵随病残体在土壤中越冬。翌年越冬幼虫继续发育或卵孵化为幼虫侵害芹菜根部。线虫随病土、病苗及浇水传播。土壤温度 25～30℃,土壤含水量 40%左右,病原线虫发育快。土质疏松,盐分低的条件下适于线虫活动,利于发病,连作病重。

【防治方法】

(1)实行轮作　最好能采取水旱轮作,通过淹水使线虫缺氧窒息而死;无法实施水旱轮作,可将芹菜与葱、蒜、韭菜等对根结线虫抗性(或耐性)较强的蔬菜轮作。

(2)诱集线虫　种植速生叶菜诱集线虫,收获时将叶菜连根拔起,将菜根内线虫带出菜地集中杀死,可减轻下茬根结线虫危害。

(3)客土育苗　发生根结线虫的地块,不能就地育苗。选择未发生过根结线虫的地块、用未发生过根结线虫的土壤育苗,防止根结线虫通过土壤、幼苗传播。最好采取塑料穴盘育苗,缩短移栽缓苗期,确保一栽全苗。

(4)清洁田园　清除田间病残体,集中销毁;施用清洁肥料有机肥不能带有根结线虫的病残体,而且有机肥要经过充分腐熟;在病地用过的农具要经过消毒或擦洗干净,以防人为传播。

(5)物理防治

①深翻炕垡:根结线虫发生的田块,前茬收获清园后,将菜地均匀撒施 75～100 kg/667 m^2 生石灰后再深翻,然后用粪水浇至足墒,再用地膜覆盖,利用夏季高温高湿使地温升至 50℃以上,保持 10～15 d,不仅杀根结线虫效果佳,而且对防治地下害虫效果也较好。

②灌水淹地:对根结线虫发生严重的地块,如果有灌水条件,最好能将菜园四周筑埂,然后灌水将地彻底淹没 30 d 以上,可使线虫因缺氧窒息而死。

(6)化学防治　发虫地块用 1.8%阿维菌素乳油,按 1～1.5 mL/m^2,对水 6 kg 的药量,在种植前沟施或穴施。生长期间可用 80%敌敌畏乳油 1 000 倍液,或

1.8％阿维菌素乳油 1 000～1 500 倍液灌根。

7.莴苣霜霉病

【症状识别】莴苣霜霉病幼苗至成株期都可以发病，以成株期受害重。病害主要为害叶片，幼苗发病后变黄枯死，成株由下部较老叶片开始发病，逐渐向上部叶片发展，严重时全株叶片相继枯死。最初叶片上产生淡黄色近圆形或多角形病斑。潮湿时，叶背面病斑上长出白色霜霉，有时蔓延至叶正面，后期病斑变为黄褐色，常多个病斑连成一片，叶片发黄干枯(图 2-9-8)。

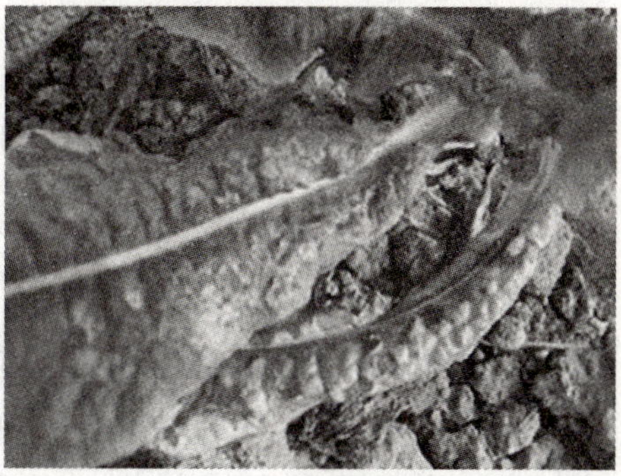

图 2-9-8　莴苣霜霉病

【发病原因】病害由鞭毛菌亚门莴苣盘梗霉菌侵染引起。病原菌主要潜伏在病残体上越冬。低温、高湿的条件下易发病。栽培过密、土壤湿度及保护地相对湿度高，容易发病。田间多在春季或秋季流行。

【防治方法】

(1)选择种植抗病品种　根、茎、叶带紫红色或深绿化的品种较抗病，如红皮莴苣、万年桩、尖叶子、青麻叶莴苣等较抗病。

(2)科学田间管理　合理浇水，不要大水漫灌，防止地面积水，降低田间湿度；加强栽培管理，合理密植；保护地栽培要及时通风散湿，避免造成低温高湿的条件。

(3)化学防治　在发病前或发病初期适时喷药，25％甲霜灵可湿性粉剂 800 倍液喷雾，或用 90％乙膦铝可湿性粉剂 600 倍液、75％百菌清可湿性粉剂 500 倍液、70％代森锰锌可湿性粉剂 500 倍液、72％克露可湿性粉剂 800 倍液喷雾。施药时尽量将药液喷到基部叶片背面。保护地栽培，在发病初期用 5％百菌清粉尘剂或 5％霜霉清粉尘剂喷粉，或用 45％百菌清烟雾剂熏烟。

8.莴苣轮斑病

【症状识别】主要危害叶片，叶片上生圆形、近圆形病斑，黑色至黑褐色，有明显的同心轮纹，病斑直径 3～7 mm。病斑散生或几个病斑相互会合，潮湿时病斑上生黑色霉状物(图 2-9-9)。

【发病原因】致病菌为半知菌亚门类匍柄霉属真菌。病原菌主要以菌丝体或分生孢子随病残体在土壤中越冬，温暖多湿的天气发病重，缺肥或偏施氮肥发病重。

【防治方法】

(1)加强肥水管理　平衡施肥，适当增施磷、钾肥；培育壮苗、壮株，合理排灌、降低田间湿度，加强通风透光，缩短叶片结露时间。

(2)化学防治　发病初期喷药，可选用70%代森锰锌可湿性粉剂800～1 000倍液喷雾，或58%甲霜灵锰锌可湿性粉剂500倍液、77%可杀得可湿性微粒粉剂500倍液、75%百菌清可湿性粉剂600～700倍液、50%扑海因可湿性粉剂1 000倍液、50%多菌灵可湿性粉剂800倍液喷雾。

图 2-9-9　莴苣轮斑病

9.莴苣丝核菌基腐病

【症状识别】莴苣类蔬菜基部茎叶腐烂是生产中常见的病害。接触土壤的叶片基部受到病原菌侵染后，中肋变黄褐色、水浸状、半透明，引起湿腐，逐渐向上扩展蔓延，引起烂叶，叶片变灰绿色或灰褐色，严重时全株叶片枯黄腐烂。结球莴苣在叶球形成后，接触地面的下部叶片中肋首先发病，形成褐色腐烂斑块，逐渐侵染叶球内叶，严重时整个叶球腐烂。空气干燥时植株呈褐色枯死，萎缩。病部在潮湿情况下常产生网状菌丝或褐色菌核(图2-9-10)。

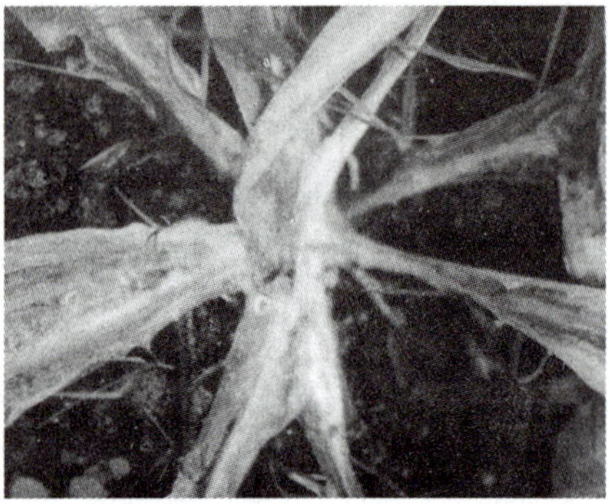

图 2-9-10　莴苣丝核菌基腐病

【发病原因】致病菌为半知菌亚门的立枯丝核菌真菌，其寄主范围很广，可在不同作物间辗转传播，周年持续发生；菌核和菌丝体也可在田间土壤与病残体中长时间存活。病原菌发育适温为22～25℃，在5℃以下和30℃以上难以发育，在25～30℃和高湿条件下产生菌核。湿度高，植株生长不良易造成腐烂。地势低洼，病害重。

【防治方法】

(1)合理轮作　不在前作丝核菌病害严重发生的地块上种植。与其他科蔬菜实以5年以上轮作，减少连作造成的土壤中丝核菌的积累，从而控制病害的发生。

(2)科学进行田间管理　加强田间管理，尽量减少底部叶片与土壤接触，及时摘除病叶，发现病株及早拔除，带到棚室外集中烧毁或深埋；肥料必须充分腐熟，适期播种，种植密度适宜，防止地表湿度过高，保持通风透光排湿。

(3)种子处理　播前进行种子处理，可以降低病原菌对种子及幼苗的侵染，如用种子重量的0.3%的50%福美双可湿性粉剂拌种。

(4)化学防治　发病初期选用70%甲基硫菌灵可湿性粉剂600倍液喷雾，或用50%多菌灵可湿性粉剂1 000倍液、30%恶霉灵水剂1 500～2 000倍液、5%井冈霉素水剂1 500倍液、70%代森锰锌可湿性粉剂500倍液、80%大生可湿性粉剂、80%喷克可湿性粉剂700倍液喷雾，重点喷洒植株基部，同时结合灌根，每株灌100 mL，每10～15 d防治1次，连施2～3次。

10. 莴苣细菌性软腐病

【症状识别】软腐病又称腐烂病，是莴苣常见病害。结球莴苣多在包心期以后表现症状，一般从植株基部叶柄或茎基部的裂口或伤口处开始发病。初期病部水浸状、半透明，继而变褐湿腐，病株外叶萎垂贴地，叶球暴露。后叶柄基部完全腐烂，并向上发展，甚至整个叶球腐烂。病部渗出黏稠的菌脓，放出恶臭气味。叶用莴苣由外部叶片向叶球内层扩散蔓延，严重时全株腐烂（图2-9-11）。

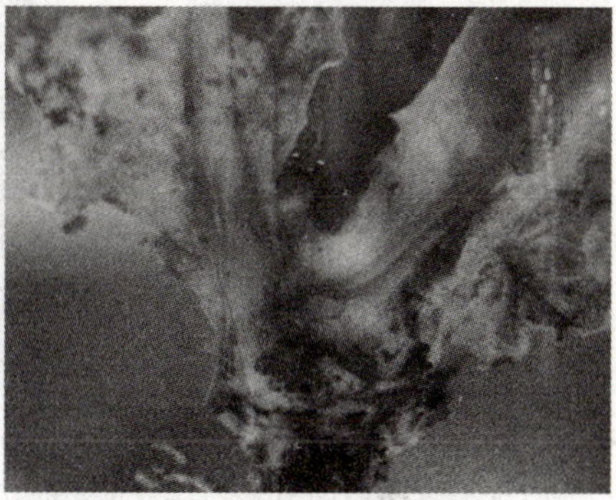

图2-9-11 莴苣细菌性软腐病

【发病原因】病原菌为胡萝卜欧氏杆菌胡萝卜致病变种。病原细菌随带菌的病残体、土壤、未腐熟的农家肥及越季病株等越冬。借浇水、农事作业或昆虫传播，从伤口侵入。病株繁殖的病菌在田间重复侵染。病菌生长发育最适温度为25～30℃，51℃致死。湿度大，锄地松土造成植株伤口多，温度适宜、重茬地发病重。

【防治方法】

（1）加强田间管理　低洼田块应采用高畦（垄）栽培，严禁大水漫灌，病害流行期应控制浇水；农事作业应防止造成伤口，施用充分腐熟的有机肥，提高植株抗病力；发现病株后及时拔除，带出棚室外深埋或烧毁；及时防治地下害虫和其他害虫，减少虫伤口。

（2）实行轮作　不宜在同一块地上连年种植，要适时与水稻或非十字花科作物实行轮作，最好实行水旱轮作。

（3）化学防治　发病初期，选用72%农用硫酸链霉素可溶性粉剂3 000～4 000倍液喷雾，或20%噻菌酮可湿性粉剂1 000倍液、77%可杀得可湿性粉剂800倍液、47%加瑞农可湿性粉剂800～1 000倍液、14%络氨铜水剂300倍液、30%绿得保悬浮剂500倍液喷雾。

11. 莴苣细菌性黑腐病

【症状识别】主要危害叶片，多在叶片边缘、叶柄或主脉开始出现病变。叶缘出现褐色"V"字形病斑，向内扩展。从叶柄或叶脉开始发病时，先形成褐色条斑，然后扩大成不定形斑块。病斑内网状叶脉变为褐色或黑色，叶片枯黄，但不软腐。最后，病叶变淡褐色干枯呈薄纸状。病茎中空，致使植株萎蔫、枯死。黑腐病单独发病虽引起腐烂，但无臭味。田间常并发软腐病，腐烂加重，有恶臭（图 2-9-12）。

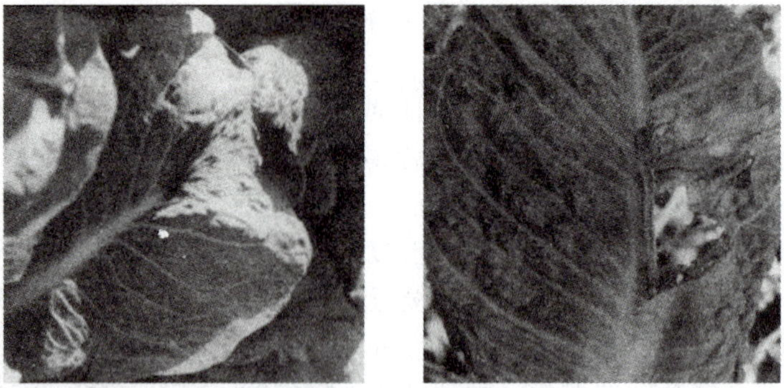

图 2-9-12 莴苣细菌性黑腐病

【发病原因】致病菌为野油菜黄单胞杆菌。病菌在病残体上或种子内越冬，翌年从幼苗叶片的气孔或叶缘水孔、伤口处侵入，细菌侵入后形成系统侵染。在田间病菌借雨水、灌溉水、昆虫、肥料传播蔓延，高温、高湿条件下易发病。地势低洼、重茬及害虫为害重的地块发病重。

【防治方法】

（1）种子处理　使用无病种子，或种子处理，种子可用 48℃温水浸种 30 min。

（2）合理轮作　与葱蒜类、禾本科作物实行 2～3 年以上轮作。

（3）加强管理　增施磷、钾肥，提高抗病性，切忌大水漫灌，雨后及时排水，注意防治地下害虫，避免出现虫伤。

（4）化学防治　发病初期开始喷洒 30%氧氯化铜悬浮剂 800 倍液，或 30%绿得保悬浮剂 400 倍液、50%琥胶肥酸铜可湿性粉剂 500 倍液、70%琥·乙膦铝可湿性粉剂 500 倍液、72%农用硫酸链霉素 3 500～4 000 倍液喷雾。

12. 莴苣花叶病

【症状识别】花叶病是莴苣的常发病害。苗期至成株期均可发病。苗期发病，多在出苗后 10 d 左右表现症状。叶片上出现浅绿或黄白色花叶或斑驳。叶片皱缩扭曲，叶缘不整齐或发生缺刻，常出现明脉，严重时出现不规则灰褐色坏死斑。成株期症状有的与苗期相似，植株明显矮化，叶片不规则扭曲，老叶和幼叶上常出现明脉，小叶脉动变褐，叶面出现许多褐色坏死斑，植株生长弱，叶用莴苣结球差或不结球（图 2-9-13）。

图 2-9-13 莴苣花叶病

莴苣花叶病顺口溜

花叶皱缩坏死斑，植株矮化扭叶片。
多种病毒共侵染，种子接触蚜虫传。
高温干旱蚜猖獗，每成毒病流行年。

【发病原因】致病毒原主要有莴苣花叶病毒（LMV）、蒲公英黄色花叶病毒（DYMV）和黄瓜花叶病毒（CMV）。莴苣花叶病毒稀释终点为10～100倍，体外保毒期2～3 d，失毒温度55～60℃，可由汁液接触或蚜虫传毒；蒲公英黄色花叶病毒稀释终点为1 000～10 000倍，体外保毒期24小时，失毒温度65～70℃，主要靠蚜虫和种子传毒；黄瓜花叶病毒稀释终点为10 000倍，体外保毒期3～4 d，失毒温度60～70℃，主要靠蚜虫传毒。病毒毒源主要来源于田间越冬的带毒莴苣或种子，播种带毒的种子，其幼苗即成病苗，如将病苗移植到田间，即可形成发病中心，在田间通过蚜虫或汁液接触传染。病害发生和流行与气温有关，旬均气温18℃以上，病害扩散迅速；水肥管理不当，生长势弱，有利于病害发生。

【防治方法】

（1）种子处理　选用抗病品种，种植无病种子。种子用10%磷酸三钠溶液浸种20～30 min。

（2）加强田间管理　适期播种，应避开高温、干旱气候和蚜虫多发的时期，以减轻花叶病的发生；精细播种，加强肥水管理，播前、播后及时除草。

（3）防治蚜虫　播种后搭建拱棚，覆盖50目防虫网，或用银灰反光塑料薄膜避蚜，或用黄板诱蚜。发现蚜虫及时防治，减少传毒。

（4）化学防治　发病初期喷洒20%病毒A可湿性粉剂500倍液，或0.5%抗毒剂1号300倍液、83增抗剂100倍液、1.5%植病灵乳油1 000～1 500倍液喷雾。也可用2.5%吡虫啉可湿性粉剂2 000倍液加20%病毒A可湿性粉剂500倍液，或2.5%吡虫啉可湿性粉剂2 000倍液加5%菌毒清水剂500倍液，或2.5%吡虫啉可湿性粉剂2 000倍液加2%菌克毒克水剂300倍液喷雾，既防治蚜虫又防治病毒病。

13.菠菜霜霉病

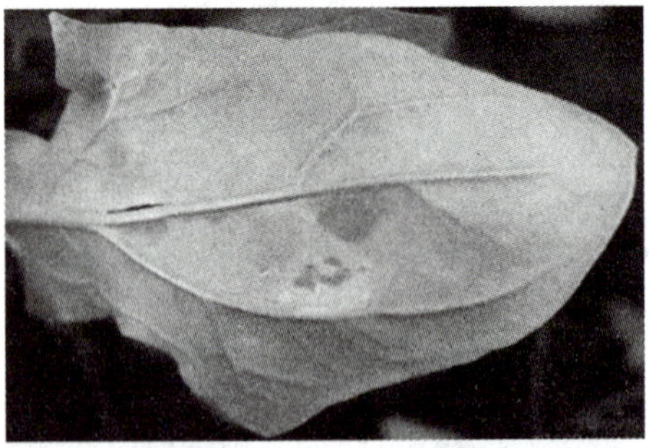

图 2-9-14 菠菜霜霉病

【症状识别】主要危害叶片。病斑从植株下部向上扩展，从外叶逐渐向内部叶片发展。病斑初呈淡绿色至淡黄色小点，扩展后成为边缘不明显的不规则形大斑，后期变褐枯死。叶背病斑上产生灰白色霉层，后变紫灰色。发病严重时整株叶片变黄枯死(图 2-9-14)。

【发生原因】致病菌为鞭毛菌亚门霜霉属真菌。病菌以菌丝在越冬菜株上和种子上或以卵孢子在病残体内越冬。平均气温 8～18℃，阴雨高湿的天气适于发病，春季、秋季发病较重，或种植密度过大、积水及早播发病重。

【防治方法】

(1)加强田间管理　播种前及时彻底清除残株落叶、精细整地，施足充分腐熟的有机肥，提高植株抗病能力；重病区应实行 2～3 年轮作，做到密度适当、科学灌水，浇水后及时松土、加强放风，降低田间湿度；及时观察田间症状，及时拔除发病植株，防止病害蔓延。

(2)种子处理　种植抗病品种，在无病地或无病株上采种，如种子带菌可用种子重量 0.3%的 25%甲霜灵或种子重量 0.4%的 50%福美双拌种。

(3)化学防治　发病初期开始喷洒 58%甲霜灵锰锌可湿性粉剂 500 倍液，或用 64%杀毒矾可湿性粉剂 500 倍液、72%克露可湿性粉剂 700 倍液、69%安克锰锌可湿性粉剂 1 000 倍液、72.2%普力克水剂 800 倍液喷雾。保护地可用 30%或 45%百菌清烟剂熏蒸。

14.菠菜根腐病

【症状识别】菠菜根腐病因根部腐烂，导致死苗死株，可造成重大损失。引起幼苗和成株根腐的病原菌较多，其中包括多种腐霉菌、立枯丝核菌、丝囊霉、尖镰孢和其他镰刀菌等。各种病原菌除能单独侵染外，两种或多种病原菌还常复合侵染(图 2-9-15)。

各种病原菌侵染根部，使主根和侧根变为褐色和黑色，腐烂。地上部茎叫变黄，萎蔫，甚至枯死。腐霉菌多在种子发芽后到真叶展开前侵染根部。幼根变褐色软腐，病株基部也呈褐色腐烂，近地面处缢缩，病苗很快倒伏，仍保持绿色，此种症状称为“猝倒”。立枯丝核菌侵染引起种子腐烂，幼芽和幼根腐烂，幼苗近地面部位褐色变缢缩，叶片萎蔫。成株主根近地面部分黑腐，接触地面的叶柄也变黑褐色腐烂。越冬菠菜的根颈部和根部发病多。病株外叶黄枯，严重的整株腐烂死亡。在潮湿条件下，病部和附近地面生出稀疏的褐色蛛丝网状菌丝。

图 2-9-15 菠菜根腐病

【发病原因】各种病原菌在土壤中或在病残体中越冬越夏，在土壤中可以长期存活。腐霉菌、立枯丝核菌和丝囊霉在低温多湿时多发，越冬菠菜病重；尖镰孢在温度较高时多发，夏收菠菜病重。连作田发病重。

【防治方法】

(1)加强田间管理 病地不连作，不用作苗床，换种谷类作物；要精细整地，施用不带病残体的腐熟基肥；加强苗期管理，防冻保温，保持土壤干湿适度，适时通风透气，及时除草、间苗。必要时在播前用福尔马林稀释液、五氯硝基苯或代森铵等药剂处理苗床土壤。出现少量病苗后要及时拔除，并喷药保护，防止病害蔓延。

(2)化学防治 发病期可选用 15%的恶霉灵乳剂 800～1 000 倍液喷雾，或 80%山德生可湿性粉剂 800 倍液或 72%普力克水剂 700 倍液喷雾，或用 70%甲基托布津可湿性粉剂 800 倍液、或 40%杜邦福星乳油 8 000 倍液喷淋植株根颈部和根际表土。每 7～10 d 喷雾 1 次，连续 2～3 次。

15. 菠菜黑斑病

【症状识别】苗期至成株期均可发生，叶片上初生黄色小斑，后扩大成为近圆形的大病斑，有的受叶脉限制而成多角形，病斑褐色或黑褐色，略有轮纹，边缘清晰，有时病斑外缘有狭窄的黄晕。病斑大小变化很大，初生病斑直径 1～2 mm，扩大后可达 10 mm。潮湿时病斑上有黑色霉层。严重发生时幼叶或成叶上布满大小不一的病斑，叶片变黄干枯(图 2-9-16)。

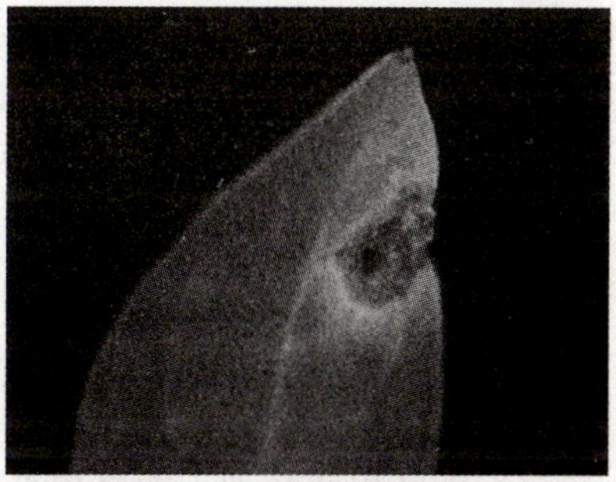

图 2-9-16 菠菜黑斑病

【发生原因】病原菌为半知菌亚门链格孢属真菌。在冬季不种植菠菜的地方，病原菌在田间病残体中越冬。在黄淮流域，冬季露地仍种植菠菜，黑斑病继续发生，但病情发展缓慢。春季、秋季发病较重。病斑上产生的分生孢子随风雨传播，多次发生再侵染。天气多雨高温，水肥管理不当，植株衰弱时发病重。

【防治方法】

(1)加强田间管理　清除病残体和藜科杂草，搞好田间卫生。增施腐熟农家肥，注意磷、钾肥配合，防止菜株脱肥。合理灌水，雨后及时排水，降低田间湿度。

(2)化学防治　发病重的地块应喷药防治，发病初期可喷 50%扑海因可湿性粉剂 1 000～1 500 倍液，或用 70%代森锰锌可湿性粉剂 500～700 倍液、75%百菌清可湿性粉剂 500～600 倍液、80%喷克可湿性粉剂 600 倍液、50%敌菌灵可湿性粉剂 500 倍液等喷雾。

16. 菠菜病毒病

【症状识别】全株发病，苗期至成株期均可感染，田间症状可分为丛生型、花叶型、坏死型和黄化型四种，以丛生型和花叶型为主。丛生型病株症状表现为萎缩，叶片皱缩卷曲成团，植株矮化呈丛生状。花叶型病株症状为，叶片尤其是嫩叶呈浓淡不均斑驳、花叶，叶片皱缩不平展。留种株结实少，籽粒瘦小不充实(图 2-9-17)。

图 2-9-17　菠菜病毒病

【发病原因】由多种病毒单独或复合侵染而引起，其中主要有蚕豆萎蔫病毒(BBMV)、甜菜花叶病毒(BMV)、黄瓜花叶病毒(CMV)。菠菜病毒的毒源，主要来自菠菜病株、田间杂草及多年生木本植物，种子也能带毒。大多病病毒侵入适温为 28℃，发病适温为 22～30℃，天气高温干旱，尤其是苗期高温干旱，病毒病发生早且重。田间病毒的传播主要靠蚜虫，特别是有翅蚜虫比无翅蚜虫传毒作用大。

【防治方法】

(1)选用抗耐病品种　可选用津南实芹 1 号、百利西芹、加州王、美国犹他、文图拉等品种。

(2)加强田间管理　调整蔬菜生产布局，合理间套轮作，不与其他毒源植物相邻或连续种植；选择通风良好，远离萝卜、黄瓜等的地块种植；铲除田间杂草，加强肥水管理，喷施叶面营养肥，提高植株抗病能力。

(3)及时防治蚜虫　采取各种避蚜、诱蚜、治蚜措施，减少传毒机会。

(4)化学防治　发病初期喷施 20%病毒 A 可湿性粉剂 500 倍液，或用 1.5%植病灵乳剂 1 000 倍液、5%菌毒清水剂 300 倍液等喷雾。

17. 蕹菜褐斑病

【症状识别】主要为害叶片，叶片上病斑近圆形，有时受到大叶脉限制，呈半圆形或不规则形，病斑较大，成熟病斑直径可达 5～10 mm。病斑为褐色、黑褐色或红褐色，依品种不同而有差异，通常病斑边缘色深，中部色浅。病斑有明显的轮纹，多数病斑中部嵌套一个小斑，其中心色淡，边缘色深。几个病斑可汇合成为较大的斑块。病斑沿主脉发展后，可使叶片扭曲。干燥时，病斑中部开裂。潮湿时，病斑两面生黑色霉状物（图 2-9-18）。

图 2-9-18　蕹菜褐斑病

【发病原因】病原菌为半知菌亚门类假尾孢属真菌，病原菌在病残体中越冬。

【防治方法】

（1）加强田间管理　收获后及时清除病残体，深翻晒土，铲除田间杂草；根据品种特点合理施肥，增施腐熟农家肥，注意氯、磷、钾肥配合，防止菜株脱肥；合理灌水，不要过度灌溉，雨后及时排水，降低田间湿度；及时摘除菜株底部发病老叶，重病田实行与其他蔬菜轮作。

（2）化学防治　发病初期，在天气情况有利于病情发展时，可喷施 50%扑海因可湿性粉剂 1 000～1 500 倍液，或用 70%代森锰锌湿性粉剂 500～700 倍液、80%喷克可湿性粉剂 600 倍液、70%甲基托布津可湿性粉剂 600 倍液、40%多硫胶悬剂 500 倍液、75%百菌清可湿性粉剂 500～600 倍液等喷雾。保护地可用 45%百菌清烟剂或 15%霜疫清烟剂，傍晚密闭熏蒸，或用 5%百菌清粉尘、6.5%甲霉灵粉尘，早上或傍晚喷粉。

18. 蕹菜白锈病

【症状识别】病害主要危害叶片。叶正面初现淡黄绿色至黄色斑点，后渐变褐色，病斑较大，形成不规则形。叶背生白色隆起状疱斑，近圆形或椭圆形至不规则形，有时疱斑愈合成较大的疱斑，后期疱斑破裂散出白色粉末。严重时病斑密布，病叶畸形、增厚、黄化、脱落。茎秆受害，肿胀畸形增粗，有时也形成白色隆起疱斑，破裂后散出白色粉状物（图 2-9-19）。

【发病原因】病原菌为鞭毛菌亚门的蕹菜白锈菌真菌，属专性寄生菌。病菌以卵孢子随病残体留在土中或附着在种子上越冬。病原菌靠气流、灌水等作业传播，进行再侵染。寄主表面必须有水膜或水滴病菌才能侵入。较低的温度适于白锈菌侵入，但在寄内扩展需要较高的温度，白天气温低于 23℃，不显症。多雨高湿和温暖的天气利于流行。连作发病早且重，营养缺乏或氮肥施用过多、过晚，地势低洼，灌溉不当或植株过密，通风不良致使该病严重发生。

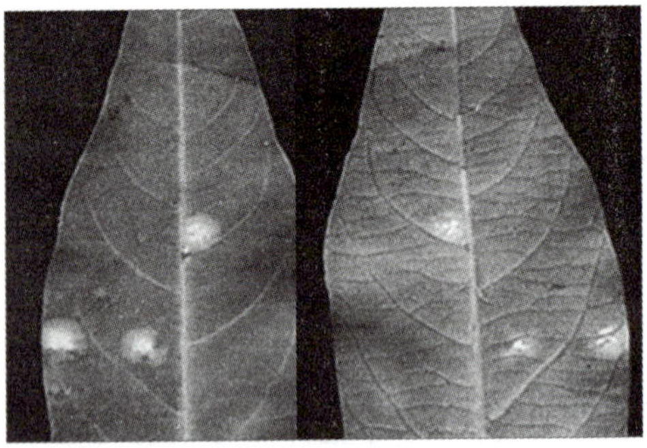

图 2-9-19 蕹菜白锈病

【防治方法】

（1）种子处理　选用无病种子，用种子重量 0.3％用量的 35％甲霜灵可湿性粉剂、72％克露可湿性粉剂、70％乙膦铝·锰锌可湿性粉剂拌种。

（2）实行轮作　发病重的田块与非旋花科蔬菜轮作 2 年以上。

（3）加强管理　浇水要选晴天，不能大水漫灌，及时排除渍水；适当稀植，密度要适宜，株间要通风透光；保护地种植应加强放风，对病叶、病残体及时清除田外深埋或烧毁。

（4）化学防治　发病初期可喷洒 25％甲霜灵可湿性粉剂 1 000 倍液，或用 64％杀毒矾可湿性粉剂 500 倍液、72％克露可湿性粉剂 800 倍液、58％雷多米尔锰锌可湿性粉剂 500 倍液喷雾。保护地可用 5％百菌清粉尘剂，5％加瑞农粉尘剂喷粉。

19.蕹菜花叶病

【症状识别】全株发病，轻者表现花叶，生长不良，发棵不旺；严重的矮缩畸形，造成严重减产，甚至全田绝产。田间可见多种症状，最常见的是叶片出现黄绿相间的花叶或斑驳，病叶皱缩，叶质粗厚，心叶症状最明显。有的病株以叶片黄化为主，病叶全部或大部变金黄色。有的幼叶小而畸形，多成窄条状，纵卷，丛生。病株矮缩，高度不及健株的 1/2（图 2-9-20）。

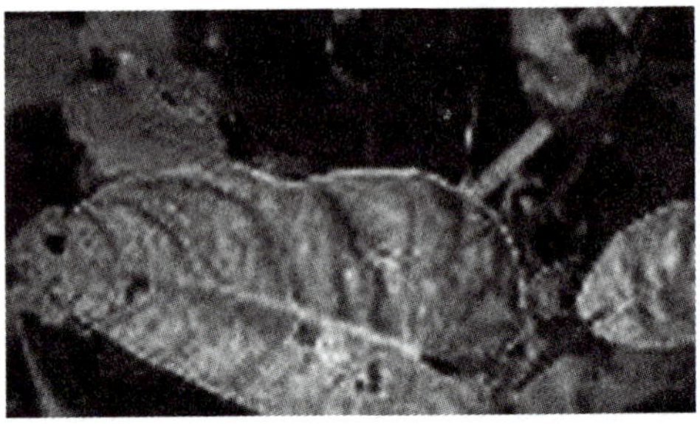

图 2-9-20 蕹菜花叶病

【发病原因】蕹菜花叶病是几种病毒单独或复合侵染所致。已知病毒种类有黄瓜花叶病毒（CMV）、烟草花叫病毒（TMV）、甜菜曲顶病毒（BCTV）等，可能还有其他病毒或类菌原体（植原体）也能引起蕹菜花叶病。黄瓜花叶病毒（CMV）由桃蚜等多种蚜虫传播，也可在病、健株之间接触或相互摩擦时由病株汁液传毒。烟草花叶病毒(TMV)则通过病健株接触传播，也可通过黏附病株汁液的农机具传播。甜菜曲顶病毒(BCTV)由叶蝉或菟丝子传播。

【防治方法】见其他蔬菜花叶病。

20. 落葵鱼眼病

【症状识别】又名蛇眼病。主要危害叶片，病斑近圆形，初为紫褐色小点，后渐扩展成边缘紫褐色，中部黄白色至黄褐色，稍凹陷，质薄，后期易穿孔破裂。病斑上产生不明显的灰色霉状物，叶片上散生病斑，少有两个或多个病斑汇合的情况，严重发生时全株叶片布满病斑(图 2-9-21)。

图 2-9-21　落葵鱼眼病

【发病原因】致病菌为半知菌亚门类假尾孢属真菌。病菌以菌丝体和分生孢子随病残体在田间越冬，种子也可以带菌传病。在温暖多雨的季节再侵染频繁，蔓延快。病田连作，地势低洼，排水不良，过度密植，偏施氮肥等都有利于发病。

【防治方法】

(1)种子处理　播前种子用 55℃ 温水浸种 15 min，或用 52℃ 温水浸种 30 min。

(2)加强田间管理　清洁田园，收获后及时清除病株残体，带出田外烧毁或深埋；种植抗病、耐病品种；发病初期，及时摘除病叶；加强肥水管理，施用充分腐熟的农家肥，搭配施用化肥，适当喷施叶面营养剂，避免因过量施用氮肥，降低植株抗病性；合理灌溉，发病期间不要喷灌，雨后及时排水，降低田间湿度，低洼多雨地区宜高畦、高垄栽培；轮作倒茬，避免连作。

(3)生物防治　发病初期可喷 2%武夷霉素水剂，或 2%农抗 120 水剂 200 倍液，隔 6 d 喷 1 次，连喷 3～4 次。

(4)化学防治　发病初期可用 75%百菌清可湿性粉剂 1 000 倍液喷雾，或 20%施宝灵悬浮剂 800～1 000 倍液、40%多·硫悬浮剂 600 倍液、65%多克灵可湿性粉剂 800～1 000 倍液、60%多·福可湿性粉剂 600～800 倍液等喷雾。

21. 落葵病毒病

【症状识别】全株发病，常见的有花叶型和环斑型。花叶型叶片褪绿，出现黄绿相间的斑驳和花叶，幼叶更为明显。发病早时叶片皱缩，植株矮小。环斑形的叶片上出现大型环斑，由黄色和浓绿环纹交错发生，十分醒目。

【发病原因】病原尚未明确。一般认为是由多种病毒发生复合侵染。一般夏秋发生较多，高温干旱时较生，邻近十字花科蔬菜种植发生重。

【防治方法】见其他蔬菜花叶病。

22. 茼蒿霜霉病

【症状识别】霜霉病是茼蒿的重要病害。苗期和成株期均可发生。主要危害叶片。苗期叶片正面症状不明显，叶背面出现白色霜状霉层，严重时幼苗枯黄。成株期，病叶上形成边缘不明显的圆形或多角形褐色褪绿斑，叶片逐渐枯黄，潮湿时，病叶背面产生白色霉层，严重时叶片布满霜霉层而萎蔫，病叶枯死（图 2-9-22）。

图 2-9-22　茼蒿霜霉病

【发病原因】病原菌为鞭毛菌亚门冠菊霜霉真菌。病菌以菌丝体在寄主上越冬。多雨潮湿或有大雾发病重，低洼、连作、底肥不足、密度过大，生长衰弱的地块发病重。

【防治方法】

（1）加强田间管理　种植不可过密，注意通风降湿；低洼潮湿地采用高垄栽培，合理密植，浇水不宜过勤过大；收获后清除病残株，带出田外深埋或烧毁。

（2）化学防治　发病初期喷洒 40%乙膦铝可湿性粉剂 250 倍液，或用 58%瑞毒霉锰锌可湿性粉剂 400 倍液、72%克露可湿性粉剂 800 倍液、69%安克锰锌可湿性粉剂 800 倍液等喷雾。保护地可用 5%百菌清粉尘剂，或 5%加瑞农粉尘剂喷粉。

23. 芫荽枯萎病

【症状识别】根部和根颈部出现褐色或黑褐色病变，皮层腐烂，部分或全株叶片失绿变黄。发病早的病株矮小不长，叶片变色萎蔫，以至枯死。病部检查，可见维管束变为褪色。

【发病原因】致病菌为半知菌亚门尖镰刀菌属真菌。枯萎病是土壤传播的系统侵染病害，病原菌的菌体或所产生的毒素，随植株的维管束系统，转移扩散到各个部位，导致全株发病。以厚垣孢子在土壤中长期存活，可在土壤、粪肥、病株残体中越冬，成为下一季发病的初侵染

> **提个醒**
>
> 将芫荽枯萎病与前面学过的其他蔬菜枯萎病做一比较，也许更利于知识的掌握。

来源，在田间还随雨水、灌溉水、农具等传播。病原菌主要由根部侵入，系统侵染。土壤黏重、偏酸性，田间低洼积水以及降雨后发病重。

【防治方法】

(1)实行轮作　与非寄主作物实行3年以上轮作，宜与禾本科作物轮作，水旱轮作最好。

(2)加强管理　加强肥水管理，合理灌溉，降低湿度，雨后及时排水，防止积水；追施磷、钾肥，提高抗病性；多湿田块采用高畦或半高垄栽培；施用充分腐熟的农家肥，及时清除病株，零星发病田要拔除病株，病穴灌2%福尔马林液或20%石灰水消毒。

(3)化学防治　发病初期可用50%多菌灵可湿性粉剂500～1 000倍液灌根，或用50%甲基托布津可湿性粉剂500倍液、75%百菌清可湿性粉剂600倍液、80%代森锌可湿性粉剂500倍液喷雾。

二、工作准备

(一)实施场所

多媒体实训室、发生病害的绿叶类蔬菜田块。

(二)仪器与用具

光学显微镜、载玻片、盖玻片、挑针、蒸馏水滴瓶、扩大镜、镊子、小剪刀、解剖刀、标本夹及记载用具等。

(三)病害标本及相关资料

芹菜早疫病、芹菜斑枯病、芹菜软腐病、芹菜菌核病、芹菜叶柄开裂病、芹菜根结线虫病、莴苣霜霉病、莴苣轮斑病、莴苣丝核菌基腐病、莴苣细菌性软腐病、细菌莴苣性黑腐病、莴苣花叶病、菠菜霜霉病、菠菜根腐病、菠菜黑斑病、菠菜病毒病、蕹菜褐斑病、蕹菜白锈病、蕹菜花叶病、落葵鱼眼病、落葵病毒病、茼蒿霜霉病、芫荽枯萎病等实物标本及主要病害的永久玻片标本。

教材、资料单、PPT、影像资料、相关图书、网上资源等。

【任务设计与实施】

一、任务设计

见下页。

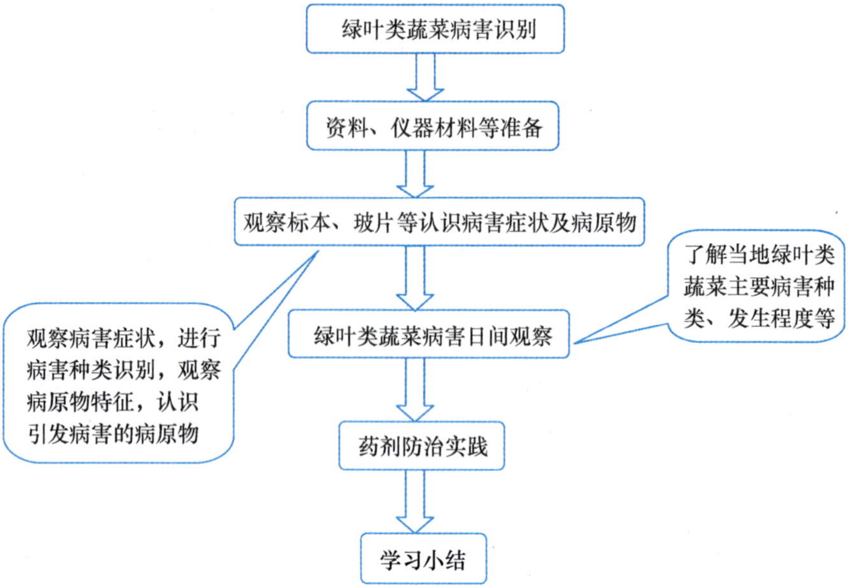

二、任务实施

(一)绿叶类蔬菜病害症状和病原观察

1.症状观察

通过观察标本，观看多媒体课件、视频，查阅图书资料以及网络搜索等方法，了解绿叶类蔬菜主要病害危害部位，病斑形状、大小、颜色等，认识绿叶类蔬菜主要病害症状特点等。小组合作完成表 2-9-1 绿叶类蔬菜病害症状观察记载表。

表 2-9-1　绿叶类蔬菜病害症状观察

序号	病害名称	病状描述	病症描述
1			
2			
3			

2.病原观察

以小组为单位先在显微镜下观察备好的病原玻片示范标本。然后每个小组制作 2～3 种病原临时玻片，在显微镜下观察病原菌的形态特征。

(二)绿叶类蔬菜病害田间观察与识别

在教师准备好教学现场的前提下，组织学生以小组为单位到绿叶类蔬菜生产基地进行病害田间观察。观察要认真、细致，由整株到根、茎、叶、花、果等各个器官，注意颜色、形状和气味的异常；由病株到病区，由病区到全田，由全田到邻田；注意地形、地貌、邻作或建筑物的影响。注意是个别发生还是区域性发生，病状是否有一致性。对照教材、相关资料诊断病害种类，并为为害症状进行拍照，在教学不能确诊的病害，采集病害标本，进行室内鉴定。

(三)药剂防治实践

对已确诊的绿叶类蔬菜病害，结合生产需要，在查阅相关文献的基础上，选择两种杀菌剂进行防效实验。制定出药剂防治方案，方案包括施药方法、施药面积、药剂浓度或剂量、施药次数、施药间隔期等，然后实施，调查防治效果。经过观察，有了较为明显地防治效果了，则小组提出验收申请，请老师和全班同学集体验收、评价。

工作任务 2　绿叶类蔬菜虫害的识别

【任务准备】

一、知识准备

(一)绿叶类蔬菜生产上都有哪些常见的害虫

危害绿叶类蔬菜的害虫较多，一是刺吸式口器害虫，如蚜虫、白粉虱、烟粉虱、螨类等；二是潜叶类害虫，如潜叶蝇类等；三是蛀食根部害虫，如蟋蟀、蛴螬、蝼蛄、根蛆类等。

(二)如何识别绿叶类蔬菜主要虫害，怎样进行防治

1.菠菜潜叶蝇

【为害特点】主要为害菠菜、萝卜和甜菜。幼虫在菠菜叶片组织中蛀食，吃掉叶肉，残留上、下表皮，形成灰白色潜道，致使叶片发白干枯，不能食用，失去商品价值(图 2-9-23)。

【发生规律】在我国华北地区一年发生 3～4 代，以春季第一代发生数量最大，夏季高温干旱不利于二、三代的发生。蛹在土壤中越冬。成虫羽化多集中在清晨气温低、湿度大的时候，产卵前期约 4 d，卵产在植株叶背，4～5 粒呈扇形排列。卵

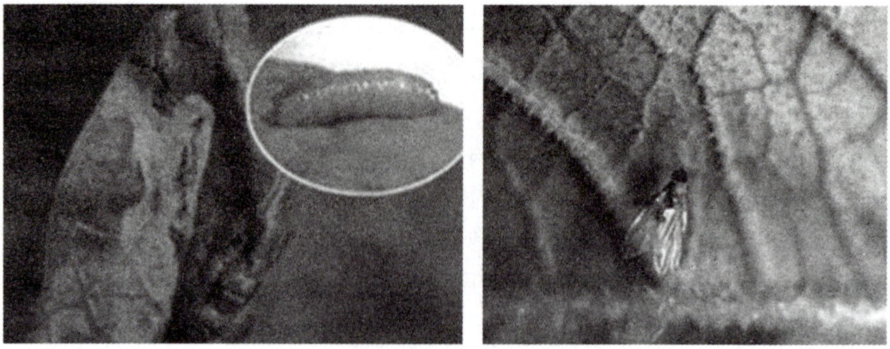

图 2-9-23 菠菜潜叶蝇

期 2～5 d，于傍晚孵化，然后钻入叶肉危害。幼虫 3 龄，幼虫期约 10 d，老熟后一部分在叶内化蛹，一部分由叶内脱出到土壤中化蛹。

【防治方法】

（1）清洁田园　及时清除菜田内外杂草及带虫蔬菜老叶，及时清理残株落叶；收获后及时深翻土地，既利于植株生长，又能破坏一部分入土化蛹的蛹，可减少田间虫源。

（2）科学施肥　施用充分腐熟的粪肥，避免使用生肥，特别是厩肥，以免把虫源带入田中；幼苗期用速效化肥加快生长，可减轻幼苗受害。

（3）诱杀成虫　可使用黄板或诱蝇纸诱杀成虫。

（4）化学防治　由于菠菜生长期短，选择易于光解、水解、残效期短的农药及生物农药，用药必须抓住产卵盛期至卵孵化初期的关键时刻，此时期也是害虫的抗药性最低的时期。常用药剂有可喷施 1.8%爱福丁乳油 2 000 倍液，或用 40%绿菜宝乳油 1 000～1 500 倍液、2.5%溴氰菊酯乳油 3 000 倍液、20%氰戊菊酯乳油 3 000倍液、80%敌百虫可溶性粉剂 1 000 倍液。

2.莴苣蚜

【为害特点】危害莴苣、苦苣菜、苦荬菜、泥湖菜等菊科蔬菜。成若蚜群集在叶背、嫩梢、花序等部位，吸食汁液，使叶片畸形扭曲。受害处蚜虫群集，并有灰白色蜕皮（图 2-9-24）。

【发生规律】年发生 10～20 代，在北方以卵越冬。早春卵孵化成干母，在春至秋发生有翅和无翅胎生雌蚜进行传播和大量繁殖，群集在嫩梢、心叶、花序和叶背栖息取食。在 20～25℃的条件下 4～6 d 可完成一个世代，在适宜条件下发生严重。10 月下旬发生有翅雄蚜和雌性蚜，交尾后产卵越冬。在南方冬天仍进行孤雌生殖，继续繁殖为害。

图 2-9-24　莴苣蚜

小知识

蚜虫对植物的危害是多方面的：一是吸食植物养分和水分，引起植物营养恶化；二是引起植物畸形生长；三是分泌蜜露，诱发煤污病；四是传播植物病毒。

【防治方法】

(1)物理防治　在田间设置黄板诱蚜；在田间悬挂或覆盖银灰膜避蚜；也可用银灰色遮阳网、防虫网覆盖栽培。

(2)清洁田园　蔬菜收获后及时清理田间残株败叶，清除黄叶，铲除杂草。

(3)化学防治　考虑防治病毒病，必须将蚜虫消灭在发生初期。尽可能选择适当的农药和施药时期，保护天敌昆虫，发挥自然控制作用。可用40%乐果乳油1 000倍液喷雾，或用50%抗蚜威乳油、2.5%功夫乳油、20%灭扫利乳油2 000～3 000倍液，或2.5%天王星乳油、2.5%敌杀死乳油、40%氰戊菊酯乳油3 000～4 000倍液，或15%蚜虱绝乳油3 000～5 000倍液喷雾。保护地可用杀蚜烟剂或80%敌敌畏乳油烟熏或熏蒸。

3.蟋蟀

【为害特点】大蟋蟀是南方旱作主要害虫之一，油葫芦在国内分布广泛。两种蟋蟀的食性都很杂，对夏秋季种植的蔬菜危害较重。以成、若虫为害作物幼苗，咬断嫩茎，取食根尖、茎叶、花和幼果，造成缺苗断垄、倒伏等(图2-9-25、图2-9-26)。

图 2-9-25　大蟋蟀

图 2-9-26　油葫芦

【发生规律】大蟋蟀1年发生1代，以若虫在土穴中越冬。广东和福建南部，越冬若虫3～5月大量活动取食，5～6月成虫陆续出现，7月盛发，9月为产卵盛期，若虫10～11月出土危害，12月初开始越冬。成、若虫白天藏身洞穴，夜晚出来危害。闷热的夜晚活动最盛。

> **试一试**
>
> 蟋蟀并非一无是处，它居三大鸣虫之首，在我国一些地方形成了捉蟋蟀、养蟋蟀及蟋蟋蟀用具、蟋蟀工艺品等独具特色的蟋蟀文化。在学习生活之余，玩斗蟋蟀游戏，好像又回到了童年时代。

油葫芦1年发生1代，以卵在土中越冬。北方5月陆续孵化为若虫，8月为成虫盛发期，9月上旬至10月上旬为产卵盛期，10月中下旬天气渐冷，成虫死亡。山东、安徽等省6～8月为危害盛期，西安、常州、无锡等地8～9月发生严重。成、若虫昼伏夜出。

【防治方法】

(1)农业防治　秋季深耕细耙，减少土壤中越冬虫口基数。施用充分腐熟的农家肥，适时进行春灌和秋灌，早春及时铲除地边、路旁杂草，带出田外处理或沤肥，减少蟋蟀滋生繁衍。

(2)物理防治

①堆草诱杀：蟋蟀若虫和成虫白天有明显的隐蔽习性，在田间或地头设置一定数量5～15 cm厚的草堆，可大量诱集若、成虫，集中捕杀，具有较好的控制效果。

②毒饵诱杀：用60～70℃的热水将90%敌百虫晶体溶解成30倍液(50 g药对水1.5 L热水)，每升溶好的药液拌入30～50 kg炒香的麦麸、米糠、高粱麸，拌时充分加水，饵料∶水为1∶(1～1.5)，撒施于田间。或将蔬菜残叶切成碎片拌药剂，常用药剂有80%敌敌畏乳油500～800倍液，40%乐果乳油500倍液，或90%敌百虫800倍液，与切碎的蔬菜叶拌匀，施放于田间。

③种植诱杀带：蔬菜播种时，在四周种植一些如油菜一类种子便宜的作物，出苗后喷洒90%的晶体敌百虫300倍液，或菊酯类农药，诱杀取食蟋蟀。

④设置隔离带：在蔬菜育苗地或直播口四周用地膜设置隔离带，地膜一边压入土壤5 cm，另一边用40 cm的小棍撑起，防治蟋蟀简单有效。

⑤坑诱捕杀：在蔬菜育苗地或直播田四周挖0.3 cm×0.3 cm的坑，坑底部稍大于坑口，坑内放入加上毒饵的新鲜畜粪，再用鲜草覆盖，可以诱集大量蟋蟀成、若虫，次晨进行捕杀。

(3)化学防治　蟋蟀成、若虫盛期，可喷洒药剂防治，选用80%敌百虫可溶性粉剂800～1 000倍液，或20%杀灭菊酯乳油、20%菊杀乳油2 000倍液。

二、工作准备

(一)实施场所

绿叶类蔬菜生产基地、多媒体实训室。

(二)仪器与用具准备

显微镜、体视显微镜、挑针、镊子、载玻片、盖玻片、培养皿、病虫害标本采集和鉴定用具、记录本、杀虫剂、喷雾器、调查记载表等。

(三)标本与材料准备

菠菜潜叶蝇、莴苣蚜、蟋蟀等害虫标本、玻片标本及危害状标本。

教材、资料单、PPT、影像资料、相关图书、网上资源等。

【任务设计与实施】

一、任务设计

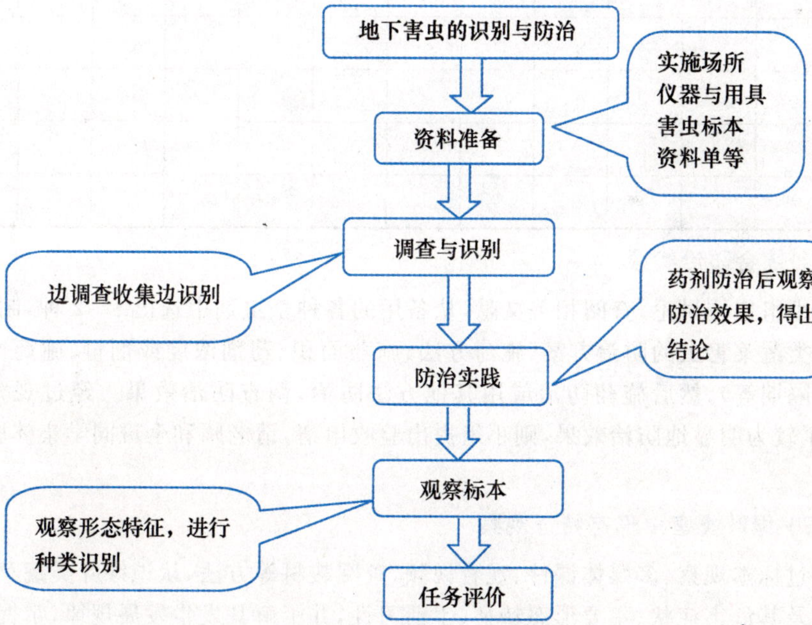

二、任务实施

(一)绿叶类蔬菜害虫发生情况调查与识别

以小组为单位,采用目测法和网捕法调查绿叶类蔬菜害虫的发生情况,一般采用五点取样法,每点取 10 株蔬菜,记录害虫种类及数量;每点扫 20 网,共 100 网,记录采集地点、采集时间、蔬菜种类等信息。

表 2-9-2 绿叶类蔬菜害虫调查记载表

调查时间: 地块类型: 调查面积: 调查人:

样点	菠菜潜叶蝇	莴苣蚜	蟋蟀	其他害虫								
1												
2												
3												
4												
5												
总计												
平均												

(二)综合防治实践

经小组集体讨论,查阅相关文献,从备用的各种杀虫剂中选出 1～2 种,制定某种绿叶类蔬菜害虫的防治方案(施药方法、施药面积、药剂浓度或剂量、施药次数、施药间隔期等),然后施药防治或用其他方法防治,调查防治效果。经过观察、分析,有了较为明显地防治效果,则小组提出验收申请,请老师和全班同学集体验收、评价。

(三) 绿叶类害虫形态特征观察

通过标本观察、多媒体课件、观看视频、查阅教材等方法,认识绿叶类蔬菜害虫的种类及其危害症状、主要形态特征、生活习性,并了解其发生发展规律,掌握各类害虫的防治方法。

工作任务3　绿叶类蔬菜病虫害综合防治方案制定及实施

【任务准备】

一、知识准备

(一)绿叶类蔬菜病虫害发生特点是什么

由于绿叶类蔬菜生长期短,一年可种几茬,有的连续多年单一种植,因此造成土传病害十分严重,如根结线虫病危害芹菜、莴苣等,成为主要病害,并有扩展蔓延的趋势。有的在保护地种植,因灰霉病需要高湿、低温,保护地的条件,适合灰霉病的流行,导致灰霉病在一些绿叶类蔬菜上流行。同时,保护地温度高、湿度大,昼夜温差大,夜晚气温降低,相对湿度提高,导致霜霉病的流行。保护地也为病菌提供了发生和越冬条件,芹菜斑枯病等病害在一些地区暴发流行。

因蚜虫、潜叶蝇等繁殖速度快,虫量大,抗药性强,再加上绿叶类蔬菜生长期短,农药安全间隔期要求较严,增加了防治难度。

(二)制定蔬菜病虫害的综合防治方案的原则是什么

必须贯彻我国“预防为主,综合防治”的植保方针。预防为主,综合防治是从菜田生态系统的总体观念出发,本着安全、有效、经济、简便的原则,有机地协调使用农业、生物、化学和物理的配套措施,以及其他有效的生态学手段,把病虫害的发生数量控制在经济允许的水平以下,达到高产、优质、低成本和无农药污染的目的。

把预防为主放在重要位置,充分认识“防重于治”的重要性,并在制定与实施综合防治中体现出来。在实施综合防治各项措施时,突出重点,互相协调,以最低的成本,达到最大的经济效益和生态效益。

主要防治措施有植物检疫、农业防治、生物防治、物理机械防治、化学防治(略)。

二、工作准备

(一)资料准备

①教材、PPT、视频、影像资料、相关图书,教师准备有关绿叶类蔬菜病虫害综合防治的相关文章。

②利用电脑、网站、WiFi 等网络环境条件，查找有关绿叶类蔬菜病虫害综合防治方面的信息资料。

(二)仪器材料准备

①实施场所　绿叶类蔬菜生产基地、多媒体实训室。

②仪器与用具　显微镜、体视显微镜、米尺、载玻片、取样板、各种杀虫剂和杀菌剂、喷雾器、调查记载表等。

③标本　绿叶类蔬菜主要病虫害标本、病原物玻片等。

④气象及栽培资料　当地气象资料、栽培品种介绍、栽培技术措施方案和病虫害种类及分布情况等资料。

【任务设计与实施】

一、任务设计

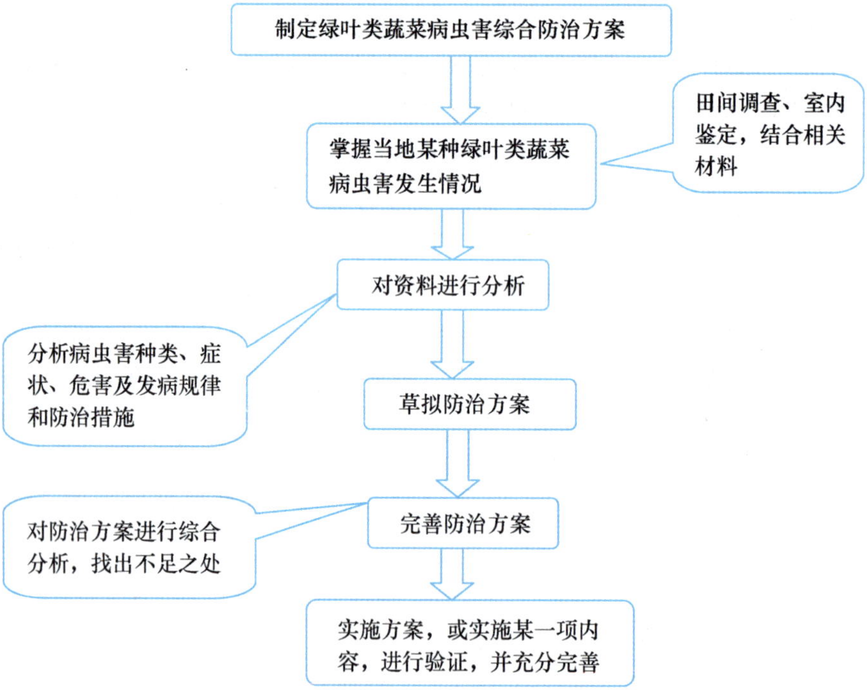

二、任务实施

(一)当地绿叶类蔬菜病虫害调查

组织学生了解当地绿叶类蔬菜种类、品种、栽培技术等,以小组为单位,采用走访农户、深入蔬菜田实地调查等方式,调查当地主要绿叶类蔬菜病虫害发生种类、危害程度以及主要采用的防治方法等,掌握当地绿叶类蔬菜主要病虫害及常发生病虫害的种类、发生情况和发生规律。并填写表 2-9-3 绿叶类蔬菜病害调查表。

表 2-9-3　绿叶类蔬菜病害调查表

调查人：　　　　　　　　　　　　　　　　　调查时间：　　年　　月　　日

调查地点：		
病虫害名称：	发病率(虫株率)：	
田间分布情况：		
寄主植物名称：	品种：	种子来源：
土壤性质：	肥沃程度：	含水量：
栽培特点：	施肥情况：	灌、排水情况：
病虫害发生前温度和降雨：	病虫害盛发期温度和降雨：	
防治方法：	防治效果：	
群众经验：		
其他病虫害：		

(二)制定某一种绿叶类蔬菜病虫害综合防治方案

在进行当地绿叶类蔬菜病虫害调查的基础上,了解当地某一种绿叶类蔬菜病虫害发生种类,以小组为单位,制定出某一种绿叶类蔬菜病虫害综合防治方案,可以以一种绿叶类蔬菜为对象,如制定“芹菜病虫害综合防治方案”,也可以以一种主要病虫害为对象,如制定“芹菜霜霉病综合防治方案”。

方案制定后进行小组讨论进一步修改完善;然后各组一一展示所制定的防治方案,引导学生分析每组展示的防治方案的优缺点、可行性,是否能达到预期防治效果等,再进一步完善防治方案。

(三)实施所制定的某一种绿叶类蔬菜综合防治方案中的某项防治措施

根据实验室条件、当地所种植绿叶类蔬菜种类、病虫害种类、物候期等,根据本组制定的防治方案选择一项防治措施组织学生实施,如实施种子处理技术、某一种病虫害化学防治技术等,调查防治效果,验证所制定的防治方案可行性,再完善防治方案。

【任务拓展】

保护地芹菜病虫害综合防治方案

一、发生的主要病虫害种类

主要病害有晚疫病、斑枯病、早疫病、褐斑病、菌核病、根腐病、根结线虫病，虫害主要有蚜虫、美洲斑潜蝇等，常见的生理病害有叶柄空心、烧心、叶柄开裂等。

二、综合防治措施

芹菜病虫害的防治，应采取综合防治措施，充分发挥各种因素的自然控制作用，应用耕作、栽培技术、田间管理等农业措施和生物措施、物理措施、化学防治等各种适当防治技术，创造有利于其生长，不利于病虫危害的有效环境条件，增强植株抗逆性，达到安全、经济、有效地控制病虫的发生危害。

(一)移栽前

1.选用抗(耐)病虫良种

选择抗(耐)病虫良种是最经济有效的方法，如天津实心芹、法国 Tezier 公司培育的早熟西芹品种——皇后等，还可选择加州王、高优它、文图拉、华盛顿等。

2.清洁田园

彻底清除上季蔬菜的病株残体，以减少田间菌源；保护地周围各种植株病残体和生产废弃物，清除杂草，集中进行无害处理，以减少病虫害的传播和蔓延。

3.培育无病虫壮苗

(1)床土消毒　用 50%多菌灵可湿性粉剂与 50%福美双可湿性粉剂按 1:1混合，或 25%甲霜灵可湿性粉剂与 70%代森锰锌可湿性粉剂按 9:1混合，按每米^{2}用药 8～10 g 与 4～5 kg 过筛细土混合，播种时 2/3 铺在床面，1/3 盖在种子上。

(2)种子浸种催芽

①温水浸种：在 48～49℃恒温水中浸种 30 min，投入凉水冷却，然后催芽；

②催芽：用清水浸泡 2 h，其间每隔 8 h 需换水 1 次；再搓揉、冲洗，并漂去杂质；然后用纱布包好，挤去多余水分，放入冰箱保持温度在 5℃，每天早晚用清水冲种各 1 次，2 d 以后将种子摊晾在有光环境中，每天仍用清水冲种 2 次，每次冲种后用电风扇吹种 5～10 min，以防水分过多，造成氧气不足，影响发芽；经过 6～8 d 种子即可发芽。

4.轮作

通过科学轮作和合理的茬口安排，控制病虫害，特别是土传病害的发生条件，降低发病率。与非伞形花科蔬菜轮作，最好实行水旱轮作。

5.进行深耕细作

深耕翻晒土壤，可将表土层的病虫深埋或暴露于地面，同时可调节土壤温、湿度，改善土壤结构，使其利于芹菜生长，不利于病虫的生存环境。

6.施肥

增施优质腐熟的有机肥，磷钾肥配合使用；熟化土壤，培肥地力，增强土壤的通透性，提高抗病能力。施足基肥，根据芹菜生长情况合理追肥。

(二)生长期

1.定植前土壤处理

如选用近2～3年种过芹菜的棚室作为定植田，则应在夏季7～8月大棚空闲期，进行高温土壤处理。具体方法为：每亩用稻草或麦秸500～1 000 kg，结合施用50 kg碳铵均匀撒施于地表，然后深翻30～40 cm，再用40%的甲醛400～500 mL浇灌土壤。在地面每3 m宽起30 cm高的垄；在垄沟内灌水，使沟内保持明水；在地面全部严密铺盖无孔旧薄膜。同时尽量封闭温室或大棚，使地下20 cm内的地温保持在50℃以上，持续15～20 d。高温处理后每亩再撒用2～3 kg 50%多菌灵可湿性粉剂，或50%多菌灵可湿性粉剂与50%福美双可湿性粉剂等量混合剂3～4 kg。

2.加强肥水管理

蹲苗结束后，立即追施速效氮肥，可采取氮素化肥与腐熟的人粪尿交替追施的办法。第一次每亩施尿素15～20 kg，10 d后每亩可冲施人粪尿750～1 000 kg。10～15 d后，可再追施一次尿素，另加硫酸钾10 kg，浇水与追肥相配合。如发现植株有缺硼症状时，叶面喷施0.2%～0.5%的硼酸。灌水保持见干见湿原则。采收前20 d停止追肥，前10 d停止浇水，以降低植株体内硝酸盐含量，并利于采收，贮藏，运输。

3.控制好温、湿度

冬季生产管理要采取早揭草苫、晚盖草苫，并及时清洁膜面，以利于增温保温，增加光照，提高透光率。春季3月天气转暖后，适当控制室内温度和光照时间，采取通风降湿和适当晚揭草苫，早盖草苫，人为增加膜面附着物，控制光照时间和强度。棚内湿度过大易引发多种病害，因而在灌水上应采用晴天灌水，灌前喷药、灌后放风的灌水方法。

4.用好防虫网

在保护地入口处及通风口，设置防虫网，一般害虫都难以进入防虫网内，使作物与害虫相隔绝，避免虫害的发生，又避免了许多媒介昆虫传播病毒病。

5.黄板诱蚜

在大棚内设置50 cm×50 cm或50 cm×70 cm的黄板，板上涂10号机油(加少许黄油)，每亩大棚设20～25块，黄板设置于行间，与植物高度相平，隔7～10 d重涂一次机油，可以控制蚜虫、白粉虱的危害。

6.化学防治病虫害

(1)蚜虫防治　可选择10%吡虫啉1 000倍液，或10%蚜虱净1 000倍液喷雾；斑潜蝇防治，叶面喷施23%绿菜宝1 000～2 000倍液，或20%斑潜净1 500～2 000倍液，或10%潜虫杀800～1 000倍液；白粉虱防治，用10%扑虱灵1 000倍液，或10%吡虫啉1 000倍液。也可用虫螨净或敌敌畏烟剂傍晚盖棚后熏杀。

(2)病害防治

防治原则：在防治上以预防为主，科学灌水，注意排湿；在发病前或出现零星病斑时用药；重点抓住育苗期定植到扣棚膜前期、扣棚膜到初次采收期、春季天气转暖期这四个主要阶段的防病工作。每隔7 d喷洒1次，以3～4种药剂交替使用，避免产生抗药性。病害发生严重时配以粉尘剂、烟雾剂混合施用，一般2～3次即可控制病害的发展。

真菌性病害，发病初期喷洒50%多菌灵可湿性粉剂800倍液，或50%甲基硫菌灵可湿性粉剂500倍液，75%百菌清可湿性粉剂600倍，或64%杀毒矾可湿性粉剂500倍液，或77%可杀得可湿性粉剂500倍液，或70%代森锰锌可湿性粉剂500倍液等喷施。扣棚后，可选用5%百菌清粉尘剂，每次每亩用1 kg，隔9～11 d喷1次，或施用45%百菌清烟剂，每次用200 g/667 m^2，隔9 d左右熏一次，连续或交替施用2～3次。

细菌性病害，农事操作过程中避免伤根或造成植株伤口。发现病株及时清除，并撒入石灰等消毒。发病初期喷洒新植霉素4 000倍液，或47%加瑞农可湿性粉剂800倍液，或72%农用链霉素可湿性粉剂3 000～4 000倍液。重点喷在叶柄基部，7～10 d喷1次，药剂轮流交替，连续喷2～3次。

【评价反馈】

(一)自我评价

1.芹菜主要病害有哪些？

2.如何有效防治菠菜潜叶蝇？

3. 试述莴苣蚜危害症状及防治方法。

4. 如何防治绿叶类蔬菜根结线虫?

5. 查阅资料,结合调查了解本地区绿叶类蔬菜种植种类,并针对某一种绿叶类蔬菜病虫害发生情况进行调查了解,并提出综合防治方案。

6. 针对本地绿叶类蔬菜虫害发生现状,谈谈如何组织防治。

(二)小组评价

从学习态度、学习方法、团队合作和学习能力的提升等方面评价。

序号	评价项目	评价情况
1	与其他同学口头交流学习内容是否流畅	
2	是否尊重他人	
3	学习态度是否积极主动	
4	是否服从教师的教学安排	
5	着装是否符合标准	
6	能否按照安全和规范的规程操作	
7	能否辨别工作环境中哪些是危险的因素	
8	是否合理规范的使用工具和仪器	
9	是否能保持学习环境的干净整洁	
10	是否遵守学习场所的规章制度	
11	是否有工作岗位的责任心	
12	是否达到全勤	
13	团队学习中主动与合作的情况如何	
14	能否主动参与教学场所的清洁和整理工作	

参与评价的同学签名________________

三、综合评价

1. 教师评价

(1)对整个学习内容的小结归纳

(2)对学习过程的总体评价

教师签名________________

2. 学生评价

(1)对教师授课效果的评价

(2)对学习效果的评价

学生签名________________

项目十　根菜类蔬菜病虫害

【学习目标】

1. 掌握根菜类蔬菜的主要病害和虫害的识别特征
2. 掌握根菜类蔬菜的主要病害和虫害的诊断和防治方法
3. 掌握根菜类蔬菜的病虫害综合防治技术

【项目任务描述】

本项目分为根菜类蔬菜病害的诊断、根菜类蔬菜虫害的识别和根菜类蔬菜病虫害综合防治方案制定及实施3个任务。通过本项目任务的操作与学习，能让学员认识根菜类蔬菜生产中常见的病害和虫害，学会现场诊断、识别方法；通过实训室里的标本观察、田间诊断、识别和防治试验等，来增强学员对本项目的学习兴趣，培养查阅资料、观察分析、调查研究、勤于总结和沟通协作等能胜任岗位工作的职业素质。

【项目结构】

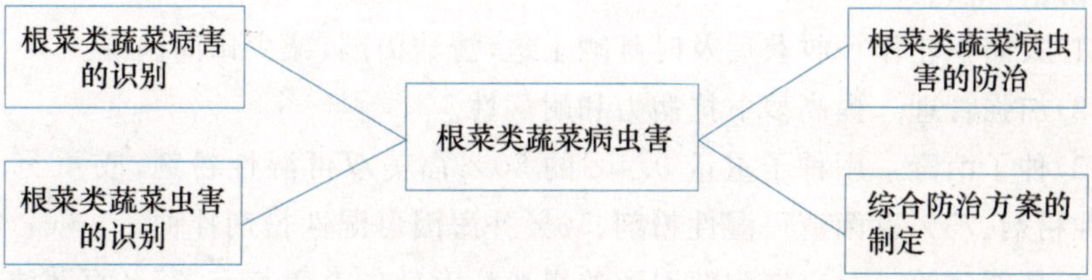

工作任务1 根菜类蔬菜病害的诊断

【任务准备】

一、知识准备

(一)什么是根菜类蔬菜

具有可供食用的肥大肉质根的一类蔬菜。如萝卜、胡萝卜、根用芥菜(大头菜)等。

(二)根菜类蔬菜有哪些常见的病害

1.萝卜黑斑病

【症状识别】主要为害叶片,叶面初生黑褐色至黑色稍隆起小圆斑,后扩大边缘呈苍白色,中心部淡褐至灰褐色病斑,直径3~6 mm,同心轮纹不明显,湿度大时病斑上生淡黑色霉状物,即病原菌分生孢子梗和分生孢子。病部发脆易破碎,发病重的,病斑汇合致叶片局部枯死。采种株叶、茎、荚均可发病,茎及花梗上病斑多为黑褐色椭圆形斑块。

【发病原因】萝卜黑斑病主要在秋季发生。在气温15~21℃,多雨、结露时间长时易发病。在十字花科蔬菜重茬、地势低洼、排水不良、播种早、发生虫害的地块发病较重。

【防治方法】

(1)大面积轮作　收获后及时翻晒土地,清洁田园,减少田间菌源。

(2)加强管理　提高萝卜抗病力和耐病性。

(3)种子消毒　用种子重量0.4%的50%福美双可湿性粉剂,或40%灭菌丹可湿性粉剂、75%百菌清可湿性粉剂、50%扑海因可湿性粉剂拌种。

(4)药剂防治　对交链孢菌引致的黑斑病有效的杀菌剂有:75%百菌清可湿性粉剂500~600倍液,50%扑海因可湿性粉剂1 000倍液,50%速克灵可湿性粉剂1 500倍液,58%甲霜灵·锰锌可湿性粉剂500倍液,64%杀毒矾可湿性粉剂500倍液,此外,40%大富丹、40%灭菌丹、40%克菌丹可湿性粉剂400倍液也有效。防治该病最好在发病前开始用药,隔7~10 d喷1次,连续防治3~4次。

2. 萝卜黑腐病

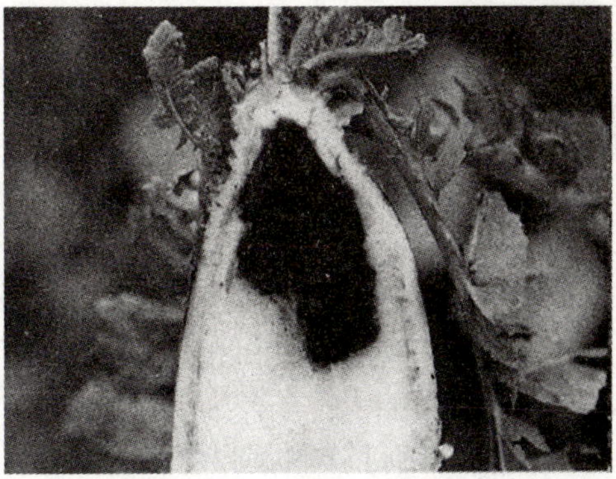

图 2-10-1 萝卜黑腐病

【症状识别】叶片发病，产生黄色斑，呈"V"字形向内发展，叶脉变黑，呈网纹状，逐渐整叶变黄干枯。病斑沿叶脉和维管束向短缩茎和根部发展，最后使全株叶片变黄枯死。萝卜肉质根受浸染后，透过日光可看到暗灰色病变；横切萝卜可看到维管束呈放射线状、黑褐色；重者呈干缩空洞，维管束溢出菌脓，这一点与缺硼引起的生理性变黑不同(图 2-10-1)。

【发病原因】萝卜黑腐病主要在秋季发生。在气温 15～21℃，多雨、结露时间长时易发病。在十字花科蔬菜重茬、地势低洼、排水不良、播种早、发生虫害的地块发病较重。

【防治方法】

①避免与其他十字花科蔬菜连作。

②选用抗病品种。

③用 50%的福美双可湿性粉剂(按种子重量 0.4%)拌种，拌后即播。

④及早防治黄条跳甲、蚜虫等害虫。

⑤发病初期喷洒 47%的加瑞农可湿性粉剂 800 倍液，或 14%的络氨铜水剂 300 倍液，或 72%的农用硫酸链霉素可溶性粉剂 4 000 倍液。每隔 7～10 d 喷一次，连喷 2～3 次。

3. 萝卜病毒病

图 2-10-2 萝卜病毒病

【症状识别】心叶表现明脉症，逐渐形成花叶斑。叶片皱缩，畸形，严重的病株出现疱疹状叶。萝卜生长慢、品质低。还有的叶片出现许多直径 2～4 mm 圆形黑斑，茎、花梗上产生黑色条斑。有时与前者混合发生(图 2-10-2)。

【发病原因】引起萝卜病毒病的病原主要有芜菁花叶病毒(TuMV)、黄瓜花叶病毒(CMV)和烟草花叶病毒。芜菁花叶病毒和黄瓜花叶病毒可通过蚜虫和摩擦方式以汁液传播。烟草花叶病毒只通过汁液传播。田间管理粗放，高温干旱年份，蚜虫繁殖量大，植株抗病力差发病重。

【防治方法】品种间有明显抗病性差异，一般青皮系统较抗病，可根据茬口和市场要求选用抗病品种；秋茬萝卜干旱年份不宜早播；高畦直播，苗期多浇水，降低地温；适当晚定苗，选留无病株；与大田作物间套种，可明显减轻病害。发病初期，可喷洒20%病毒A可湿性粉剂500倍液，或1.5%植病灵乳剂1 000倍液＋新高脂膜，隔7～10 d喷1次，连续防治2～3次。另外，苗期还应注意防治蚜虫和黄条跳甲。

4. 萝卜根肿病

【症状识别】萝卜根肿病在发病初期，地上部分能保持正常生长；随着病害的加重，根部形成肿瘤并逐渐膨大，导致地上部分生长变缓、矮小，或叶片中午打蔫，时间长了植株变黄后枯萎而死。肿瘤形状不定，主要生在侧根上，给萝卜产量带来较大的影响(图2-10-3)。

图2-10-3 萝卜根肿病

【发病原因】病菌能在土中存活5～6年，由土壤、肥料、农具或种子传播。土壤偏酸pH 5.4～6.5，土壤含水率70%～90%，气温19～25℃有利发病，9℃以下，30℃以上很少发病。在适宜条件下，经18 h，病菌即可完成侵入。低洼及水改旱菜地，发病常较重。

【防治方法】

(1)轮作　实行6年以上轮作。

(2)改良土壤　调整土壤酸碱度，播种时用3%～5%的爆石灰水，在点种的同时浇塘，将土壤调到微碱性。

(3)地块选择　选择无病或发病轻的地块种植萝卜，间苗时发现病苗及时拔除。

(4)田间管理　加强田间管理，及时排除低洼地的积水，施用生物有机复合肥或腐熟的有机肥。

(5)药剂防治　用75%的百菌清800倍液，于点种时对水浇塘。

5. 胡萝卜软腐病

【症状识别】主要为害地下部肉质根，田间或贮藏期均可发生，在田间地上部茎

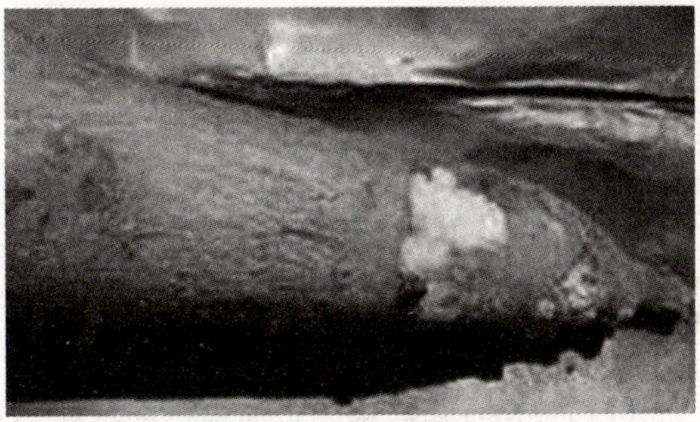
图 2-10-4　胡萝卜软腐病

叶变黄萎蔫，根部染病初呈湿腐状，后扩大，病斑形状不定，周缘明显或不明显，肉质根组织软化，呈灰褐色，腐烂汁液外流，具臭味(图 2-10-4)。

【发病原因】种植密度大、通风透光不好，发病重，肉质根膨大期，地下害虫危害严重，造成的伤口多易发病。土壤黏重、偏酸；多年重茬，田间病残体多；氮肥施用太多，生长过嫩；肥力不足、耕作粗放、杂草丛生的田块，植株抗性降低，发病重。肥料未充分腐熟、有机肥带菌或肥料中混有本科作物病残体的易发病。地势低洼积水、排水不良、土壤潮湿易发病，气候温暖、高湿、多雨、日照不足易发病；秋天及初冬天气温暖、多雨、多雾、湿度大，植株过密，利于发病。

【防治方法】

①重病区或田块宜实行与葱蒜类蔬菜及水稻轮作。

②难以实行轮作的地块宜亩施石灰 100～150 kg，深翻晒土或灌水浸田一定时间落干后再整地，采用高畦种植，施用充分腐熟堆肥，及时防除地下害虫。有条件地使用除草剂除草以尽量减少伤口。

③加强检查，雨后及时排水，发现病株随时挖毁，并撒石灰或淋灌病穴。

④发病初期喷洒 14%络氨铜水剂 300 倍液，或 50%琥胶肥酸铜(DT)可湿性粉剂 500 倍液。

⑤收获时轻挖轻放，尽量减少伤口，采收后晒半天，入窖后严格控制窖温在10℃以下，相对湿度低于 80%，可减少发病。

6. 马铃薯晚疫病

图 2-10-5　马铃薯晚疫病

【症状识别】主要侵害叶、茎和薯块。叶片染病，先在叶尖或叶缘生水浸状绿褐色斑点，病斑周围具浅绿色晕圈，湿度大时病斑迅速扩大，呈褐色，并产生一圈白霉，即饱囊梗和饱子囊，尤以叶背最为明显，干燥时病斑变褐干枯，质脆易裂，不见白霉，且扩展速度减慢。茎部或叶柄染病，现褐色条斑。发病严重的叶片萎垂，卷缩，终致全株黑腐，全田一片枯焦，散发出腐败气味。块茎染病，初生褐色或紫褐色大块病斑，稍凹陷，病部皮下薯肉亦呈褐色，慢慢向四周扩大或烂掉（图 2-10-5）。

【发病原因】病菌喜日暖夜凉高湿条件，相对湿度 95%以上、18～22℃条件下，有利于孢子囊的形成，冷凉（10～13℃，保持 1～2 h）又有水滴存在，有利于孢子囊萌发产生游动孢子，温暖（24～25℃，持续 5～8 h）有水滴存在，利于孢子囊直接产出芽管。因此多雨年份，空气潮湿或温暖多雾条件下发病重。

【防治方法】

（1）选用抗病品种　目前推广的抗病品种有：郑薯 4 号、抗疫 1 号、胜利 1 号、四斤黄、德友 1 号、同薯 8 号、克新 1 号、新芋 4 号、乌盟 601、文胜 2 号、青海 3 号等。这些品种在晚疫病流行年，受害较轻、各地可因地制宜选用。

（2）选用无病种薯，减少初侵染源　做到秋收入窖，冬藏查窖、出窖、切块、春化等过程中，每次都要严格剔除病薯，有条件的要建立无病留种地，进行无病留种。

（3）加强栽培管理　适期早播，选土质疏松、排水良好田块，促使植株健壮生长，增强抗病力。

（4）农药防治　发病初期开始喷洒 40%三乙磷酸铝可湿性粉剂 200 倍液，或 58%甲霜灵·锰锌可湿性粉剂或 64%杀毒矾可湿性粉剂 500 倍液、60%唬·乙膦铝可湿性粉剂 500 倍液、50%甲霜铜可湿性粉剂 700～800 倍液、72.2%普力克水剂 800 倍液、1∶1∶200 波尔多液，隔 7～10 d 喷 1 次，连续防治 2～3 次。

7. 马铃薯疮痂病

【症状识别】马铃薯疮痂病由疮痂病链霉菌引起病菌潜伏在大多数马铃薯生长的土壤里。最初症状，是块茎表面发生褐色模糊的马铃薯被害状大如针尖的凸起，进一步发展增大，淡褐色消失，患病组织硬结。病斑之下栓皮细胞大量产生，最后产生圆形或不规则形的疮痂状硬斑。疮痂病菌可以在腐生性土壤中存活，一旦遇到适宜发病的条件，病菌孢子或菌丝就会从块茎的皮孔、伤口、气孔进入块茎为害（图 2-10-6）。

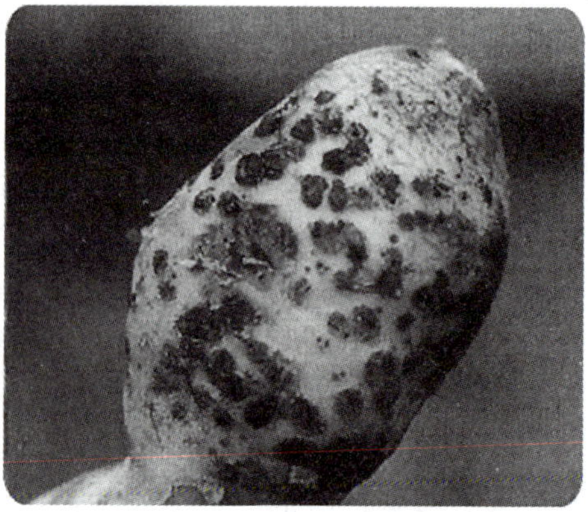

图 2-10-6　马铃薯疮痂病

【发病原因】病菌在病薯和土壤中越冬。病菌从薯块皮孔及伤口侵入，开始在薯块表面生褐色小斑点，以后扩大或合并成褐色病斑。病斑中央凹入，边缘凸起，表面显著粗糙，呈疮痂状。在中性或微碱性砂土中容易发病。一般在高温干旱条件下发病较重。

【防治方法】

①轮作倒茬，连作可加重病害发生，和非茄科、萝卜等作物轮作，可减轻病害发生。

②选用抗病品种。

③增施酸性肥料。

④施用消毒剂：带病种薯用1∶200 40%的福尔马林溶液浸泡；生长期间喷施1 000倍液65%代森锰锌可湿性粉剂或2 000倍液72%农用链霉素。

8.马铃薯早疫病

【症状识别】该病主要发生在叶片上，也可侵染块茎。叶片染病病斑黑褐色，圆形或近圆形，具同心轮纹，大小3～4 mm。发病严重的叶片干枯脱落，田间一片枯黄。块茎染病产生暗褐色稍凹陷圆形或近圆形病斑，边缘分明，皮下呈浅褐色海绵状干腐。该病近年呈上升趋势，其为害有的地区不亚于晚疫病(图2-10-7)。

图2-10-7 马铃薯早疫病

【发病原因】萝卜黑腐病主要在秋季发生。在气温15～21℃，多雨、结露时间长时易发病。在十字花科蔬菜重茬、地势低洼、排水不良、播种早、发生虫害的地块发病较重。

【防治方法】

(1)选用早熟耐病品种，适当提早收获。

(2)选择土壤肥沃的高燥田块种植，增施有机肥，推行配方施肥，提高寄主抗病力。

(3)发病前开始喷洒75%百菌清可湿性粉剂600倍液或其他药剂进行防，隔7～10 d喷1次，连续防治2～3次。

9.马铃薯环腐病

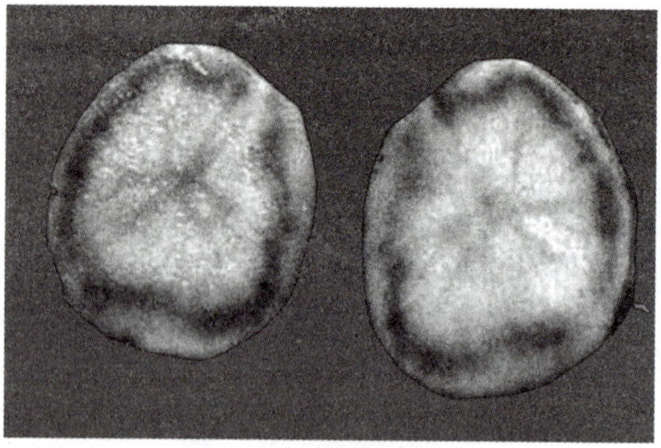

图 2-10-8 马铃薯环腐病

【症状识别】地上部染病分枯斑和萎蔫两种类型。枯斑型多在植株基部复叶的顶上先发病，叶尖和叶缘及叶脉呈绿色，叶肉为黄绿或灰绿色，具明显斑驳，且叶尖干枯或向内纵卷，病情向上扩展，致全株枯死；萎蔫型初期则从顶端复叶开始萎蔫，叶缘稍内卷，似缺水状，病情向下扩展，全株叶片开始褪绿，内卷下垂，终致植株倒伏枯死。块茎发病切开可见维管束变为乳黄色至黑褐色，皮层内现环形或弧形坏死部，故称环腐。经贮藏块茎芽眼变黑干枯或外表爆裂，播种后不出芽或出芽后枯死或形成病株。病株的根、茎部维管束常变褐，病蔓有时溢出白色菌脓(图 2-10-8)。

【发病原因】病菌在种薯中越冬，成为翌年初侵染源，病薯播下后，一部分芽眼腐烂不发芽，一部分出土的病芽，病菌沿维管束上升至茎中部，或沿茎进入新结薯块而致病。适合此菌生长温度 20～23℃，最高 31～33℃，最低 1～2℃。致死温度为干燥情况下 50℃经 10 分钟。最适 pH 6.8～8.4，传播途径主要是在切薯块时，病菌通过切刀带菌传染。

【防治方法】

(1)建立无病留种田，尽可能采用整薯播种　有条件的最好与选育新品种结合起来，利用杂交实生苗，繁育无病种薯。

(2)种植抗病品种经鉴定表现抗病的品系　东农 303、郑薯 4 号、宁紫 7 号、庐山白皮、乌盟 601、克新 1 号、丰定 22、铁筒 1 号、阿奎拉、长薯 4 号、高原 3 号、同薯 8 号等。

(3)播前汰除病薯　把种薯先放在室内堆放 5～6 d，进行晾种，不断剔除烂薯，使田间环腐病大为减少。此外用 50 mg/kg 硫酸铜浸泡种薯 10 min 有较好效果。

(4)结合中耕培土，及时拔除病株，携出田外集中处理　施用磷酸钙作种肥，在开花后期，加强田间检查，拔除病株及时处理，防治田间地下害虫，减少传染机会。

10.马铃薯青枯病

【症状识别】病株稍矮缩，叶片浅绿或苍绿，下部叶片先萎蔫后全株下垂，开始早晚恢复，持续 4～5 d 后，全株茎叶全部萎蔫死亡，但仍保持青绿色，叶片不凋落，叶脉褐变，茎出现褐色条纹，横剖可见维管束变褐，湿度大时，切面有菌液溢出。块茎染病后，轻的不明显，重的脐部呈灰褐色水浸状，切开薯块，维管束圈变褐，挤压时溢出白色黏液，但皮肉不从维管束处分离，严重时外皮龟裂，髓部溃烂如泥，别于枯萎病(图 2-10-9)。

图 2-10-9 马铃薯青枯病

【发病原因】病原细菌随病残组织在土壤中，或侵入薯块在地窖中越冬，也可在土中腐生一年以上。播种时，病菌通过切刀传染给健康马铃薯，田间可以通过根系接触、浇水、雨水等传播。病菌发病适温为 30～37℃，一般土壤含水量高、连阴雨后转晴，气温急剧升高发病重。

【防治方法】

①实行与十字花科或禾本科作物 4 年以上轮作，最好与禾本科进行水旱轮作。

②选用抗青枯病品种。

③选择无病地育苗，采用高畦栽培，避免大水漫灌。

④清除病株后，撒生石灰消毒。

⑤加强栽培管理，采用配方施肥技术，喷施植宝素 7 500 倍液或爱多收 6 000 倍液，施用充分腐熟的有机肥或草木灰、5406 号菌 500 倍液，可改变微生物群落。还可每 667 m^2 施石灰 100～150 kg，调节土壤 pH。

⑥药剂防治用南京农业大学试验的青枯病拮抗菌 MA-7、NOE-104，于定檀时大苗浸根；也可在发病初期用硫酸链霉素或 72％农用硫酸链霉素可溶性粉剂4 000 倍液或农抗“401”500 倍液、25％络氨铜水剂 500 倍液、77％可杀得可湿性微粒粉剂 400～500 倍液、50％百菌通可湿性粉剂 400 倍液、12％绿乳铜乳油 600 倍液、47％加瑞农可湿性粉剂 700 倍液灌根，每株灌对好的药液 0.3～0.5 L，隔 10 d 喷 1 次，连续灌 2～3 次。

11. 马铃薯黑胫病

【症状识别】黑胫病主要侵染茎或薯块，从苗期到生育后期均可发病。种薯染病腐烂成黏团状，不发芽，或刚发芽即烂在土中，不能出苗。幼苗染病一般株高15～18 cm出现症状，植株矮小，节间短缩，或叶片上卷，褪绿黄化，或胫部变黑，萎蔫而死。横切茎可见三条主要维管束变为褐色。薯块染病始于脐部，呈放射状向髓部扩展，病部黑褐色，横切可见维管束亦呈黑褐色，用手压挤皮肉不分离，湿度大时，薯块变为黑褐色，腐烂发臭，别于青枯病(图2-10-10)。

图 2-10-10 马铃薯黑胫病

【发病原因】窖内通风不好或湿度大、温度高，利于病情扩展。带菌率高或多雨、低洼地块发病重。

【防治方法】

①选用抗病品种：如抗疫1号、胜利1号、反帝2号、渭会4号和渭薯2号等。

②选用无病种薯，建立无病留种田。

③切块用草木灰拌种后立即播种。

④适时早播，促使早出苗。

⑤发现病株及时挖除，特别是留种田更要细心挖除，减少菌源。

⑥种薯入窖前要严格挑选，入窖后加强管理，窖温控制在1～4℃，防止窖温过高，湿度过大。

二、工作准备

(一)实施场所

蔬菜生产基地、多媒体实训室。

(二)资料准备

①利用图书馆或资料室以及报刊杂志、网络等,查找有关根菜类蔬菜病害的信息资料。

②教材、资料单、PPT、影像资料、相关图书、关于根菜类蔬菜病害的相关文章等。

(三)材料仪器准备

①根菜类蔬菜虫害挂图、照片或标本;体视显微镜、解剖刀、镊子、放大镜、常用杀菌剂、喷雾器、记载用具等。

②教师设计相关识别诊断表格。

【任务设计与实施】

一、任务设计

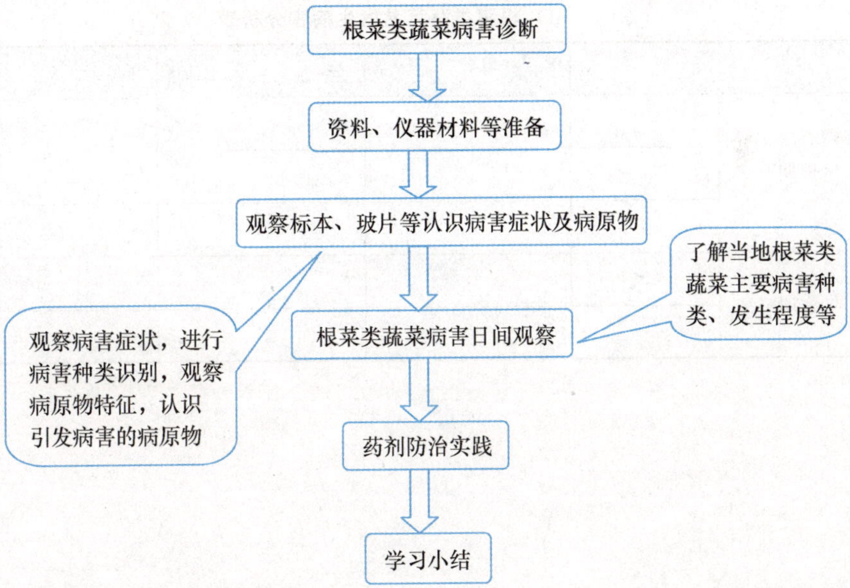

二、任务实施

(一)根菜类蔬菜病害标本观察

对根菜类蔬菜(主要是萝卜、胡萝卜)上常见的病害,通过标本观察(没有标本的可通过多媒体课件、观看视频、查阅教材等)方法,熟知根菜类蔬菜常见病害的形态特征,并能进行识别。

(二)根菜类蔬菜病害的田间识别与观察

引导学生在课前以小组为单位,到当地根菜类蔬菜生产基地,采集根菜类蔬菜上发病的新鲜的叶片及肉质根。对采集到的新鲜病害标本进行仔细观察,并识别病害的类型。

(三)根菜类蔬菜病害的防治实践

选择当地根菜类蔬菜上主要发生的两种病害,经小组集体讨论,查阅相关文献,从备用的各种农药中选出 1～2 种,制定防治方案(施药方法、施药面积、药剂浓度或剂量、施药次数、施药间隔期等),然后施药防治或用其他方法防治,调查防效。经过观察,有了较为明显地防治效果了,则小组则按照分工完成根菜类蔬菜易发生病害分析表 2-10-1。

表 2-10-1　根菜类蔬菜易发生病害分析表

生长时期	病害种类	病害症状	病害发生条件	防治措施
生长期				
收获期				

工作任务 2　根菜类蔬菜虫害的识别

【任务准备】

一、知识准备

(一)根菜类蔬菜有哪些常见害虫？有哪些防治措施

1.地老虎

【为害症状】地老虎,别名地蚕、夜盗虫、切根虫,成虫为中等大小的蛾子。地老虎有小地老虎、黄地老虎和八字地老虎三种。其中,小地老虎为害最重。主要以幼虫为害根菜类幼苗,幼龄幼虫咬食子叶、嫩叶、吃成孔洞或者缺刻。3 龄以后幼虫咬断幼苗茎部,使植株枯死,造成缺苗断条,严重的甚至毁种或者重播。

【发生规律】成虫的趋光性和趋化性因虫种而不同。小地老虎、黄地老虎、白边地老虎对黑光灯均有趋性;对糖酒醋液的趋性以小地老虎最强;黄地老虎则喜在大葱花蕊上取食作为补充营养。卵多产在土表、植物幼嫩茎叶上和枯草根际处,散产或堆产。

【防治方法】

①清洁田园,铲除菜地及地边、田埂和路边的杂草。

②用糖醋液或者黑光灯诱杀成虫。

③在幼虫 3 龄之前施药防治,可以取得较好效果。用 2.5%敌百虫粉剂每亩 2.0～2.5 kg 喷粉,或用 2.5%敌百虫粉剂每 1.5～2.0 kg/667 m^2 加 10 kg 细土制成毒土,顺垄撒在幼苗根际附近;或用 50%辛硫磷乳油 0.5 kg 加适量的水喷拌细土 125～175 kg 制成毒土,每亩撒 20～25 kg。可用 50%辛硫磷乳油 800 倍液喷雾。

④在 3 龄后,每亩用 2.5% 敌百虫粉剂 0.5 kg 或用 90%晶体敌百虫 1 000 倍液均匀拌在切碎的鲜草上或用 90%晶体敌百虫加水 2.5～5 kg,均匀拌在 50 kg 炒香的麦麸上,制成的毒饵于傍晚在菜田内每隔一定距离撒成小堆。也可以用 80%敌敌畏乳油或 50%辛硫磷乳油 1 000～1 500 倍液灌根。

2.蛴螬

【为害症状】蛴螬是金龟甲的幼虫,别名白土蚕、核桃虫。成虫通称为金龟甲或金龟子。蛴螬体肥大，体型弯曲呈“C”形，多为白色，少数为黄白色。头部褐色，上颚显著，腹部肿胀。体壁较柔软多皱，体表疏生细毛。头大而圆，多为黄褐色，生有左右对称的刚毛。

【发生规律】危害多种植物和蔬菜。喜食刚播种的种子、根、块茎以及幼苗。蛴螬咬食幼苗嫩茎，薯芋类块根被钻成孔眼，当植株枯黄而死时，它又转移到别的植株继续危害。此外，因蛴螬造成的伤口还可诱发病害，是世界性的地下害虫，危害很大。

【防治方法】

(1)做好预测预报工作 调查和掌握成虫发生盛期，采取措施，及时防治。

(2)农业防治 实行水、旱轮作；在玉米生长期间适时灌水；不施未腐熟的有机肥料；精耕细作，及时镇压土壤，清除田间杂草；大面积春、秋耕，并跟犁拾虫等。发生严重的地区，秋冬翻地可把越冬幼虫翻到地表使其风干、冻死或被天敌捕食，机械杀伤，防效明显；同时，应防止使用未腐熟有机肥料，以防止招引成虫来产卵。

(3)药剂防治 药剂处理土壤。用50%辛硫磷乳油每亩200～250 g，加水10倍喷于25～30 kg细土上拌匀制成毒土，顺垄条施，随即浅锄，或将该毒土撒于种沟或地面，随即耕翻或混入厩肥中施用；用2%甲基异柳磷粉每亩2～3 kg拌细土25～30 kg制成毒土；用3%甲基异柳磷颗粒剂、3%呋喃丹颗粒剂、5%辛硫磷颗粒剂或5%地亚农颗粒剂，每亩2.5～3 kg处理土壤。

(4)物理方法 有条件地区，可设置黑光灯诱杀成虫，减少蛴螬的发生数量。

(5)生物防治 利用茶色食虫虻、金龟子黑土蜂、白僵菌等。

3.斜纹夜蛾

【为害特点】斜纹夜蛾是一类杂食性和暴食性害虫，危害寄主相当广泛。以幼虫咬食叶片、花蕾、花及果实，初龄幼虫啮食叶片下表皮及叶肉，仅留上表皮呈透明斑；4龄以后进入暴食，咬食叶片，仅留主脉。幼虫取食甘薯、棉花、芋、莲、田菁、大豆、烟草、甜菜和十字花科和茄科蔬菜等近300种植物的叶片，间歇性猖獗为害。

【发生规律】年发生代数 一年4～5代，在山东和浙江经调查都是如此。以蛹在土下3～5 cm处越冬。成虫白天潜伏在叶背或土缝等阴暗处，夜间出来活动。每只雌蛾能产卵3～5块，每块约有卵位100～200个，卵多产在叶背的叶脉分叉处，经5～6 d就能孵出幼虫，初孵时聚集叶背，4龄以后和成虫一样，白天躲在叶下土表处或土缝里，傍晚后爬到植株上取食叶片。成虫有强烈的趋光性和趋化性，黑光灯的效果比普通灯的诱蛾效果明显，另外对糖、醋、酒味很敏感。

【防治方法】

(1)农业防治 收获后翻耕晒土或灌水,以破坏或恶化其化蛹场所,有助于减少虫源。结合管理随手摘除卵块和群集危害的初孵幼虫,以减少虫源。

(2)物理防治 利用成虫趋光性,于盛发期点黑光灯诱杀;利用成虫趋化性配糖醋(糖:醋:酒:水=3:4:1:2)加少量敌百虫诱蛾。

(3)药剂防治 交替喷施21%灭杀毙乳油6 000~8 000倍液,或50%氰戊菊酯乳油4 000~6 000倍液,或20%氰马或菊马乳油2 000~3 000倍液,或2.5%功夫、2.5%天王星乳油4 000~5 000倍液,或20%灭扫利乳油3 000倍液,或80%敌敌畏,或2.5%灭幼脲,或25%马拉硫磷1 000倍液,或5%卡死克、或5%农梦特2 000~3 000倍液,2~3次,隔7~10 d喷1次,喷匀喷足。

二、工作准备

(一)场地准备

蔬菜生产基地、多媒体实训室。

(二)资料准备

①利用图书馆或资料室以及报刊杂志、网络等,查找有关根菜类蔬菜虫害的信息资料。

②教材、资料单、PPT、影像资料、相关图书、关于根菜类蔬菜害虫的相关文章等。

(三)仪器材料准备

①根菜蔬菜害虫挂图、照片或标本;体视显微镜、解剖刀、镊子、采集瓶、捕虫网、放大镜、各种杀虫剂、喷雾器、记载用具等。

②教师设计相关识别诊断表格。

【任务设计与实施】

一、任务设计

见下页。

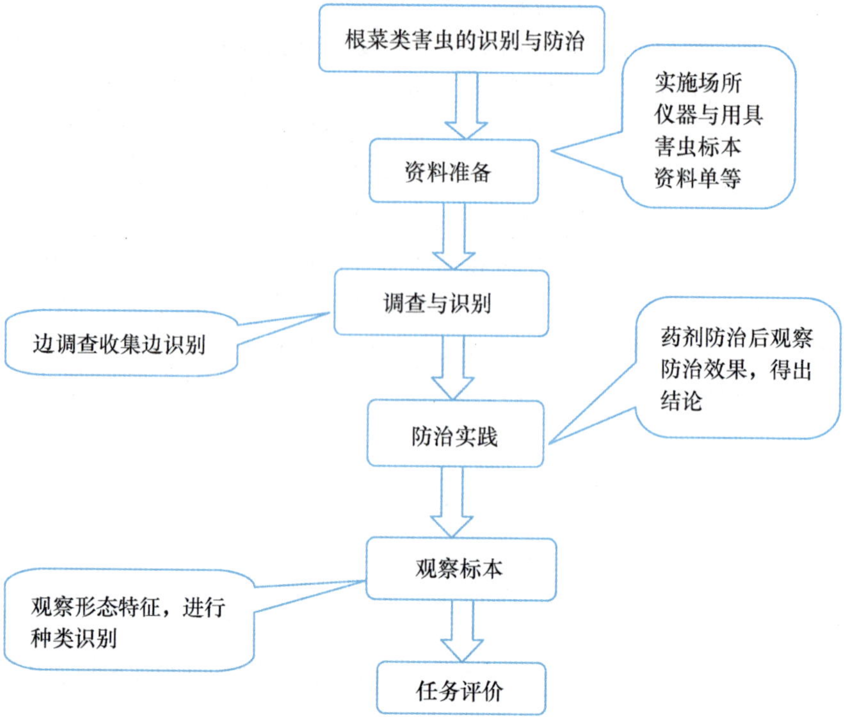

二、任务实施

（一）根菜类蔬菜虫害标本观察

对根菜类蔬菜（主要是萝卜、胡萝卜）上常见的虫害，通过昆虫标本及为害症状的观察（没有标本的可通过多媒体课件、观看视频、查阅教材等）方法，熟知根菜类蔬菜常见害虫的形态特征及虫害的为害症状，并能进行识别。

（二）根菜类蔬菜虫害的田间识别与观察

引导学生在课前以小组为单位，到当地根菜类蔬菜生产基地，采集昆虫标本，及被害虫为害的叶片、肉质根。对采集到的昆虫及新鲜虫害标本进行仔细观察，并识别虫害的类型。

（三）根菜类蔬菜虫害的防治实践

选择当地根菜类蔬菜上主要发生的两种虫害，经小组集体讨论，查阅相关文献，从备用的各种农药中选出1～2种，制定防治方案（施药方法、施药面积、药剂浓度或剂量、施药次数、施药间隔期等），然后施药防治或用其他方法防治，调查防效。

经过观察，有了较为明显地防治效果了，则小组按照分工完成根菜类蔬菜易发生虫害分析表 2-10-2。

表 2-10-2　根菜类蔬菜易发生虫害分析表

危害部位	虫害种类	虫害症状	虫害发生条件	防治措施
植株				
肉质根				

工作任务 3　根菜类蔬菜病虫害综合防治方案制定及实施

【任务准备】

一、知识准备

（一）为什么要进行根菜类蔬菜病虫害的综合防治

在根菜类蔬菜的生产中，从播种开始到收获，几乎都受到病虫的侵害，并且由于病虫害的发生受多种因素的影响，每年病虫害发生的种类和时间都有一定程度的差异，给防治工作带来了很大的困扰。由于温室大棚一年四季均可种植，露地可春夏种植。种植制度的多样性改变了病虫害的发生规律，使根菜类蔬菜病虫害发生呈逐年加重的趋势。近年来，因病虫害造成的减产一般在 1～3 成，有的甚至在 5 成以上。因此，病虫害防治是根菜类蔬菜生产的重要环节，它直接关系到根菜类蔬菜品质的优劣、产量的高低乃至根菜类蔬菜生产的成败。方法不当容易导致防治成本加大，且产量降低、农药残留增加、品质变差，因此有必要对根菜类蔬菜的病虫害进行综合防治。

（二）应如何制定根菜类蔬菜病虫害综合防治方案

对于根菜类蔬菜病虫害防治，需要从作物、病原物、病虫害发生历史、环境条件、劳动力等因素进行综合考虑。只有进行综合分析后才能很好地发现问题，所提出的综合防治措施也才能更有效与经济。

合理制订根菜类蔬菜病虫害综合防治方案对高产高效生产至关重要，包括使用健康的种苗、选择适宜的田块、采用恰当的农事操作等，在进行综合防治过程中主要应注意以下几个方面。

优先农业防治、物理防治和生物防治，化学防治要选择高效低毒低残留农药。

农业防治首选抗病品种。通过轮作、间作可减少虫害的发生和危害程度，如萝卜地周围栽植玉米、高粱等高秆作物，可减少有翅蚜迁入量，减少蚜虫危害；与十字花科作物以外其他作物轮作，可减轻地下害虫、土蝗、蟋蟀等虫害的发生；及时铲除田边、地头的杂草及作物残留的秸秆，清除田间的残株老叶，间苗、定苗时拔除废株，可除去部分虫害早春食料和蛰伏场所，降低田间虫量；在秋冬季节，进行深翻晒垡可把卵或越冬幼虫、成虫、蛹翻至地表，改变其生存环境条件，使其被晒死或被天敌吃掉，降低越冬虫源；施用腐熟有机肥，可减轻地下害虫的危害；利用树叶、菜叶、杂草在菜田做成诱集堆，集中喷药或捕杀，可有效防治蟋蟀、蜗牛、蛞蝓等害虫；适时浇水、中耕，可有效冲刷、淹死、铲除部分蛹、卵和幼虫，减轻这些害虫的危害。

物理防治利用黑光灯、糖醋液、性诱剂诱杀害虫；用银灰色膜避蚜，也可以用黄板黏杀蚜虫；利用纱网栽培避蚜、防病毒病，夏季闲棚时利用高温进行土壤消毒；合理施肥，适氮增磷钾等。

生物防治利用苏云金杆菌、Bt 制剂、多角体病毒、中生菌素、硫酸链霉素、嘧啶核苷类抗生素等生物农药防治病虫害。

化学防治病虫害：选择安全高效药剂进行科学用药。

二、工作准备

(一)资料准备

①利用现有的图书馆或资料室以及报刊杂志，查找有关根菜类蔬菜病虫害防治的信息资料。

②在中国蔬菜网、中国农资网、中国蔬菜病虫害防治协作网等网站，查找有关根菜类蔬菜病虫害综合防治方面的信息资料。

③教师准备的关于根菜类蔬菜病虫害综合防治的相关文章。

(二)仪器材料准备

①当地气象资料、栽培品种介绍、栽培技术措施方案和病虫害种类及分布情况等资料。

②教师拟定根菜类蔬菜病虫害综合防治方案模板。

【任务设计与实施】

一、任务设计

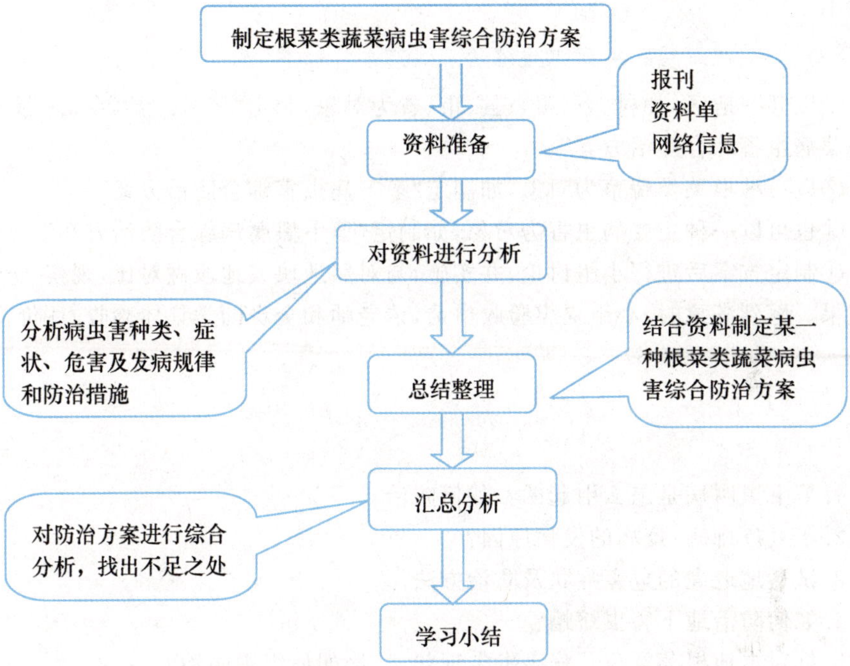

二、任务实施

(一)防治措施的观察

利用各种学习条件，对一些生产上经常应用的病虫害防治措施如地膜覆盖、纱网阻隔、温汤浸种、色板诱杀、灯光诱杀、毒饵诱杀、人工捕杀、涂毒环、合理密植、清洁田园、合理轮作、间作套种、深耕改土、加强肥水管理、间苗定苗、整枝打杈、中耕除草、选用抗病虫品种、以虫治虫、利用有益动物治虫、以菌治虫、以菌治病、性诱剂诱杀、药剂拌种、药剂处理土壤、撒毒饵等进行观察、归类、记载(或拍照)，并分析其防治功能。

(二)昆虫天敌的利用

以小组为单位，从田间搜集捕获瓢虫、草蛉、螳螂、猎蝽、食蚜蝇和蜘蛛等昆虫天敌中的一种移入设定的观察圃内的作物上，观察它们的取食对象与防治效果并记录。

(三)防治措施的应用

以小组为单位,选择应用某项措施(非化学防治法)用于根菜类蔬菜病虫防治实践中。

(四)制定根菜类蔬菜病虫害综合防治方案

①以某一地区,如村、乡(镇)、县、市、省为对象,制定“×××县(乡、村等)根菜类蔬菜病虫害综合防治方案”。

②以一种根菜类蔬菜为对象,如制定“萝卜病虫害综合防治方案”。

③也可以一种主要病虫害为对象,如制定“萝卜黑腐病综合防治方案”。

④制定方案后进行小组讨论,并实施,与对照地块或地段做对比,观察、记录防治效果。感到满意时,小组提出验收申请,请老师和全班同学集体验收、评价。

【评价反馈】

(一)自我评价

1. 萝卜黑腐病是怎么引起的? 如何防治?
2. 土豆疮痂病、疫病的发病原因?
3. 试述地老虎的危害症状及防治方法。
4. 如何防治地下害虫蛴螬?
5. 针对本地根菜类蔬菜病害发生现状,谈谈如何组织防治?

(二)小组评价

从学习态度、学习方法、团队合作和学习能力的提升等方面评价。

序号	评价项目	评价情况
1	与其他同学口头交流学习内容是否流畅	
2	是否尊重他人	
3	学习态度是否积极主动	
4	是否服从教师的教学安排	
5	着装是否符合标准	
6	能否按照安全和规范的规程操作	
7	能否辨别工作环境中哪些是危险的因素	
8	是否合理规范的使用工具和仪器	

9	是否能保持学习环境的干净整洁	
10	是否遵守学习场所的规章制度	
11	是否有工作岗位的责任心	
12	是否达到全勤	
13	团队学习中主动与合作的情况如何	
14	能否主动参与教学场所的清洁和整理工作	

参与评价的同学签名________________________________

(三)综合评价

1. 教师评价

(1)对整个学习内容的小结归纳

(2)对学习过程的总体评价

教师签名________________

2. 学生评价

(1)对教师授课效果的评价

(2)对学习效果的评价

学生签名________________

参考文献

[1] 李宝聚. 蔬菜病害诊断手记. 北京：中国农业出版社，2014.

[2] 刘庆仁. 蔬菜病害识别检索与疑似病害诊治图说. 北京：中国农业出版社，2007.

[3] 赵海棠，胡芝莲. 蔬菜病害生态图录与防治技术. 宁波：宁波出版社，1999.

[4] 许志刚. 普通植物病理学. 北京：中国农业出版社，1997.

[5] 王就光，刘淑静. 蔬菜病理学. 2 版. 北京：中国农业出版社，2001.

[6] 满昌伟. 蔬菜生理性病害及防治技术. 北京：北京工业出版社，2008.

[7] 刘海河，张彦萍. 蔬菜病虫害防治. 北京：金盾出版社，2009.

[8] 王润珍，白忠义. 蔬菜病虫害防治. 北京：化学工业出版社，2011.

[9] 朱国仁. 新编蔬菜病虫害防治手册. 北京：金盾出版社，2008.

[10] 北京市农业学校等. 蔬菜病虫害防治学. 北京：中国农业出版社，2000.

[11] 商鸿生，王凤葵，张敬泽. 绿叶类蔬菜病虫害论断与防治. 北京：金盾出版社，2003.

[12] 张宝棣. 蔬菜病虫害原色图谱（十字花科、绿叶类蔬菜）. 广州：广东科学技术出版社，2002.

[13] 姚圣梅，吴洪基. 绿叶菜类蔬菜病虫害诊治. 北京：中国农业出版社，2002.